シリーズ 原子力発電と地域　第1巻

原子力発電と地域政策
──「国策への協力」と「自治の実践」の展開──

井 上 武 史 著

晃 洋 書 房

はしがき

　本書は，原子力発電と地域の関係について2つの視点，すなわち政策と財政の視点から論じた2巻の書物のうちの第1巻（政策編）である．
　原子力発電と地域の関係について多く言われるのは，国策としての原子力政策に対する地域の「協力」，あるいは，原子力発電所や関連施設の立地に対する地域経済や地方財政の「依存」であろう．その大半が批判的立場から論じられているように思われる．
　そのような指摘も確かに地域の一面であるかもしれない．しかし，それだけでないこともまた事実である．「国策への協力」や「地域の依存」だけでは表すことのできない，地域が幾多の試練に直面し試行錯誤を重ねながら主体的に原子力発電と関わってきた側面にも光を当てることが必要ではないだろうか．それが「自治の実践」である．
　本書の意図は主に3つある．第1に，これまでの原子力発電と地域の関係について，「自治の実践」があったことを明らかにすることである．「国策への協力」や「地域の依存」だけでない，積極的に評価できる部分の存在は，原子力発電と地域の関係をめぐる議論に新たな展開をもたらすであろう．
　第2に，これからの原子力発電と地域の関係についても，「自治の実践」が重要な役割を果たすことを述べることである．東日本大震災とそれにともなう東京電力福島第一原子力発電所の事故を受けて，原子力政策の見直しが進められている．原発事故の甚大な被害をみれば当然のことであろう．そこで，原子力発電所立地地域も原子力政策の見直しによって大きな影響を受けることが予想される．また，原発事故の被災地となった福島県では脱原発による復興をめざしている．これらの地域が新たな発展を遂げるためには，自らが経験してきた試練と試行錯誤をすべて否定するのではなく，事故の被害とともに，その教訓のうえに，なお積極的に評価すべき点や今後に活かせるものを今の時点で検証することは大きな意義がある．そこで必要となるのが「自治の実践」への着目である．
　第3に，原子力発電だけでなく多様なエネルギーと地域のこれからの関係に

ついても，原子力発電所立地地域における「自治の実践」が重要な役割を果たすことを述べることである．エネルギー政策の見直しによって，エネルギーと地域の関係も多様化するであろう．しかし，原発事故への反省が従来のエネルギー政策を過度に拒絶するものとなれば，継承・発展すべき部分まで見失われかねない．原子力発電所立地地域における「自治の実践」は，新たなエネルギー政策に応じたエネルギーと地域の関係にも活かすことができるのではないだろうか．

このように，本書はこれまでの原子力発電と地域の関係について「自治の実践」という評価すべき側面があったことを明らかにするとともに，これからの原子力発電と地域の関係，さらには多様なエネルギーと地域の関係にも継承・発展しうることを述べる．このことは，裏を返せば新たなエネルギー政策の推進にも寄与するので，地域だけでなく国にとっても意義深いと言えよう．

原子力発電所の誘致は1960年代から本格化した．それは2つの国策，すなわち経済計画と全国総合開発計画を車の両輪とした企業誘致による地域開発と，原子力発電の実用化を背景としている．二重の国策に沿う形で進められた原子力発電所の誘致は「自治の実践」というよりも「国策への協力」の性格が強かった．

しかし，地域開発も原子力政策も大きく変化してきた．地域開発は産業優先から生活環境重視へ，さらには国主導から地域主体へと徐々に移行している．また，原子力政策も原子力発電は新規立地から増設へ，さらには長期継続運転へと重点が移行している．原子力発電所立地地域でも発電所の集積にともない安全面での懸念や産業面での重要性が高まってきた．そこで，原子力発電と地域の関係も「国策への協力」だけでは済まされないようになり，原子力安全規制や原子力産業政策に関する地域の主体性が強まっていった．地域開発と原子力政策の変化とともに，原子力発電と地域の関係も「国策への協力」に「自治の実践」が加わってきたのである．

原子力発電所立地地域における「自治の実践」は，半世紀にもおよぶ試練と試行錯誤の歴史であった．原子力安全規制の分野では，国が一元的な権限と責任を持つ制度のなかで立地地域が原子力発電所の事故・トラブルなどを経験し，厳しい試練に直面した立地自治体が自ら果たすべき役割を模索してきた．また，原子力産業政策の分野では，原子力発電所の誘致から関連産業の集積，さらには人材育成や地域産業との連携，グローバル化への対応など，少しずつ幅を広

げている．これらは原子力発電所の立地という地域の特性を背景とした主体的な取り組みであり，現在もその途上にある．

このような原子力発電所立地地域における「自治の実践」には，今後に継承・発展させるべき部分が存在する．それは原子力発電だけでなく，新たなエネルギー源として期待されている再生可能エネルギー，さらには原子力政策の重要課題である高レベル放射性廃棄物の最終処分など，さまざまなエネルギーと地域の関係を展望するうえで活かされるであろう．したがって，このことは国策としてのエネルギー政策の推進にも寄与しうる．

本書の執筆に際して，多くの機関や研究者にお世話になった．筆者の所属する福井県立大学地域経済研究所では，2009（平成21）年度から2012（平成24）年度までの4年間，公益財団法人若狭湾エネルギー研究センターからの受託研究「原子力発電と地域経済の将来展望に関する研究」を実施した．その成果として4冊の報告書と2冊のシンポジウム記録集を作成し，一部を加筆修正して本書の第2章と第3章，第6章，第7章とした．まず，研究の実施と成果の本書への収録に協力いただいた若狭湾エネルギー研究センターに感謝申し上げたい．

また，福井県環境・エネルギー懇話会参与の田原暎郎氏は，本書で取りあげた福井県における原子力発電所の歴史に大変精通するとともに，今後のあり方についても卓越した見識を持っており，受託研究では報告書の多くを執筆していただいた．本書も田原氏との共著とすべきであったが，筆者の発案で「自治の実践」を軸に構成したことから筆者単独の責任で出版させていただくことになった．田原氏には感謝とともにお詫びを申し上げなければならない．

福井工業大学の来馬克美先生には，若狭湾エネルギー研究センター専務理事の頃から受託研究について幾多の助言をいただいた．さらに，本書の第4章は来馬氏が2010（平成22）年に刊行された『君は原子力を考えたことがあるか』（ナショナルピーアール）に多くを負っている．福井県の取り組みの大半は来馬氏が実際に自治の現場で経験されているから，来馬氏の臨場感あふれる助言を直接受けることができたのは大変貴重であった．

また，一橋大学の橘川武郎先生には東京大学社会科学研究所が実施した「希望学・福井調査」や福井県立大学地域経済研究所主催のシンポジウム等を通じて貴重な助言をいただいた．そして，公益財団法人後藤・安田記念東京都市研究所理事長の西尾勝先生が，2012（平成24）年10月に福井市で開催された「巡回10時間セミナー」（主催：自治体学会）での特別講義「地域の振興と成熟――原

発事故に鑑みて――」を筆者が受講したことは，自治の視点で本書を構成するきっかけとなった．

南保勝福井県立大学地域経済研究所教授（地域経済部門リーダー）と池上惇福井県立大学名誉教授には，今回のテーマにかかわらず日頃から助言をいただいている．また，受託研究に際しては福井県内の電力事業者の方々から意見をいただくとともに，関係機関や県民の方々からもさまざまな意見をいただいた．福井県立大学参与の杉田晃一氏，同地域経済研究所客員研究員を務められた三輪仁氏，郭思宜氏，同研究補助の藤田あさ香氏にも大変お世話になった．この場を借りて感謝の意を申し上げたい．

なお，あらためて述べるまでもないが，本書の内容はすべて筆者の責に帰すものである．本書は上に記した方々を含めてさまざまな立場の意見や文献等を参考にしているが，筆者の見解とは異なるものも多い．また，本書が従来にはない視点で書かれているため読者にとっても違和感を持たれる部分があるかもしれない．本書の内容は筆者自身の見解として諸兄のご批判を仰ぎたい．

最後になったが，本書の出版に際しては地域経済研究所の中沢孝夫所長の配慮により福井県立大学から助成を頂くとともに，前著『地方港湾からの都市再生』に引き続き晃洋書房の丸井清泰氏，阪口幸祐氏に大変お世話になった．出版情勢がますます厳しくなっているなかで本書を無事出版できたことに深く謝意を表したい．

2014年1月

井上武史

目　次

はしがき

序　章　原子力発電と地域の関係をあらためて問う ……………… 1

第 1 章　原子力平和利用と地域政策の胎動 ……………………… 19
　　第 1 節　原子力平和利用の時代へ　(19)
　　第 2 節　原子力平和利用初期における地域政策の対応　(23)

第 2 章　高度経済成長期における地域開発と
　　　　　　　　　　　　　　　原子力発電所の誘致 …… 31
　　第 1 節　経済計画と全国総合開発計画による地域開発の進展　(31)
　　第 2 節　福井県における地域開発の展開　(35)
　　　　　　　——原子力発電所誘致以前——
　　第 3 節　原子力発電の実用化と福井県への誘致　(43)
　　第 4 節　原子力発電所の誘致は「自治の実践」と言えるか　(51)

第 3 章　原子力発電所の立地と増設による地域経済と
　　　　　　　　　　　　　　　地方財政の変化 …… 57
　　第 1 節　原子力発電所の立地が地域に与えた経済的影響①　(58)
　　　　　　　——既存の調査結果から——
　　第 2 節　原子力発電所の立地が地域に与えた経済的影響②　(65)
　　　　　　　——最近の動向を含めた総合的分析——

第 4 章　原子力安全規制における「自治の実践」 ……………… 89
　　第 1 節　原子力安全規制における立地自治体の取り組み　(90)
　　第 2 節　自治の視点から立地自治体の原子力安全規制をどうみるか　(109)

第5章　原子力産業政策における「自治の実践」(1) ……………… 121
────アトムポリス構想────

第1節　1970年代以降における地域開発の潮流変化と
　　　　　　　　　　　　　　　　　　　　アトムポリス構想　(122)
第2節　自治の視点からアトムポリス構想をどうみるか　(133)

第6章　原子力発電所の立地と製造業 ……………………………… 139

第1節　福井県における製造業の動向と嶺南地域　(141)
第2節　全国の原子力発電所立地地域における製造業の動向　(151)
第3節　原子力発電所立地地域における
　　　　原子力産業政策としてのアトムポリス構想の可能性　(157)

第7章　原子力産業政策における「自治の実践」(2) ……………… 159
────エネルギー研究開発拠点化計画────

第1節　地域開発と経済政策の転換　(160)
第2節　成熟社会の地域開発からみた原子力発電　(169)
第3節　エネルギー研究開発拠点化計画の意義　(172)
　　　　────新しい地場産業としての原子力発電────

第8章　地方自治の岐路と原子力政策における
　　　　　　　　　　　　　　「自治の実践」の展望 …… 189

第1節　「自治の実践」からみた原子力安全規制および
　　　　エネルギー研究開発拠点化計画の意義と課題　(190)
第2節　地方分権改革の展開と地方自治の岐路　(194)
第3節　地方自治のあり方からみた原子力安全規制の展望　(200)
第4節　地方自治のあり方からみた
　　　　エネルギー研究開発拠点化計画の展望　(210)

第 9 章　原子力政策における「自治の実践」が
　　　　　エネルギー政策の課題に与える示唆 …… *221*
　第 1 節　原子力政策における「自治の実践」からみた
　　　　　　　　　　　　　　再生可能エネルギーの普及　（222）
　第 2 節　原子力政策における「自治の実践」からみた
　　　　　　　　　　　　　　核燃料サイクルの実現　（226）

参 考 文 献　（239）
索　　　引　（245）

序　章

原子力発電と地域の関係をあらためて問う

(1) 原子力発電をめぐる「推進か反対か」の二項対立

　核燃料サイクルの軸となる原子力発電のあり方については，「推進か反対か」という極端な二項対立のなかで論じられることが多い．本書は，このような対立が今後の核燃料サイクルにとって，またエネルギー政策にとって決して有益でないことに鑑み，対立を乗り越えるための1つの方策として原子力発電と地域の関係を「自治」への着目から捉えたものである．

　2011（平成23）年3月11日に発生した東日本大震災と，それにともなう東京電力福島第一原子力発電所の事故によって，従来から存在していた「推進か反対か」の二項対立はさらに深まったように思われる．震災と原発事故を機に，2010（平成22）年6月に閣議決定された『エネルギー基本計画』をゼロベースで見直し2030（平成42）年の電源構成（エネルギーミックス）を定めるため，専門家等で構成される総合資源エネルギー調査会基本問題委員会での検討やエネルギーミックスの選択に関する国民的議論が行われた．ところが，総合資源エネルギー調査会が国民的議論に提示するエネルギーミックスの選択肢を絞り込むに際して，「原発依存度を減らすという方向性は共有されつつあるが，どの程度の時間をかけてどこまで減らしていくべきなのか，どのエネルギーで補っていくべきなのかを巡っては大きく意見が分かれている」［エネルギー・環境会議 2012：3］状況となった．また，国民的議論では原子力発電に対して「反対」の側に属する意見が多数を占めたため，従来の「推進」路線では主権者である国民の支持を得られないことが露呈した．原子力発電をめぐる二項対立が先鋭化しながら国民に広がったのである．

　結局，2012（平成24）年9月にエネルギーミックスの大枠として『革新的エネルギー・環境戦略』がとりまとめられたが，二項対立を乗り越えることはできなかった．すなわち「原発に依存しない社会の実現に向けた3つの原則」と

して，①原子力発電所の40年運転制限を厳格に適用する，②原子力規制委員会の安全確認を得たもののみ再稼働とする，③原発の新設・増設は行わない，を掲げ，これによって「2030年代に原発稼働ゼロを可能とするよう，あらゆる政策資源を投入する」ことが戦略に盛り込まれた．

『革新的エネルギー・環境戦略』は，従来の「推進」路線で立地・稼働してきた既存の原子力発電所については推進を当面維持しながら新たな施設は「反対」へと舵を切ることで，二項対立を乗り越えたかのようにみえる．しかしながら，建設途中の原子力発電所や核燃料サイクルのあり方をめぐる政府の姿勢から，戦略には重大な矛盾があると指摘されている[3]．端的に言えば，戦略は「推進」と「反対」の立場を無理に重ねようとしたものであった．さらに，閣議決定されたのは戦略そのものではなく，「戦略を踏まえて柔軟性を持って不断の検証と見直しを行いながら遂行する」ことであった[4]．「推進か反対か」の二項対立が解消しないままエネルギーミックスを決定することはきわめて難しかったのである．

(2) 二項対立と核燃料サイクル

原子力発電をめぐる二項対立は，日本の核燃料サイクルで重要な課題となっているバックエンドの停滞にも深く関わっている．バックエンド問題の中心は，使用済核燃料の再処理と高速増殖炉の運転が技術的問題等から円滑に進んでいないこと，そして，高レベル放射性廃棄物の最終処分地が未だに決定されていないことである．特に後者は核燃料サイクルのあり方（使用済核燃料を全量再処理するか直接処分するか）にかかわらず，また今後の原子力発電のあり方（推進か反対か）にかかわらず，必ず処分地を決定しなければならない．処分地の選定は市町村からの応募を受けて文献調査，概要調査，精密調査の順に進められ，2013（平成25）年頃には概要調査を終えて2028（平成40）年前後に建設地が選定されることになっているが，文献調査さえ行われていない[5]．その大きな要因が，原子力発電をめぐる「推進か反対か」の二項対立にあると考えられる．

原子力発電に対する「推進か反対か」の二項対立は，原子力発電所の「受け入れか拒絶か」という判断の違いとなって表れる．原子力発電所は受け入れる地域がわずかでもあれば立地することができた．地域独占の電力会社ごとに立地する必要があったとしても，すでに受け入れた地域の実態をみながら各地で立地が進んだのである[6]．しかしながら，高レベル放射性廃棄物の最終処分地の

場合は全国の廃棄物が1カ所に集約されるから，他に実例が存在しない．また，最終処分地の管理は原子力発電所の場合よりも長期にわたる．こうしたことから，最終処分地の選定では地域にきわめて難しい決断が求められる．そして，調査地区および建設地の選定にあたっては知事および市町村長の意見を聞き，反対の場合は次の段階に進まないことになっている[7]．そのため，原子力発電をめぐる「推進か反対か」の二項対立が最終処分地の選定をより困難にしていると考えられる．

　原子力発電所の運転開始から半世紀近くが経過し，2013（平成25）年12月現在50基が立地している．それにもかかわらず，バックエンド問題は解決していない．したがって，核燃料サイクルは全体として必ずしも順調に進んできたとは言えない．今後はバックエンド問題が原子力発電の規模を抑制する要因にもなると考えられ，エネルギー政策全体に大きな影響を与える可能性がある．

　そのため，高レベル放射性廃棄物の最終処分地は原子力発電に対する「推進か反対か」の二項対立を乗り越えて選定されることが必要である．確かに，二項対立があったまま選定される可能性もあるだろう．しかし，対立のなかで一方の立場を選択することは必ず勝者と敗者を生み，それが新たな対立の芽となる．また，『革新的エネルギー・環境戦略』のように二項対立を無理に合成しても，全体として整合性に欠けていれば現実の政策は対立の狭間で漂流を余儀なくされるにちがいない．

　また，二項対立を乗り越えて最終処分地を選定することもやはり難しい．最終処分地の選定はすでに計画から大きく遅れており，『革新的エネルギー・環境戦略』の策定までに要した膨大な時間と紆余曲折の議論を経ても対立は解消されなかった．

　しかし，それでもなお対立を乗り越えるための努力が不可欠である．「推進」の側も「反対」の側も相互に意見を交わしながら，両者の共通部分を少しずつ広げて合意形成のための基盤を構築しなければならない．このような努力とともに核燃料サイクルを一歩ずつ進めるしかない．

(3) 二項対立と再生可能エネルギー

　また，原子力発電をめぐる二項対立は，再生可能エネルギーの方向性にも深く関わっている．震災と原発事故を受けて策定された『革新的エネルギー・環境戦略』では，エネルギーミックスのあり方として「原子力発電か再生可能エ

ネルギーか」という選択が強調されているようにみえる．そのため，原子力発電をめぐる「推進か反対か」の二項対立が再生可能エネルギーに対する「現実的推進か積極的推進か」という対立を招いている[8]．

『エネルギー基本計画』では，「自立的かつ環境調和的なエネルギー供給構造の実現」のための施策として，再生可能エネルギーと原子力発電の推進がともに掲げられていた．これに対して，『革新的エネルギー・環境戦略』では再生可能エネルギーの開発・利用を最大限加速化する一方で原子力発電への依存度をできる限り低減することとされた．エネルギーミックスにおける原子力発電と再生可能エネルギーの関係は協調的関係から対立的関係へと逆転したのである．

エネルギーミックスのなかで，ある電源の普及が他の電源の割合に影響を与えることは確かに避けられない．しかしながら，エネルギーミックスが必要なのは電源ごとの特性（メリットとデメリット）が異なるからであり，原子力発電と再生可能エネルギーの特性も決しても同じではない．エネルギーミックスによってメリットを生かしつつデメリットを緩和するうえで，原子力発電と再生可能エネルギーが必ずしも強い対立的関係にあるわけではない．

また，「原子力発電か再生可能エネルギーか」という選択は地域経済のあり方の選択にも結びつけられている．原子力発電が出力の大きな集中型電源であるのに対して，太陽光発電や風力発電・地熱発電・小水力発電などの再生可能エネルギーでは出力の小さな分散型電源の拡大が期待されている．地方分権が進み，成熟社会を迎えるなかで，地域経済も東京一極集中型から地方分散型での再生が重視されつつある．このような新しい社会・経済システムを構築するために，再生可能エネルギーがあらゆる地域にとって重要な基盤になると考えられている．こうして「原子力発電か再生可能エネルギーか」という選択が「集中型か分散型か」という地域のあり方にかかわる選択ともみなされるのである．

確かに，原子力発電所が立地する地域は再生可能エネルギーの立地可能な地域に比べて限られている．それでも原子力発電が震災前に国内の電力供給量の約3割を占めていたのは，原子力発電が大規模で集中型の電源であるからだろう．しかしながら，原子力発電と再生可能エネルギーは規模の違いがあっても地域に立地する電源であることは同じである．原子力発電所の立地に地域の経済的発展という誘因があることも再生可能エネルギーと変わらない．両者がまったく同じ特性でないとしても，原子力発電と地域の関係は再生可能エネルギ

ーと地域の関係にも活かされる部分があるのではないだろうか．

　本書は，原子力発電をめぐる「推進か反対か」の二項対立のなかにも「自治の実践」という共通部分があったことを明らかにする．とりわけ，「推進」の側にあるとされる原子力発電所立地地域における「自治の実践」に焦点を当て，「反対」の側で展開された立地反対運動とは性格こそ異なるものの立地地域もまた主体的に原子力発電と関わってきたことを示す．また，「自治の実践」という共通部分を二項対立を乗り越えるための議論の基盤に加えることによって，再生可能エネルギーの普及や高レベル放射性廃棄物の最終処分地の選定などエネルギー政策の課題解決にも資することを述べる．

(4) なぜ，原子力発電所立地地域における「自治の実践」に着目するのか

　では，「推進」の側における「自治の実践」に焦点を当てることが，なぜ原子力発電をめぐる「推進か反対か」の二項対立を乗り越えるための共通部分となるのであろうか．

　第1に，原子力発電所の立地を受け入れた地域も拒絶した地域も「自治の実践」を行ってきた点で共通するにもかかわらず，前者の自治がほとんど注目されてこなかったからである．

　むしろ，原子力発電所の立地を受け入れた地域は「自治の実践」を行ってこなかった地域とみられている．日本では，核燃料サイクルのあり方は国の政策として決められる（これを「国策としての原子力政策」と呼ぶ）．そして，原子力発電所の立地は地域がこれを受け入れるかどうかの判断に委ねられる．したがって，立地を受け入れようと拒絶しようと関係自治体の主体的な判断の結果であるから，いずれの場合も自治の性格を帯びる．しかし，原子力発電所の立地を受け入れることは国策としての原子力政策を受け入れることでもあるから，国と地方の関係でみれば自治よりも統治の要素が強いとみなされるのである．対照的に，原子力発電所の立地を拒絶した地域は国策による統治を拒否したのであるから，強力な自治を発揮した地域と認識される．こうして，原子力発電をめぐる「推進か反対か」の二項対立は，地域に対する「統治か自治か」という対照的な評価にも結びついたのである．

　そして，原子力発電所の立地を拒絶した地域で行われた反対運動については詳細を記録した多くのルポルタージュ等が刊行されており，その多くが「地域を守るために住民の強い意志が国策による地域の破壊を拒絶した」というよう

な筆致で描かれている．これに対して，立地を受け入れた地域は経済の発展や補償金・交付金等に誘惑され，「国策への協力」という形で「地域の依存」が進んでいったと認識される．こうして，自治の視点からみれば立地を拒絶した地域の方が高く評価されることになる．

　原子力発電所の立地を拒絶した地域が自治を発揮したことを否定するつもりはない．また，立地を受け入れた地域に依存の側面があったことを全面的に否定するつもりもない．しかしながら，立地を受け入れた地域が拒絶した地域の対極にあったわけではない．むしろ，立地を受け入れた地域も国策に協力しながら独自の自治を実践してきた．立地を拒絶した地域とは性格こそ異なるけれども，受け入れた地域にも国策を前提とした「自治の実践」が確かに存在したのである．そうだとすれば，原子力発電をめぐる「推進か反対か」の二項対立は，国策としての原子力政策に対する「統治か自治か」という認識の相違によって深まるのではなく，逆に「自治の実践」という共通部分への着目によって解消に向かうのではないだろうか．

　では，国策を前提とした「自治の実践」とは，どのような性格の自治であろうか．立地を拒絶した地域が国策に抵抗する形で自治を実践したとすれば，立地を受け入れた地域は国策の補完・活用という形で自治を実践したと言える．国策をそのまま受け入れるのであれば「統治」を許容したことになるが，地域が主体的に国策を補完し，また活用したところに「自治の実践」が存在したことになる．

　原子力発電所立地地域がこのような自治を行ってきた背景には，地域にとって原子力発電所の集積にともなう危険性（安全性への懸念）と経済性がより重要になってきたことがあるだろう．立地地域にとって危険性はデメリットであり，経済性はメリットである．立地を受け入れることでメリットを享受するが，デメリットも負担しなりればならない．

　原子力発電所の立地を拒絶した地域はデメリットを被ることはないがメリットを得ることもできない．その場合，メリットを享受できないことがデメリットとなり，デメリットを負担しなくてよいことがメリットになるだろう．そこで，立地の拒絶によるデメリットを解消するために，地域では企業誘致や農林水産業の振興などの産業政策を推進してきた．

　これに対して，原子力発電所の立地を受け入れた地域はメリットの拡大とデメリットの克服をめざした．すなわち，国策としての原子力政策を前提としな

がら地域独自の原子力安全規制による国策の補完を通じて，デメリットの克服に主体的に取り組んできた．また，原子力発電所の受け入れによるメリットを享受するだけでなく地域独自の産業政策として原子力発電所を活用し，メリットの拡大も図ったのである．

このように，原子力発電所の立地を受け入れた地域と拒絶した地域は国策としての原子力政策に対する態度こそ違ったけれども，地域がメリットを獲得しデメリットを克服するために主体的な行動をとったことは変わらない．また，立地地域が行った安全規制や産業政策は，原子力政策以外の分野で行われた類似の事例から「自治の実践」と評価することができる．したがって，原子力発電所の立地を受け入れた地域には国策を前提とした「自治の実践」が存在したと言える．

「推進」の側における「自治の実践」に焦点を当てる第2の理由は，原子力発電をめぐる「推進か反対か」の二項対立を乗り越えることが再生可能エネルギーの普及や高レベル放射性廃棄物の最終処分地選定などエネルギー政策の課題解決にも資すると考えられるからである．

まず，再生可能エネルギーの普及についての姿勢は原子力発電に「反対」の側では積極的であるのに対して，「推進」の側では現実的とみられてきた．これでは原子力発電が再生可能エネルギーの普及を妨げる要因となり，2つの弊害が生じるおそれがある．すなわち，再生可能エネルギーの立地を進める地域が原子力発電所立地地域における「自治の実践」の経験を活かせないことと，原子力発電所立地地域が再生可能エネルギーとの共存による新たな発展を見通せないことである[12]．再生可能エネルギーは住民や企業，自治体など多くの主体が関与しながら「自治の実践」のなかで普及が進むと見込まれている．原子力発電所立地地域に「自治の実践」があったとすれば再生可能エネルギーの普及にも活かされる部分があるだろうし，原子力発電所立地地域でも自らが経験した「自治の実践」を再生可能エネルギーの普及に結びつけられるだろう．後者の場合は，原子力発電所立地地域が他の地域にはない「総合的エネルギー拠点」として発展しうることを意味する．

このように，原子力発電と再生可能エネルギーを対立的関係で捉えた選択の問題としてではなく，「自治の実践」に注目して再び協調的関係とみることによって，対立的関係では見出せなかった再生可能エネルギーと地域の多様な共存の形を構築することができるのではないだろうか[13]．

次に，高レベル放射性廃棄物の最終処分地の選定についても自治の視点が重要である．なぜならば，調査地区および建設地の選定にあたっては知事および市町村長の意見を聞き，反対の場合は次の段階に進まないことになっているからである．地域が核燃料サイクルをどう認識するかが問われることから，最終処分地の選定は国策の問題であると同時に自治の問題でもあると言える．

したがって，最終処分地の選定に際して各地が「推進か反対か」の二項対立に巻き込まれることが決して好ましくないとすれば，「自治の実践」を共通部分とした対立の解消が不可欠である．そこで，「推進」の側における「自治の実践」に注目し，「反対」の側との共通部分を合意形成の基盤に加えることが処分地の選定に寄与すると考えられる．また，最終処分地となる地域も立地を受け入れることになるから，原子力発電所立地地域における「自治の実践」の経験が最終処分地における「自治の実践」にも直接活かされるであろう．

⑸　原子力発電所が集積し，「自治の実践」を先導する福井県

本書は，「自治の実践」を共通部分として原子力発電をめぐる「推進か反対か」の二項対立を乗り越えるために，原子力発電所立地地域に焦点を当てる．立地地域は「推進」の側にあると同時に国策による統治を受け入れている地域

図1　福井県の市町村

と理解され，「反対」の側から立地を拒絶した地域で行われた「自治の実践」は存在しないとみられてきた．本書では，立地地域が国策を受け入れるだけでなく補完・活用する形で独自の「自治の実践」を行ってきたことを明らかにする[14]．それは「反対」の側で行われた「自治の実践」と性格こそ異なるが地域主体の取り組みとしては同じであり，「推進か反対か」の二項対立を乗り越える共通部分となりうるものである．

このことを述べるための具体例として，本書では福井県（図1参照）の嶺南地域[15]（敦賀市以南）を中心に取りあげる．福井県は国策としての原子力政策を前提に「自治の実践」を進めてきた地域として欠かすことができない．なぜならば，福井県には多種多様な原子力発電所や核燃料サイクル関連施設が集積するとともに，「自治の実践」がきわめて重視されてきたからである．

福井県における原子力発電所は，1970（昭和45）年に運転を開始した敦賀1号機と美浜1号機が，それぞれ国内初のBWR（沸騰水型軽水炉），PWR（加圧水型軽水炉）である[16]．以来，現在までに半世紀近くが経過するなかで，福井県で

表1　福井県の原子力発電所

市町	発電所名	炉型	出力（万kW）	運転開始年月	設置者名
敦賀市	敦賀1号	沸騰水型	35.7	1970（昭和45）年3月	日本原子力発電
	敦賀2号	加圧水型	116.0	1987（昭和62）年2月	
	敦賀3号	改良加圧水型	153.8	着工準備中	
	敦賀4号	改良加圧水型	153.8	着工準備中	
	もんじゅ	高速増殖炉		停止中	日本原子力研究開発機構
	ふげん	新型転換炉		廃止措置中	
美浜町	美浜1号	加圧水型	34.0	1970（昭和45）年11月	関西電力
	美浜2号	加圧水型	50.0	1972（昭和47）年7月	
	美浜3号	加圧水型	82.6	1976（昭和51）年12月	
高浜町	高浜1号	加圧水型	82.6	1974（昭和49）年11月	
	高浜2号	加圧水型	82.6	1975（昭和50）年11月	
	高浜3号	加圧水型	87.0	1985（昭和60）年1月	
	高浜4号	加圧水型	87.0	1985（昭和60）年6月	
おおい町	大飯1号	加圧水型	117.5	1979（昭和54）年3月	
	大飯2号	加圧水型	117.5	1979（昭和54）年12月	
	大飯3号	加圧水型	118.0	1991（平成3）年12月	
	大飯4号	加圧水型	118.0	1993（平成5）年2月	

は増設を重ねて多様な炉型・出力・経過年数・設置者の原子力発電所が立地してきた．現在は，**表1**に示したように嶺南地域の4市町（敦賀市・美浜町・高浜町・おおい町）に13基の商業用原子炉が稼働している．また，高速増殖原型炉「もんじゅ」は全量再処理による核燃料サイクルを進めるために不可欠の研究開発施設であり，原子炉廃止措置研究開発センター（旧ふげん）では廃炉の研究が進められている．このように，福井県嶺南地域は規模と多様性の両面で国内有数の原子力発電所および核燃料サイクル関連施設の集積地域である．だからこそ，原子力発電所の立地にともなうデメリットを克服するための安全規制とメリットを拡大するための産業政策の両面で，地域独自の取り組みが必要であったと言える．また，震災と原発事故を受けて国内の原子力発電所がすべて停止するなかで，最初に再稼働したのも福井県内の大飯3・4号機である．再稼働に際しては県内外で賛成・反対に意見が大きく分かれ，自治体の判断が注目された．原子力発電をめぐる「推進か反対か」の二項対立のなかで，福井県が再稼働の帰趨に大きな役割を果たしたのである[17]．

以上の点から，本書で取りあげる福井県は国策としての原子力政策を受け入れるだけでなく，国策を前提とした独自の「自治の実践」が存在したことを明らかにするうえで，最も重要かつ典型的な地域である[18]．

(6) 岐路に立つ自治

しかしながら，原子力発電所立地地域における「自治の実践」もまた新たな

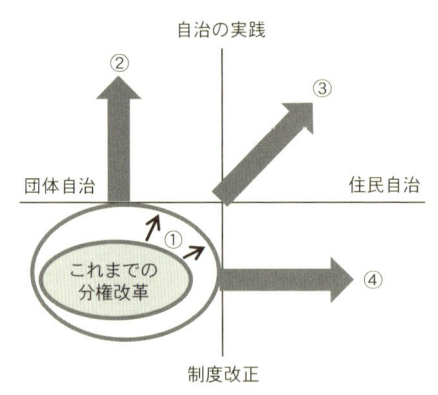

図2 地方自治の方向性

取り組みを要する段階にある．地方自治のあり方が岐路に立たされているからである．そこで，地方自治の方向性を踏まえて立地地域における「自治の実践」の展望を示すことも必要である．

　1990年代から始まった第一次地方分権改革を機に，国と地方の関係は権限と財源の両面で大きく変わった．機関委任事務の廃止や必置規制の見直し，所得税から住民税への税源移譲などにより，地方の自主性が格段に高まってきたのである．

　地方自治に団体自治と住民自治の側面があるとすれば，これまでの地方分権改革は団体自治に重点が置かれていた．そこで，今後の地方自治は団体自治をさらに進めるか，それとも住民自治に踏み込んでいくのかが問われる．同時に，制度改革をさらに進めるのか，あるいは改革の内容を実践に活かすことを優先すべきか，という判断も求められる．このことを図式化すれば図2の①から④のような4つの方向性となるだろう．いずれか一方を選択するものではないが，現在はどちらを重視すべきかの岐路に立たされている．それによって今後の自治体が取り組むべきことも変わるであろう．本書では，自治のあり方を踏まえて原子力発電所立地地域における「自治の実践」の展望を示す．

(7) 本書の構成

　繰り返し述べてきたように，本書では原子力発電をめぐる「推進か反対か」という二項対立の解消に向けた1つの視点として「自治の実践」に着目する．まず，福井県の取り組みを中心に原子力発電所立地地域が進めてきた独自の原子力安全規制と原子力産業政策が「自治の実践」であったことを明らかにする．次に，自治のあり方が岐路に立たされているなかで，立地地域における「自治の実践」がどのような展望を描けるか考察する．最後に，エネルギー政策の重要課題である再生可能エネルギーの普及や高レベル放射性廃棄物の最終処分地選定に対しても，立地地域における「自治の実践」の経験が解決に寄与しうることを述べる．

　本書の構成は次のとおりである．

　第1章と第2章では，国策としての原子力政策が進められた経緯と福井県が国策を受け入れた背景について述べる．第1章は，戦後まもなく始まった原子力平和利用の初期における状況である．原子力発電の実用化は必ずしも当初から注目されたわけではなかったが，福井県では原子力懇談会の設立を機に原子

力平和利用に関する技術の多様な産業への応用を模索するなど，原子力平和利用の機運が早くから高まっていた．

　第2章では，原子力平和利用の重点が原子力発電の早期実用化に移行した時期について述べる．経済計画と全国総合開発計画を車の両輪とした国策によって高度経済成長期が到来し，各地で産業基盤の整備と企業誘致による地域開発競争が展開されていった．また，原子力発電の実用化を機に原子力発電所も地域にとって誘致企業の1つと認識され，福井県では原子力発電所の誘致が地域開発の有効な手段として位置づけられた．そこで，福井県では原子力懇談会を母体に強力な誘致が行われたのである．当時の状況を自治の視点からみれば，原子力発電所の誘致は国策としての地域開発と国策としての原子力政策という2つの国策を地域が受け入れたことを意味するから，「自治の実践」であったとは言いがたい．

　第3章では，福井県に原子力発電所が立地してから現在までの地域経済や地方財政の動向について，主要なデータのなかから県内の立地地域と非立地地域の推移を比較することによって明らかにする．先行研究では「多くの効果が一過性に終わる」と指摘され，原子力発電所の立地が地域経済や地方財政に与える影響は限定的であるとみられていた．しかし，それは原子力発電所立地当初の傾向であり，最近では原子力発電所の集積と長期の運転によって「大きな効果が持続する」ようになっている．

　同時に，このことは原子力発電所が福井県内に集積し運転を続けることによって経済性と危険性（安全性への懸念）というメリットとデメリットも大きくなってきたことを意味する．それが地域における原子力発電の重要性を高め，「国策への協力」だけでは済まされない状況をもたらした．すなわち，メリットの拡大とデメリットの克服が地域にとって大きな課題となり，「自治の実践」を進める背景となったのである．

　第4章では，原子力発電所立地地域における「自治の実践」について，デメリットを克服するための地域独自の原子力安全規制が行われてきたことを述べる．現行法体系では原子力発電所の安全確保等の権限と責任は一元的に国にあるが，県としては県民の健康と安全を守る立場がある．そのため，県に権限と責任がなくても国の規制や電力事業者の対応が不十分であると認識すれば県が独自の対応をとらざるをえない．事実，全国の原子力発電所立地自治体は関係事業者と原子力安全協定を締結・改定するとともに，事業者に独自の安全確保

策を要請してきた．その背景には，国の原子力安全規制が十分でなかったことと，原子力発電所の事故・トラブルという試練に直面した地域が試行錯誤を重ねながら独自のノウハウを構築することで国の規制を補完してきたことがある．その中心となったのが実質的な規制としての原子力安全協定であり，これを支えたのが体制としての原子力安全対策組織であった．さらに，地域のノウハウは国の権限と責任のあり方にも活かされ，福井県など立地自治体からの提言を国が受け入れるまでになっている．本来は権限も責任も存在しない自治体が行ってきた独自の原子力安全規制によって，国の権限と責任が強化される状況も生まれているのである．

こうした取り組みは，同時期に各地で発生した公害への対策として自治体が事業者と締結した公害防止協定をはじめ，自治体の先導的な取り組みが公害対策基本法や環境庁の設置など国の体制整備を促したことと同様の形態とみることができる．自治体独自の公害対策は「自治の実践」として高く評価されていることから，自治体独自の原子力安全規制もまた国の一元的な権限と責任のもとで行われた「自治の実践」の事例と言えるだろう．

第5章から第8章では，原子力発電所立地地域における「自治の実践」について，メリットを拡大するための原子力産業政策が福井県で進められてきたことを述べる．

第5章では，高度経済成長期から安定成長期に移行した1970年代から80年代に焦点を当てる．産業構造の転換や生活環境を重視する政策基調の変化にともない，地域開発も新たな段階に入った．第三次全国総合開発計画とテクノポリス構想によって住環境やハイテク産業を重視した地域開発が提唱されるようになると，福井県でも「アトムポリス構想」が打ち出された．テクノポリスとアトムポリスはよく似た名前だが，前者は国の政策で後者が自治体の政策である．いずれも既存の産業集積を踏まえつつ高度な技術開発をめざしている点では共通しているが，アトムポリス構想は地域の特性をより重視した独自性の強い政策となっている．その意味で，アトムポリス構想は原子力産業政策における「自治の実践」の萌芽とみることができる．

アトムポリス構想は，若狭湾エネルギー研究センターの設立とエネルギー研究開発拠点化計画の推進という形で現在に継承されている．拠点化計画は原子力発電所が集積する福井県の特徴を最大限に活かして原子力の持つ幅広い技術を移転・転用する研究開発を進めて地域産業の活性化につなげていくものであ

り[19]，主に製造業に活用することが想定されていると考えられる．

ところが，立地地域に関して「原子力発電所が製造業を衰退させた」あるいは「原発以外になかなか新しい産業が生まれにくくなってしまう」という指摘がある．もしそうであれば，原子力発電所の立地を活かして他の産業を育てるという拠点化計画の趣旨は大きな矛盾に直面するだろう．そこで，第6章では原子力発電所立地地域における製造業の動向について福井県だけでなく全国を対象とした分析を行う．立地地域における製造業の状況はさまざまであり，原子力発電所の立地と一様の関係があるわけではない．したがって，拠点化計画は独自の原子力産業政策として実現する可能性を持っていると言える．

第7章では，まず現代の地域開発の潮流について述べる．全国総合開発計画は大きな成果とともに多くの課題も残しながら国土形成計画に継承された．その背景にあったのは成熟社会の本格的な到来である．地域開発のあり方も根本的な見直しを迫られ，国主導から地域主体へ，そして開発から再生へと変わりつつある．企業誘致による地域開発の一環として立地を受け入れてきた原子力発電所もまた，新たな地域開発の時代に即した位置づけが必要となるだろう．そこで，原子力発電所には従来の地域開発路線でどのような限界が生じるのか，そして新たな地域開発の流れによってどのような可能性が生まれるのか考察する．

続いて，アトムポリス構想を継承したエネルギー研究開発拠点化計画が現代の地域開発の潮流に即したものであることと，原子力産業政策における「自治の実践」をさらに進める取り組みとなったことを述べる．第1に，拠点化計画は原子力発電所の集積という地域の特性を従来よりも幅広い分野に活用している点が挙げられる．すなわち，グローバリゼーションとローカリゼーションの進行という現代地域開発の潮流を踏まえて原子力発電に新たな可能性を見出すことにより，拠点化計画は原子力発電を「単なる発電の工場」から「新時代の地場産業」として位置づけるものとなった．第2に，拠点化計画は原子力産業政策の枠を越えて地域の多様な特長を伸ばす地域総合政策としての性格を持っている点が挙げられる．すなわち，健康長寿や教育といった産業以外の分野でも原子力発電との関係を積極的に見出している．これらのことから，拠点化計画は原子力産業政策における「自治の実践」の面でアトムポリス構想をさらに進化させた取り組みになっていると言える．

このように，福井県では原子力発電所の立地という「国策への協力」を前提

としつつ，試行錯誤を重ねて原子力安全規制と原子力産業政策の分野で「自治の実践」を進めてきた．全国の原子力発電所立地地域にも同様の取り組みがある．しかしながら，自治のあり方も岐路に立たされている．そこで，第8章では地方分権改革の経緯と今後の課題を踏まえて，立地地域における「自治の実践」の展望を示す．1990年代から始まった地方分権改革は団体自治の側面に焦点が当てられたが，これは国と地方の役割分担を明確にするものである．原子力安全規制は国が一元的な権限と責任を持っているから，地方分権改革の趣旨からすれば国が十分な権限を発揮し責任を果たすことが基本的なあり方となる．しかし，震災と原発事故によって国の対応に大きな問題があることが明らかとなり，新たに発足した原子力規制委員会が十分な権限と責任を遂行できるかどうかが問われている．さらに，立地県外からも原子力安全協定の締結を求める動きが出てきた．そこで，まず立地地域の原子力安全規制について地方分権改革の趣旨や最近の動向を踏まえて今後のあり方を論じる．

次に，エネルギー研究開発拠点化計画の展望については，今後の自治で重視される住民自治との関係を踏まえて考察する．すなわち，拠点化計画は独自の地域総合政策として継続しながら，自治の究極の目的である「広い意味での住民のまちづくり活動」を基盤とすることで新たな段階の「自治の実践」となりうることを述べる．

最後の第9章では，原子力発電所立地地域における「自治の実践」の経験が再生可能エネルギーの普及や高レベル放射性廃棄物の最終処分地選定というエネルギー政策の重要課題の解決にも資することを述べる．まず，再生可能エネルギーの普及は地域分散型の新しい経済的基盤としても注目されており，「自治の実践」と関係が深い．しかし，震災と原発事故を機に再生可能エネルギーの普及が集中型電源としての原子力発電からの脱却とともに取りあげられるようになり，原子力発電と再生可能エネルギーが相容れない関係にあると捉えられている．本書で明らかにした原子力発電所立地地域における「自治の実践」の経験は，むしろ両者を積極的に結びつけることによって再生可能エネルギーの普及にも寄与することが期待される．

また，高レベル放射性廃棄物の最終処分地選定も地域の判断が重視されることから，自治との関係が深い．そこで，原子力発電所立地地域における「自治の実践」が貴重な経験として各地で共有されれば，最終処分地の受け入れについても「国策への協力」だけでなく「自治の実践」という積極的な見方をする

地域が増え，処分地の選定につながることが期待される．

注

1）核燃料サイクルとは，核燃料を製造して原子力発電に用いるまでの過程（ウランの精鉱や転換，濃縮，成型加工，核燃料を用いた原子力発電所の運転等）と，原子力発電で使用された核燃料を再処理などして廃棄物として処分するまでの過程を合わせたものである．前者はフロントエンド，後者はバックエンドとも呼ばれる．バックエンドのあり方は国によって異なり，日本は使用済核燃料を全量再処理して高速増殖炉などで再び核燃料として用いる方式を採用している．その意味で，日本の核燃料サイクルには核燃料のリサイクルが含まれる．
2）以下，東日本大震災とそれにともなう東京電力福島第一原子力発電所の事故を「震災と原発事故」と，必要に応じて省略する．
3）枝野経済産業大臣（当時，以下，本書で用いる役職等は特に断らない限り当時のものとする）は，「建設中の発電所は省が設置許可を出しているから変更しない」として，建設継続を容認する考えを表明した．しかし，これらが仮に40年間運転すれば『革新的エネルギー・環境戦略』が掲げた2030年代の原発稼働ゼロは不可能となる．また，日本の核燃料サイクルは原子力発電所の使用済核燃料を全量再処理して取り出したウランとプルトニウムを再利用することになっているが，原発稼働ゼロをめざすのであれば再利用の必要性が低下するため全量再処理の路線を修正せざるをえない．しかし，戦略には使用済核燃料を再処理せず直接処分する研究に着手することも掲げられているが，同時に「核燃料サイクルは中長期的にぶれずに着実に推進する」ことも示されている．そのため，核燃料サイクルの全体像とその中心となる原子力発電の方向性に必ずしも整合性がとれているとは言えない．

なお，自民党政権下で再びエネルギー基本計画の見直しが進められており，2013（平成25）年12月13日に開催された総合資源エネルギー調査会基本政策分科会第13回会合では原子力発電を「安定供給，コスト低減，温暖化対策の観点から，安全性の確保を大前提に引き続き活用していく重要なベース電源」とするとともに，「原発依存度については，省エネ・再エネ導入や火力発電効率化等により可能な限り低減．その方針の下で，我が国のエネルギー制約を考慮し，安定供給，コスト低減，温暖化対策，技術・人材維持等の観点から必要とされる規模を十分に見極めて，その規模を確保」することとしている（分科会資料2抜粋）．『革新的エネルギー・環境戦略』からの修正がみられるが，エネルギー基本計画の方向性を大きく転換する内容であることは変わらない．ただし，数値をともなうエネルギーミックスが示されていないため，矛盾や二項対立を解消した新たなエネルギー基本計画となるかどうかは今後の議論によるだろう．
4）戦略そのものの閣議決定が見送られたことから戦略が参考文書の扱いとなり，2030年代に原発稼働ゼロとする方針が後退した，との見方がある．
5）「特定放射性廃棄物の最終処分に関する法律」によると，処分地の選定は市町村からの応募を受けて，① 文献調査（過去の地震，噴火等に関する記録，文献から適性地域を評価する），② 概要調査（ボーリング調査，地質調査等を行い適性地域を評価する），③ 精密調査（地表からの調査に加え，地下施設において調査，試験を行い適性地域を

評価する），の3段階を経て行われる．精密調査地区の選定を平成20年代中頃，建設地の選定を平成40年前後，廃棄物の搬入開始を平成40年代後半に予定している．
6) 日本では特定の地域に複数基の原子力発電所が集積しており，その意味では分散とは言えないかもしれない．しかし，高レベル放射性廃棄物の最終処分地は複数地点の立地が想定されていないので，原子力発電所の立地は最終処分地と比較すれば相対的に分散していると言える．
7) 総合資源エネルギー調査会基本政策分科会第13回会合では，「国が前面に立って最終処分に向けた取組みを進める」（分科会資料2）ことが示され，選定に向けた手続きが見直される可能性がある．しかし，それでも立地の受け入れをめぐり地域の対応がきわめて重要であることは変わらない．
8) 大きな方向性として，再生可能エネルギーの普及を推進することには合意が形成されている．しかし，きわめて高い水準の目標を掲げて積極的な財政支援や規制改革などを行う立場と，現実的な水準の目標に沿った施策を進める立場で対立がみられる．原子力発電を推進すれば再生可能エネルギーの普及は現実的な目標で済むが，原子力発電に反対ならば再生可能エネルギーの普及を高い目標で進める必要がある．
9) 国内には原子力発電所に限らず使用済核燃料の再処理工場や中間貯蔵施設，高速増殖炉など核燃料サイクルに関連する施設なども立地している．ただし，これらの立地地域は福井県や青森県・茨城県などであり，原子力発電所も立地している．そこで，本書では核燃料サイクル関連施設の立地地域も含めて「原子力発電所立地地域」もしくは単に「立地地域」と呼ぶことにする．
10) 原子力は発電だけでなく医療や工業など多様な分野で用いられており，「原子力政策」も本来は原子力のあらゆる利用形態に関する政策を意味する．しかし，本書では「原子力政策」を特に断らない限り電源としての利用に関する政策に限定して用いる．
11) 正確に言えば，判断するのは県や市町村などの自治体である．本書では「自治体」（もしくは地方自治体）を国（中央政府）に対する意思決定・実践主体としての地方公共団体とし，「地域」を一定の区域の広がりを表す概念，もしくはその区域に含まれる意思決定・実践主体（住民や自治体）として主に用いる．地域の範囲は1つの自治体の区域に合致する場合もあれば，複数の自治体が含まれる広域の場合，あるいは自治体の一部だけを表す狭域の場合もある．また，「地方」は東京・大阪・名古屋などの大都市圏に対する地方圏を表す場合と，「国と地方の役割分担」などのように自治体を表す場合とがある．したがって，本書では「地域」も「地方」も「自治体」を含む概念として用いる場合がある．
12) 震災と原発事故のため，新たに原子力発電所の立地を受け入れる地域が現れる可能性は低い．そのため，原子力発電と再生可能エネルギーを地域との関係で考えるならば，今後は再生可能エネルギーの立地を進める地域と，既存の原子力発電所のあり方を考えつつ再生可能エネルギーの立地を進める地域の2つになると考えられる．
13) ただし，再生可能エネルギーの立地はエネルギーの地産地消を1つの目的としており，このことは大都市圏など大規模消費地への電力供給を目的とする原子力発電とは決定的に異なる．これは，原子力発電と再生可能エネルギーの規模の違いなどに由来する．しかしながら，再生可能エネルギーにも水力発電や地熱発電など出力が大きいものが存在する．原子力発電と多様な再生可能エネルギーが地域で共存する可能性も多様であろう．

14) 本書の目的は，原子力発電に対する「推進か反対か」の二項対立を乗り越えることにあるため，本書が「推進」の側に焦点を当てているとしても筆者が「推進」の立場にあることを意味するわけではない．
15) 福井県には嶺北地域・嶺南地域という地域区分があり，木ノ芽山地を境界にして北部が嶺北地域，南部が嶺南地域と呼ばれている．両地域は気候も文化も異なる．
16) 国内の商業用原子炉は，このいずれかの炉型であり，沸騰水型は日本原子力発電と東北・東京・中部・北陸・中国の各電力会社が，また加圧水型は日本原子力発電と北海道・関西・四国・九州の各電力会社が採用している．
17) 第4章で述べるように，原子力安全規制にかかる地域独自のノウハウの蓄積があったから再稼働の同意にも対応できたと考えられる．
18) 本書で明らかにした「自治の実践」は，福井県を中心に行われてきたものと全国の立地地域で広く行われてきたものがある．前者は主に原子力産業政策の分野であり，後者は原子力安全規制の分野である．したがって，福井県は「自治の実践」を総合的に進めた事例と言えるが，原子力安全規制の分野については福井県をはじめ全国の取り組みがあり，立地地域に共通している．
19) 拠点化計画の推進組織が若狭湾エネルギー研究センターに置かれている．

第1章

原子力平和利用と地域政策の胎動

　日本は戦前の原子力軍事利用から戦後には平和利用へと転換し，1954（昭和29）年度における原子力予算の成立を機に関係法制や研究体制の整備などが急速に進んだ．同時に，地域でも原子力関係機関の立地に対する誘致運動やラジオアイソトープの多様な産業への応用など，原子力平和利用が地域経済の発展に資するものとして認識されるようになる．原子力平和利用を地域政策に取り込む動きを自治の視点からみると，当時，地方自治が日本国憲法による制度的保障を得たばかりで現実には戦前の支配機構が色濃く残っていたことから，「自治の実践」とみることは難しい．しかし，これが後に進められる「自治の実践」の兆候を含んでいたことも，また確かである．

第1節　原子力平和利用の時代へ

　本節では，戦前の原子力軍事利用から戦後に平和利用へと転換していった過程について述べる．

(1) 原子力平和利用までの紆余曲折

　日本における原子力の利用形態は敗戦を機に大きく変わった[1)]．軍事利用から平和利用への転換である．

　日本は太平洋戦争で唯一の被爆国となったが，戦前には日本でも原爆製造の研究が行われていた．以下，吉岡 [2011] を中心にその状況を整理する．

　1939（昭和14）年に核分裂発見のニュースが世界を駆けめぐって以来，核分裂理論の研究や実験から核分裂爆弾の製造が可能であることが注目されるようになり，核分裂爆弾に関する研究が同年よりアメリカ・イギリス・ドイツなどで始まった．日本も大きく出遅れたわけではない．1940（昭和15）年4月に陸

軍内で原爆の実現可能性に関する調査が始められ，1941（昭和16）年4月には陸軍が理化学研究所に原爆製造の研究を依頼している．約2年後の1943（昭和18）年1月には仁科芳雄とそのグループから原爆製造が可能であるとの結論が報告され，これを受けて陸軍航空本部の直轄研究としてプロジェクト「ニ号研究」が開始されることとなった．

しかしながら，この間アメリカで進められていた大規模プロジェクト「マンハッタン計画」と比較すると，ニ号研究には原爆を実用化しようとする志向が欠落していた．ニ号研究は本質的に理論計算と基礎実験のためのプロジェクトであり，戦時研究としての切迫感がなかったのである．原爆開発と直接関係していた唯一の実験的研究は，ウラン分離筒の建設とそれを用いたウラン濃縮実験であった．しかし，ウラン濃縮実験は失敗に終わり，東京空襲でウラン分離筒も焼失したため，実験は中止となった．結局，ニ号研究は原爆開発に役立つ成果をほとんど生み出さずに終わっている．

また，海軍の「F研究」という原爆研究も並行して行われた．1941（昭和16）年11月に海軍が原爆研究に興味を持つようになり，1942（昭和17）年7月には核物理応用研究委員会（仁科芳雄委員長）を発足させた．委員会は戦局の悪化にともない解散したものの，わずかの予算で京都帝国大学に委託して細々とした研究が続けられた．それが1945（昭和20）年になってF研究へと発展的に拡充されたのである．ただし，F研究は装置を使った実験を行うまでに至らず，マンハッタン計画はもとよりニ号研究にも及ばないものであった．結局，日本の敗戦によりF研究は初期段階で終結した．

このように，戦時中は日本でも原爆製造に関する研究が小規模ながら行われており，原子力は軍事利用の対象となっていた．

戦後になると，原子力平和利用の時代が訪れる．だが，平和憲法を持つ国家となった日本がただちに原子力平和利用に転換できたわけではなかった．

連合国軍占領下の日本では，原子力研究は全面的に禁止された．GHQ/SCAP（連合国軍最高司令官総司令部）の指示により日本にあった4台のサイクロトロン[2]（加速器）がすべて破壊され，海中へ投棄された．仁科芳雄は原子力研究の早期再開をめざしており，また，研究禁止の法的根拠が必ずしも全面禁止を求めるものと解釈されていなかったことから，すべてのサイクロトロンが破壊されたことに日本の関係者たちは憤り，そして意気消沈した．

連合国軍の原子力研究禁止政策は1946（昭和21）年以後も堅持された．さら

に，1947（昭和22）年1月にはFEC（極東委員会）の政策決定が発せられることで，原子力研究禁止政策が連合国全体の占領政策としてあらためてオーソライズされた．この政策は占領時代の末期まで維持される．

1952（昭和27）年4月に発効した講和条約を機に，ようやく日本の原子力研究は全面解禁となった．講和条約に原子力研究の禁止または制限をする条項が含まれなかったのである．講和条約のなかに懲罰条項を加えるべきだとする議論もあったが，アメリカの対日政策が1948（昭和23）年に転換したことで解禁されたと考えられている．

講和条約の発効とともに原子力研究の再開に向けた動きが一挙に表面化した．これを先導したのは物理学者である．1952（昭和27）年7月，原子力委員会設置のアイデアを日本学術会議副会長の茅誠司が公式に表明し，学術会議が政府に申し入れを行うことを提案した．ただし，物理学者の間でも反対論があった．現状において政府主導で原子力研究が進められた場合，対米従属および研究統制のもとで軍事がらみの開発となる危険性が高い，というものである．結局，学術会議の態度は決まらず，対応を検討するための臨時委員会として学術会議内に設置された第三九委員会（その後，原子力問題委員会に改組）でも原子力政策に関する提言を行わないまま1年半を空費している．

このように，日本は戦前の低水準な原子力軍事利用の時代を経て，戦後当初は原子力研究の全面禁止という事態に陥った．講和条約の発効を機に研究が解禁されたものの，科学界は冬眠状態を続けた．軍事利用から平和利用への転換には紆余曲折があったのである．

(2) 原子力平和利用の本格的始動

1953（昭和28）年，アメリカによる原子力平和利用の提唱とともに，日本でも本格的な平和利用の時代が到来した．その変遷について，吉岡前掲書および日本原子力産業会議［1971］から辿ることにしたい．

アメリカの政策転換は，1953（昭和28）年の国連総会におけるアイゼンハワー大統領の演説「アトムズ・フォア・ピース」で世界に表明された．大統領は演説で原子力平和利用に関する国際協力やIAEA（国際原子力機関）の設置を提案した．その背景には，アメリカ国内における原子力商業利用解禁を求める世論の高まりや，イギリス・ソ連の動向[3]がある．

国際情勢の変化を受けて，日本でも1954（昭和29）年度予算で突如，原子力

予算として平和利用研究補助金2.3億円など3億円を含む予算修正案が可決された．原子力予算の成立を主導したのは，中曽根康弘・斉藤憲三ら改進党の4議員とされる．とりわけ，中曽根は1951（昭和26）年頃から茅誠司やアメリカのローレンス放射線研究所などを訪れ，原子力に高い関心を持っていたという．アメリカの原子力政策が変化した好機をとらえ，政治が学界の反対を押し切る形で日本の原子力平和利用が本格化することとなった．

その後は，学界・政府・産業界がそれぞれ原子力平和利用の体制を整えていく．学界では原子力予算の成立後，1954（昭和29）年4月に行われた日本学術会議総会で「原子力に関する平和声明」を決議するとともに，予算成立に対して遺憾の意を表明した．さらに，声明を具体化して政府に申し入れを行い，原子力三原則に支えられた平和利用を訴えた．すなわち，原子力の軍事利用を絶対に排除して平和利用に限定すること，そのために機密をなくすという意味での「公開」の原則，そして外国に依存することで（軍事）機密が日本に入り込むことを防ぐという観点からの「自主」の原則，さらに政府その他の独善的行動を防ぐ意味での「民主」の原則という「公開・自主・民主」の三原則である．

次に，政府では，まず原子力開発利用体制として1954（昭和29）年5月に原子力利用準備調査会が設置された．調査会では日米原子力研究協定の締結と，それにともなうアメリカからの濃縮ウラン受け入れに関する重要な決定が行われ，調査会は日本の原子力行政の最高審議機関としてしばらく機能した．また，協定に基づく濃縮ウランの受入機関として，1955（昭和30）年11月に財団法人日本原子力研究所（原研）が設置された．関係法制の整備については1955年10月に両院合同の原子力合同委員会（中曽根康弘委員長）が誕生して原案の大半を合同委員会案として決定するとともに，12月には原子力三法（原子力基本法，原子力委員会設置法，原子力局設置に関する法律）が国会に提出，可決された．原子力基本法には日本学術会議が提唱した原子力三原則がやや形を変えて取り入れられている[4]．法制度の構築後，1956（昭和31）年5月には科学技術庁が設置されて原子力局を総理府から移管するとともに，科学技術庁傘下の原研が特殊法人となった．

また，産業界では1955（昭和30）年4月に経済団体連合会（経団連）が原子力平和利用懇談会を設立し，この両者に電力経済研究所を加えた三者が母体となって1956（昭和31）年3月に財団法人日本原子力産業会議（原産）が誕生した．また，原子力産業グループとして，1955年10月に旧三菱財閥系23社の参加によ

る三菱原子動力委員会が，続いて1956年3月には日立製作所と昭和電工を中心とする16社からなる東京原子力産業懇談会が発足した．さらに，住友原子力委員会（旧住友財閥系14社），日本原子力事業会（東芝など旧三井財閥系37社），第一原子力産業グループ（富士電機・川崎重工業・古河電気工業など旧古河・川崎系25社）も1956年中に結成されるなど，わずか1年で5つのグループが勢揃いした．

このように，日本の原子力平和利用はアイゼンハワー米大統領の国連総会演説「アトムズ・フォア・ピース」を機に政治家主導の下で戦後8年余り続いた紆余曲折から脱し，わずか2年足らずの間に学界・政府・産業界ともに本格的な推進体制を整えていった．

第2節　原子力平和利用初期における地域政策の対応

では，日本の原子力平和利用初期の動向は当時の地域にはどのように映ったのであろうか．すなわち，当初の原子力平和利用は地域政策とどのような関係を持っていたのか．原子力平和利用が地域政策のなかに位置づけられる発端となったのは，主に次の2つであったと考えられる．

①　原子力平和利用の体制をなす機関の誘致
②　原子力平和利用に関する技術の産業への応用

これらの点について，具体例を挙げて述べる．

(1) 原子力平和利用と地域政策①
――原子力平和利用の体制をなす機関の誘致――

第1の点については，日本原子力研究所の敷地選定過程が象徴的である．原研の人員や設備面での体制を整えるための立地地域選定に際して複雑な紆余曲折があったが，結果的に茨城県東海村が選ばれた．その過程について，日本原子力産業会議前掲書を中心に述べる．

経済企画庁は敷地の条件として国有地で約50万坪の広さを持つところを挙げ，関東地方で20の候補地を選んでいた．これを受けて原研の土地選定委員会は1955（昭和30）年12月から調査を始めたが，原研に有能な研究者を集めるためと原研以外の大学などの研究者にも協力を得るため，東京から2時間以内で行ける場所であることを第1の条件とした．そして，原子炉を設置するための自然的

条件をあわせて考慮した結果，第一次選考の段階で7地域（千葉県習志野・神奈川県相模原・埼玉県高萩・茨城県水戸・東京都浅川・群馬県岩鼻・同高崎）が残り，その後さらに4地域（高萩・水戸・岩鼻・高崎）に絞られた．

こうしているうちに，各地で原研の誘致運動が起こってきた．特に，群馬県は原子力合同委員会の中曽根委員長の地元でもあることから，高崎市の街中には「歓迎　原子力研究所」の横断幕がいくつも垂れ下がり，バスを連ねて東京へ陳情団が上京するほどの熱狂ぶりであったという．同様の運動はやはり合同委員会のメンバーである志村茂治代議士の率いる神奈川県武山でも起こり，土地選定委員会でも両氏のメンツをつぶすわけにいかず頭を悩ませた．結局，委員会では次の5つの案をまとめ，原子力委員会に決定を委ねることとなった．

① 武山に動力試験用炉までを集中的に設置
② 水戸郊外に動力試験用炉までを集中的に設置
③ 武山の一部に国産炉までを設置し，水戸に動力試験用炉を分離して設置
④ 岩鼻に国産炉までを設置し，水戸に動力試験用炉を分離して設置
⑤ 高崎に国産炉までを設置し，水戸に動力試験用炉を分離して設置

原子力委員会では武山を第1候補地とし，同時に水戸を将来の発展に備えて確保することを決めた．ところが，最終的には水戸市郊外の東海村に原研が立地することとなった．

この逆転劇の背景には，武山が米軍基地として使用中であったことや将来自衛隊の使用が予想されたことがあったとはいえ，原子力委員会の正力松太郎委員長や友末洋治茨城県知事・川崎義彦東海村長などの誘致運動があったと言われている．國分・吉川 [1999] によると，川崎村長は原研を「積極的に受け入れることによって，東海村の将来の地域開発につなげて行こう」と主張して，村のリーダーたちを説き伏せたという．また，村長は議会に対しても次のような趣旨で立地を説得し，東海村民からも賛成の意見が寄せられている．

（村長）
　　研究のために，国内の各地から，優秀な科学者，技術者がやってくる．そして東海村に住んでもらう．また彼等は，危険なものに対しては我々よりも先に心配するであろうから，放射能が漏れるような事故は決して起こ

さないだろう．原子力の危険性は科学者の英知と良識にまかせよう．東海村は原子力の施設の整備を基盤として，地域の発展のためにつなげよう [國分・吉川 1999：130]．

（村民）
　東海村に，農業以外に何か産業を誘致するとすれば，どうせならば新しい分野のものがよい．そして日立市や勝田市にあるものと同じような，大量生産型の工場ではなく，日本で初めての研究所ならば，これは歓迎すべきではないか [國分・吉川 1999：132]．

つまり，原子力平和利用の体制をなす機関の立地は，原子力研究所という新しい形態でも地域にとって大量生産型の工場と同じような企業誘致として捉えられていた．そして，原子力平和利用の研究に関して高い知識水準を持つ人材の流入とそれによる人口の増加が地域の発展につながる，という期待が地域にあった．当時の日本は戦後復興の途上にあったため，まだ高度経済成長期のような大規模工場の誘致による地域開発のブームが訪れていたわけではない．しかし，原子力平和利用の関係機関の立地を地域開発の手段の１つとする見方は，次章で述べる高度経済成長期の到来と原子力発電の実用化を受けて全国に波及することとなった．

(2) 原子力平和利用と地域政策 ②
——原子力平和利用に関する技術の産業への応用——

次に，原子力平和利用と地域政策の関係について第２の点，すなわち原子力平和利用に関する技術の産業への応用について述べる．原子力平和利用には多様な用途があるが，当時大きく注目されたのはラジオアイソトープの活用であった．

ラジオアイソトープとは放射性同位元素のことである．同位元素とは，同じ元素で性質は同じであるものの，中性子の数が異なるために質量が異なるものを表す．このうち陽子と中性子のバランスがとれていないものは不安定で放射線を出すことから，放射性同位元素と呼ばれている．ラジオアイソトープの産業への応用は，その放射線を出す特性を用いたものである．

日本原子力産業会議が発足した背景として，同会議の設立を提唱した正力松太郎原子力委員長は原子力発電の導入とともにラジオアイソトープの活用を挙

げている．すなわち，「アイソトープの利用は，医療，農業，工業等の各方面にわたっての改善，発展に偉大なる貢献をもたらすものである」［科学技術庁原子力局 1956］との見解であった．原研の建設計画に含まれていた研究炉の利用目的にもラジオアイソトープの生産が挙げられている．

　地域でもラジオアイソトープの活用にいち早く着目したところがあった．それが福井県である．福井県では，1957（昭和32）年4月に原子力基本法の精神に沿って「福井県原子力懇談会」が設立された．地域単位の原子力懇談会が誕生したのは福井が全国で5番目ときわめて早かった．その目的は「福井県下における原子力の開発および平和利用に関する県民の知識を向上せしめ，且つその利用の促進をはかり，もって福井県の産業振興に資する」ことにあった（福井県原子力懇談会規約第3条）．懇談会設立の発案者は福井大学の長谷川万吉学長で，主な構成メンバーは，会長の羽根盛一県知事，副会長の長谷川福井大学長のほか県内主要自治体，県議会議員有志，大学研究機関，主要病院，農・漁・工業協同組合連合会，報道機関，主要産業等であった．つまり原子力平和利用として医療や工業・農業など産業への利用を考える研究会である．主な事業内容は，①原子力の開発および平和利用の総合的調査および研究，②原子力平和利用に関する県民の啓発指導，③原子力平和利用に関する情報の収集，④原子力ライブラリーおよび原子力研究機関の設置，⑤原子力平和利用に関する研究会・講演会等の開催，⑥放射線技能者の養成並びに管理組織の研究，などとなっている（同第4条）．

　福井県原子力懇談会ではラジオアイソトープの活用に当初から注目していた．懇談会の設立に大きな役割を果たした大瀬貴光福井県衛生研究所長は，設立前後に発行された「福井経済調査月報」で『やさしい原子力講座』を5回にわたって連載し，その大半をさいてラジオアイソトープの紹介を行っている．特に連載の第4回および第5回ではラジオアイソトープの産業への応用について以下のような12の可能性を示し，具体的な成果への期待もあったことが窺える[6]．

　　①鋳物・熔接の探傷……X線写真装置のある室に運び込まなくても現場近くで簡単に写真が撮れる．発電用水車バケットの探傷や造船現場における熔接探傷の写真撮影に活用でき，品質向上と費用節減に貢献する．

　　②鉄製内壁の腐蝕傷の撮影……鉄タンクや鉄パイプ内壁の腐蝕傷の状態

を，取り外したり分解したりすることなく撮影できる．
③ 液面計……タンクの内容液面を外部から測定確認できる．
④ 薄板，箔などの測厚計……紙やプラスチック・ゴム・アルミニウムなどを接触することなく透過を利用して厚さを測定できる．製品の厚さの均一化が自動的に操作できる．
⑤ 積雪量測定……電気的に遠隔で測定できるため，街内の事務室で遠い山奥の積雪量を刻々読むことができる．
⑥ ベーター線の背面散乱利用の厚測計……メッキ層や塗料層の厚みを，対象物を破壊することなく簡単迅速に測定できる．
⑦ 帯電除法……綿・アルミニウム粉・アルコール・高速輪転機の油性塗料・コーヒー粉・人造皮等の取扱中に帯電のスパークで火災が起こることを防ぐ．福井県でもナイロン織布工場では空中の塵埃が吸着して織りムラとなっていたのを解決できる．
⑧ 農業植物品種改良……遺伝学的な突然変異を起こさせる．コバルト60の強いガンマ線が用いられるようになり，可能性が広がる．
⑨ 外部照射治療のための線源としての利用……皮膚のアザ取り，甲状腺肥大症の治療，癌の患部局所への注射，脳内癌の所在の確認などが考えられる．
⑩ 食品保存貯蔵……食品の防腐．福井県ではかまぼこの殺菌効果が高まる．海外ではハム・ベーコン・ソーセージ・卵・肉類・牛乳・野菜・ジュース等の防腐が研究され，加熱できない食品の保存方法として期待が大きい．またビタミンその他の薬品・包帯・絆創膏の消毒，米豆・メリケン粉等につく虫の卵殺滅，玉ねぎ・じゃがいもの発芽防止による長期貯蔵，生ビールや日本酒の保存，輸血用血液の消毒も可能である．
⑪ 人工照明……ストロンチウム90と蛍光物質をペンキに混ぜて天井に塗ると，電気配線や窓がなくても安全で影のない照明を得る．
⑫ その他……人口樹脂・化繊・接着剤の改良，架橋結合・重合促集等を起こし高分子物質の耐熱その他の性能を著しく高める実験成績の報告が続々発表されつつある．

　福井県原子力懇談会におけるラジオアイソトープの産業への応用には，⑦

や⑩のように県内の産業に関する具体的な可能性も含まれていた．他にも⑤などは生活環境の改善に寄与しうるものであり，原子力平和利用は当初から産業をはじめ幅広い分野への応用が期待されていた．

(3) 原子力平和利用における地域政策の対応は「自治の実践」と言えるか

以上，日本の原子力平和利用初期の動向と地域政策の対応について述べた．ここで，地域政策の対応が「自治の実践」と言えるものであったかどうか考察することにしたい．

結論から先に述べると，これを「自治の実践」と捉えることはできない．戦後当初の時期は地方自治が日本国憲法による制度的保障を得たばかりであり，連合国軍の初期対日政策が日本の非軍事化と民主化を基本的目標としていたことから，当時は自治の前提となる民主制さえほとんど存在していなかったと言える．そのような時期に地域で行われた原子力平和利用への対応は，地域が主体的な判断で行った点では自治の要素を含むけれども，国策の受け入れにとどまったことから「自治の実践」とは言いがたい．

日本国憲法が公布され，その前文で国民主権が宣言されたのは1946（昭和21）年11月である．また，憲法の第8章「地方自治」では「地方公共団体の組織及び運営に関する事項は，地方自治の本旨に基いて，法律でこれを定める」（第92条）などと規定され，地方自治が憲法で保障された．また，地方自治法も1947（昭和22）年4月に公布され，5月に憲法と同時に施行されている．

しかしながら，新しい制度と同時に自治の実践が各地に広がったわけではない．むしろ，戦後になっても地方の支配機構は農村・都市いずれも戦前の構造を色濃く残していた．藤田［1976］によれば，農村では農地改革により地主制の解体が進んだものの，一方で貧農層は依然として浮かび上がれないままにとり残された．そして，かつての大地主がサラリーマンや官吏・農協職員に転じ半職業的な農村ボス層を形成して，国家独占資本主義的な諸政策を地方で実施するためのエージェントになった．また，都市においても町内会や部落会がある程度民主的な形態を取り入れたものの，自治に対する関心の薄さもあって戦時中には市町村の下部機構として上意下達の役割を演じた．これらの支配機構は，新憲法や地方自治法によって制度的保障を与えられた民主的自治を実践する基盤になりえなかったのである．

このような情勢であったから，原子力平和利用に関する地域政策の対応は確

かに地域から生じたものであったけれども，原子力平和利用における原子力予算の成立や体制の整備，産業界の対応など国内の新たな動きを地域がいち早く察知して取り込もうとしただけであり，自治の要素が強いとは言えない[7]．

しかしながら，原子力平和利用の始動とともにこれを地域政策に積極的に取り込む動きがあったことは，後の原子力平和利用の展開にともない「自治の実践」が進んできたことを考えれば，それが「自治の実践」の端緒であったこともまた確かである．未熟ではあったものの，原子力政策における「自治の実践」は，原子力平和利用の当初からその兆候を内包していたと言えるだろう．

注

1) 「原子力」というのは通俗的用語であり，正しくは「核エネルギー（または原子核エネルギー）」と表記すべきだということは「科学者の間では常識に属する」と吉岡［2011］は述べる（p.6）．また原子力という言葉は「核エネルギー技術の本質的なデュアリティー（軍民両用性）の理解を鈍らせる結果をもたらす恐れがある」（同）けれども，日本では民事利用分野をさすものと理解されると同時に「すでに日常語として広く普及しており，核エネルギーの同義語であることについても，大方の了解が存在する」（p.7）ことも事実なので，本書でも吉岡にならって「原子力」の用語を用いる．なお，使用済核燃料を全量再処理する核燃料サイクルは，この時期にはまだ決まっていなかった．

2) サイクロトロンとは，高エネルギーの素粒子や原子核を作りだす装置としての加速器のなかで，イオンの加速軸を磁場によって円形に曲げることで効率的な加速を行うものである．医療や工業などにも用いられている．

3) 当時，アメリカとソ連の核開発競争が激化し，アメリカが原子力平和利用を提起した背景には核開発競争でソ連に敗れる危機感もあった．すなわち，アメリカは原子力技術における国際協力と世界的平和利用機関の設立によって原子力開発での地位を回復しようとしたのである．1954（昭和29）年の原子力法改正や原子力マーシャル・プランは原子力発電の輸出促進を図るもので前者に属し，1957（昭和32）年に設立されたIAEAは後者に属する．ただし，日本は第2次世界大戦でアメリカの敵国であったことからアメリカも当初は日本の原子力平和利用に対して冷淡であった．有馬［2008：第2章］参照．

このように，アメリカは新たな戦略でソ連の抑え込みを図りつつ核開発を継続したのであり，必ずしも原子力を平和利用へ限定するという根本的な政策転換を提案したわけではなかった．

4) 原子力基本法は「原子力の研究，開発及び利用は，平和の目的に限り，民主的な運営の下に，自主的にこれを行うものとし，その成果を公開し，進んで国際協力に資するものとする」（第2条）との基本方針（「民主・自主・公開」の原子力三原則）を定めている．

5) 武山が防衛体制上必要な地域かどうかを決めるのには時間がかかり，原研の敷地決定は急を要するので，政府が原子力委員会に再考を促した．政府が委員会の決定を尊重す

ることは原子力委員会法に規定されていたため学界から参加した委員は政府の対応に不満を述べたが，正力委員長その他の説得により東海村に決まったという．委員会による決定文の後半には「政府は今後も委員会の決定を尊重されることを希望する」などと記され，委員の不満が表明されている［日本原子力産業会議 1971：71-72］．

6）現在こそ福井県は日本有数の核燃料サイクル関連施設の集積地域となっている．しかし，当時は国内で原子力発電の導入が検討され始めたのとは対照的に，福井県原子力懇談会では原子力発電に対してむしろ慎重な見方をとっていた．

　大瀬は，懇談会設立の直前にあたる1957（昭和32）年1月の「福井経済調査月報」において，原子力発電の必要性を「与えられた運命」としながらも「（引用者注：原子力発電の開発を世界でリードしていた）米英ソを通じていえることは，パイロットプラントが出来て運転発電をつづけ，正しく評価される迄には，あと10～15年かかる」との見通しに立ち，「日本の一部にはひどく積極的に協定を（引用者注：締結して原子力発電を早期に導入しようと）急ぐグループがある．これは大変なことで，極力阻止せねばならないのである」との見解を示した．すなわち「それまでの10～15年間の発電は極限に近づいた水力から火力に転じ熱効率の向上を主眼として」，「原子力発電には非常に広汎，多岐にわたる科学分野の高度な技術が必要なのだから，日本としては諸々の基礎科学の理論的研究とその応用的研究に充分な予算と人員を投じて，科学技術の厚みと巾を築いておかねばならない」とした．そのうえで「10～15年後に英米ソ3国その他のパイロットプラントの成績がはっきりするから，こちらの下準備が整う時期と一致して丁度よい」と述べている．このような展望に立って「日本独自の設計による発電原子炉を建設すればよい」と主張した．以上の引用はいずれも大瀬［1957a：23-24］．

7）福井県原子力懇談会によるラジオアイソトープの産業への応用も先に述べたさまざまな可能性が注目されていたが，目立った成果をあげる前に次章で述べる原子力発電所の誘致へと活動の重点が移った．

第2章

高度経済成長期における地域開発と原子力発電所の誘致

　講和条約の締結を機に日本でも原子力平和利用が始まり，その本格化とともに地域でも関係機関の誘致や技術の産業への応用といった取り組みがみられるようになった．

　その後，戦後復興から高度経済成長への大きな転換期を迎え，経済計画と全国総合開発計画が車の両輪となって転換を促進した．重化学工業の育成を軸とした経済計画とその立地を各地で進める全国総合開発計画が国策となり，これを受けて地域開発も産業基盤の整備と重化学工業の誘致に重点が置かれるようになっていく．

　また，原子力平和利用では原子力発電の実用化を早期に進めることが新たな国策として登場し，各地で原子力発電所誘致の機運が高まってきた．原子力平和利用と地域政策との関係は，重化学工業の誘致による地域開発と原子力発電の実用化を機に，原子力発電所の誘致が地域開発の一環として行われることとなった．

第1節　経済計画と全国総合開発計画による地域開発の進展

　本節では，まず戦後復興から高度経済成長期にかけての地域開発の展開について述べる．戦後復興では「総合開発としての地域開発」という考え方が登場し，治山治水を中心に各地で開発が進められた．そして，高度経済成長への転換期には国策としての経済計画と全国総合開発計画を車の両輪として産業基盤の整備と重化学工業の誘致を軸とした地域開発が各地でブームとなる．具体的には，拠点開発方式を媒介として国策と地域政策が強力に結びついた．

(1) 戦後復興の目的から誕生した「総合開発」

　日本の地域開発が「総合開発」として把握される契機となったのは，戦後間もない1950（昭和25）年に施行された国土総合開発法である．全国総合開発計画が策定されたのが同法施行から12年も経過した1962（昭和37）年であったから，「総合開発としての地域開発」という概念が誕生したのはその本格的な推進よりもかなり早い時期であったと言える．

　「総合」の含意については，同法第1条で次のように「総合」の語が2度用いられていることから窺い知ることができる（傍点は引用者による）．

　　（この法律の目的）
　　第1条　この法律は，国土の自然的条件を考慮して，経済，社会，文化等に関する施策の総合的見地から，国土を総合的に利用し，開発し，及び保全し，並びに産業立地の適正化を図り，あわせて社会福祉の向上に資することを目的とする．

　すなわち，総合的な視点による国土開発が手段と目的のいずれにも取り入れられた．総合的な手段とは国土の利用・開発・保全と産業立地の適正化であり，総合的な目的とは経済・社会・文化等の見地であった．

　ただし，同法で当初の課題となったのは戦後復興である．そのため，具体的に示された施策は水利や災害防止・産業立地など多方面に及んだものの，実際には復興の目的に沿う範囲にとどまっている．また，当初は全国を網羅した計画が存在せず，特定地域総合開発計画として1951（昭和26）年に19地域（のち22地域に増加）が指定されたのみであった．このように，国土総合開発法は当初，国土全体の計画がなく，しかも特定地域における特定分野に限定されていたため，手段の総合性も目的の総合性も不十分であったと言える．

　それでも，各府県は国土総合開発法に基づき相次いで河川総合開発を基軸とする地域開発計画を立案した．地域間の大規模事業誘致競争が激化して，多目的ダムの建設による全国的な水資源開発ブームが起こることとなった．

(2) 高度経済成長期の到来と経済計画の策定

　その後，日本は戦後復興から高度経済成長への転換期を迎えた．「もはや戦後ではない」と経済白書に書かれたのは1956（昭和31）年である．日本は敗戦からわずか10年で復興を終え，1955（昭和30）年12月に初めての経済計画とな

る『経済自立5ヵ年計画』が策定された．同計画では経済の自立と完全雇用が主な目的に掲げられている．そして，1957（昭和32）年12月には早くも計画が改定され，『新長期経済計画』が策定された．計画の目的が経済の自立から極大成長へと進化するとともに，生活水準の向上が新たに加わっている．また，この時期には都道府県でも経済計画の立案が進み，後述するように福井県でも初めての経済計画が策定された．高度経済成長への転換期を迎えたことが地域でも認識されるようになったのである．

1960（昭和35）年12月には『国民所得倍増計画』が策定された．主な目的は前計画と変わらないものの，それぞれの計画期間における実質経済成長率は徐々に高まっている．国民所得倍増計画では重化学工業の発展による産業構造の劇的な変化を踏まえ，輸出主導による所得増加とともに工業の地方分散をめざした．そのため，各地で公共投資による産業基盤の整備を行い産業の配置を誘導して，地域格差の是正を図ろうとした．

このように，日本は敗戦から10年あまりで戦後復興を終えるとともに矢継ぎ早に累次の経済計画を策定し，高度経済成長期を迎えた．

(3) 全国総合開発計画の策定と拠点開発方式

国土総合開発法の施行から12年が経過した1962（昭和37）年10月，初めての全国総合開発計画（全総）が策定された．法から12年も遅れた理由は経済計画がなかったためであるという．下河辺［1994］によると，全総策定への論議は早くからあったものの「日本の将来の経済の構図が見えてこない段階で，意見が百出してビジョンが安定しなかったこと」（pp.68-69）で論争のまま終わってしまったという．確かに全総が策定された時期は3番目の経済計画である国民所得倍増計画からも2年遅れており，当初から経済計画と全国総合開発計画が車の両輪として機能したわけではなかった．しかし，経済計画の改定を経て総合開発のあるべき姿がみえてきた段階で，全総が経済成長を具体的に実現するための国土開発の戦略として策定されたのである．

全総の目的は，第1章第2節「全国総合開発計画の目標」のなかで，次のように示されている．

> この計画は，「国民所得倍増計画」および「国民所得倍増計画の構想」に即し，都市の過大化の防止と地域格差の縮小を配慮しながら，わが国に賦

存する自然資源の有効な利用および資本，労働，技術等諸資源の適切な地域配分を通じて，地域間の均衡ある発展をはかることを目標とする．

全総の最終的な目標は「地域間の均衡ある発展」であった．東京や大阪を中心に資本・労働・技術等の諸資源が集中集積することで，日本は急速な経済成長を実現した．しかし，その一方で都市の過大化と地域格差という弊害も生じた．いずれにも大きな役割を演じたのは，工業の配置である．そこで，地域間の均衡ある発展を図るために工業の分散が必要とされたのである．

具体的には，「拠点開発方式」として次のような手法が提唱された．すなわち，東京・大阪・名古屋など既成の大集積と関連させる大規模な開発拠点をいくつか設定し，これらとの接続関係や相互関係を利用して中規模・小規模拠点の開発を進めることで新たな経済圏の形成と有機的な関連をめざす．そこで，全国を「過密地域」「整備地域」「開発地域」に分類し，これらの地域を交通通信施設で結ぶ．こうして，各地を「じゅず状に有機的に連結させ，相互に影響させると同時に，周辺の農林漁業にも好影響を及ぼしながら連鎖反応的に発展させる」のである．各拠点の分散配置とネットワーク化が経済成長の便益を全国各地に広く浸透させると考えられ，拠点開発方式が提起された．

大規模開発拠点の配置を進めるため，1962（昭和37）年に新産業都市建設促進法が制定された．これは，都道府県知事の申請に基づき関係大臣の要請を踏まえて内閣総理大臣が新産業都市（新産）の指定をするものである．また，1964（昭和39）年には工業整備特別地域整備促進法が制定され，地域における工業開発に重点を置いた工業整備特別地域（工特）が制度化された．これは，都道府県知事が整備計画を策定し，関係大臣の協議を踏まえて内閣総理大臣が承認するものである．新産・工特いずれも国土の均衡ある発展と国民経済の発達を目的とした拠点開発方式の中心となる制度であった．

新産の指定や工特の承認を受ければ，地域は道路や港湾その他の産業基盤となる主要施設を整備する際に補助金の補助率かさ上げや地方債の利子補給など国からの財政支援を得ることができる．それによって工業誘致を他の地域よりも有利に進めることができるだけでなく，公共投資そのものが地域経済の成長を促進することになる．こうして，新産・工特は国策としての経済計画と全国総合開発計画を実現するだけでなく，地域にとっても財政支援と経済成長への期待を背景に地域開発の手段として認識されるようになり，新産の指定や工特

の承認を獲得するための競争が各地で激化した[1].

　また，国土総合開発法と全国総合開発計画の下に大都市圏整備計画（首都圏・近畿圏・中部圏）および地方開発促進法と地方開発促進計画（東北・北陸・中国・四国・九州）があり，重層的な制度と計画によって各地で地域開発が進められた[2].地方開発促進法は所管大臣が計画を作成して地方自治体が意見を述べる制度となっており，国からの目立った財政支援はない．しかし，これらの制度も全総の地域版として国策の一部をなし，地域開発を円滑に進めるには全総や地方開発促進計画などの国策に沿うことが重要な条件となった．

　このように，高度経済成長期における地域開発の機運は，経済計画と全国総合開発計画を車の両輪として，また全総と地方開発促進計画という重層的な構造のなかで，国策との関係を深めながら各地で高まっていった．

第2節　福井県における地域開発の展開
——原子力発電所誘致以前——

　日本が戦後復興から高度経済成長への転換期を迎えるなかで，重化学工業の誘致による地域開発の機運が高まり新産の指定や工特の承認を獲得するために地域間で激しい競争が行われた．後に原子力発電所が集積する福井県でも同様である．むしろ，地域開発の機運が原子力発電所の立地につながったとも言える．

　本節では，福井県に原子力発電所が立地する前の地域開発の展開について，真名川総合開発と奥越電源開発，福井臨海工業地帯の造成の経緯を整理する．あわせて，自然災害等による急速な過疎化の進行が地域開発のスローガンとなった「後進県からの脱却」の背景にあったことを述べる[3].

(1)　真名川総合開発と奥越電源開発

　まず，福井県における総合開発の先駆けとなった真名川総合開発と奥越電源開発の経過について，福井県 [1996a] を中心に述べる．

　1950（昭和25）年に施行された国土総合開発法に基づき，福井県でも同年に『福井県総合開発計画調書』を策定して，政府に提出した．翌1951（昭和26）年6月には『福井県総合開発計画中間報告』が策定され，①九頭竜川水域を九頭竜川特定地域として治山治水・農業水利・資源開発等の総合的な開発を実施

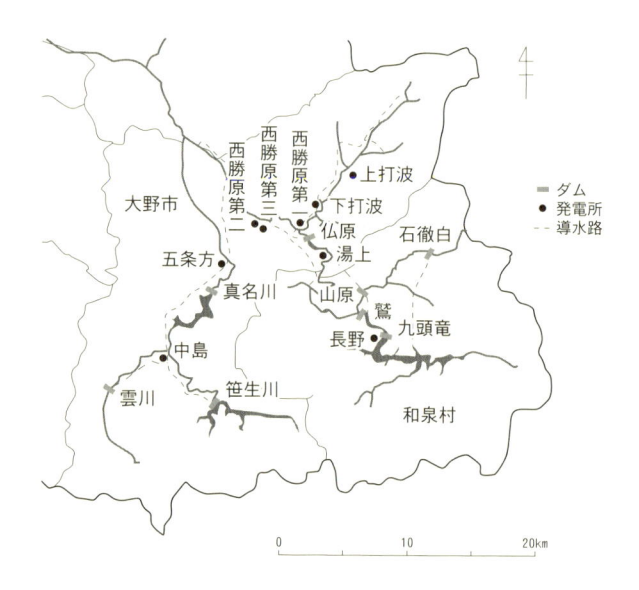

図 2-1 奥越地域の電源開発

(資料) 福井県 [1996a：712] より作成.

する，②越前地域について工業振興，交通施設の整備など，嶺南地域については水産業振興，観光などを中心とした開発を行うこととした．結局，①は特定地域総合開発計画の指定から外れたものの調査地域に指定されて，多目的ダムの整備を中心とする真名川総合開発が進められることとなった．具体的には図 2-1 のとおり大野郡西谷村（現 大野市）の笹生川および雲川にダムを建設し，治水と灌漑，発電（県営中島発電所）[4]を行うものである．

しかし，真名川総合開発が順調に進んだわけではない．政府の緊縮予算編成方針のもとで地域間の予算獲得競争となり，さらにダム建設にともなう水没地区住民への補償交渉が難航したことで，本格着工が 2 年遅れたのである．結局，雲川ダムは 1956（昭和31）年 12 月，笹生川ダムは 1957（昭和32）年 7 月に湛水作業を開始し，県営中島発電所（1 万 8000kW）が北陸電力への営業送電を開始した．

次に，奥越電源開発である．全総策定の前年となる 1961（昭和36）年 6 月に『福井県総合開発計画』が策定され，奥越電源開発が計画に組み込まれた．計画の究極の目的は県民生活水準の顕著な向上と完全雇用の達成に向かっての前

進であり，そのためには「とりあえず本県産業経済の後進性からの脱皮が図られなければならない」［福井県 1961：72］としている．そこで，計画では産業立地条件の整備による高度成長産業の育成と導入を軸に，総合基本方針として次の8項目が掲げられた．

① 人口・雇用・所得の向上
② 産業基盤の整備
③ 人的能力の向上
④ 農業の合理化・近代化
⑤ 工業の飛躍的振興
⑥ 観光の振興
⑦ 広域提携
⑧ 財政・金融基盤の強化

具体的には就業人口の2万人増加や所得倍増，県民総生産2.5倍，工業生産額2.7倍など，積極的な目標水準が設定されている．計画は全総以前に策定されたものだが，日本が戦後復興から高度経済成長への転換期を迎えつつあるなかで地域でも経済成長への期待が高まっていた時期である．

奥越電源開発は民間の電源開発株式会社と北陸電力の共同開発で進められ，電源開発が上流の長野ダムを，北陸電力が下流の発電施設を建設することが1961（昭和36）年6月に決定された．水没地区や奥地残存地区の補償問題などで工事は大幅に遅れたものの，奥越電源開発は1968（昭和43）年5月に完了した．

(2) 福井臨海工業地帯の整備

次に，福井県における重化学工業の誘致として進められた福井臨海工業地帯の整備について，経過を述べる．

1950年代には電源開発の大規模プロジェクトとともに工業の振興も課題として浮上していた．福井県総合開発計画の前身となる『福井県経済振興5カ年計画』が1956（昭和31）年12月に策定され，産業構造の質的な改善を目標に掲げた．すなわち，化学・機械金属・原糸などの新産業の誘致や生産性の向上を図ることで，農業や繊維主体の後進的構造から脱却することをめざすものである．公共事業の重点も水資源開発だけでなく北陸線の電化や敦賀・三国両港の整備といった交通基盤が加わっている．また，60年代には幹線道路との連絡が容易

な都市近郊地域に中小企業主体の中小工業団地が造成されはじめ，市街地の機械工場や繊維工場などが設備の近代化と団地への移転を進めることで徐々に多様な内陸型工業の集積が形成されていった．

こうしたなかで，拠点開発方式をめぐる地域間競争が激しくなる．福井県でも福井・鯖江・武生の3市の内陸型工業団地整備の計画に加え，三里浜の臨海工業団地を造成して重化学工業を誘致し北陸縦貫自動車道などで京阪神につなぐ計画をあわせて国への陳情を行った．しかし，新産・工特のいずれも実現には至らず，結局，福井・鯖江・武生などが近畿圏整備法の指定を受けることとなった．当時の状況について，「指定の見通しは当初より暗く，名乗り出た43地区のうち中位の順位であった．その理由として臨海工業地帯の決め手といえる三国工業港整備計画に迫力がないことや，交通整備体系が嶺北に片寄りすぎていることがあげられた」[福井市 2004：815] という．

しかし，このような逆境のなかでも中川平太夫福井県知事は地域開発を積極的に推進した．むしろ，後進県からの脱却を図るためには逆境だからこそ地域が自ら積極的になる必要があったとも言える．1968 (昭和43) 年3月に県が『新総合開発計画』を策定し，同年に開催された福井国体後の開発の切り札として福井臨海工業地帯の造成を取りあげた．1969 (昭和44) 年9月には造成計画のマスタープランが公表され，三国港と三里浜の中間に4万トン級の船舶を対象とする福井新港を建設するとともに臨海部に約870万ヘクタールの工業用地を造成し，アルミ製錬・加工とこれに必要な火力発電所，その燃料を供給するための石油コンビナート，鋼材加工，機械，食品加工などの工場を誘致することが示された．

この計画は必ずしも各界から歓迎されたわけではなかった．むしろ，「重化学工業中心の開発の時代は終わった」「20万トン級船舶の時代に4万トン級の港湾計画は中途半端」などと批判され，さらに大気汚染や水質汚濁などの公害を懸念する声が広がったのである．

それでも1970 (昭和45) 年4月に財団法人福井臨海工業地帯開発公社が発足し，用地買収や補償に関する業務を開始した．また，県は1972 (昭和47) 年6月にマスタープランを改定し，アルミ精錬企業の誘致と共同火力発電所の計画が決定した．福井県 [1996a] によると，この時期は福井臨海工業地帯の「推進期」とされる (p.845)．

しかし，アルミ不況の影響で1976 (昭和51) 年12月に古河アルミ精錬工場の

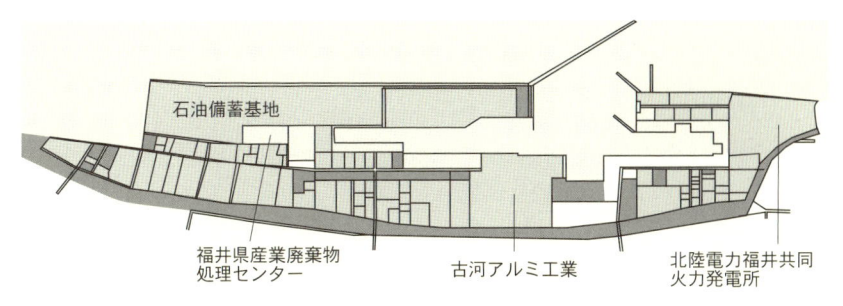

図2-2 テクノポート福井

(資料) 福井県 [1996a：848] より作成.

建設が断念され，石油危機後の不況と予定分譲価格の高騰により他の企業誘致も難航したため，福井臨海工業地帯は「低迷期」に突入する．企業誘致の強化を図るために業種の別を問う猶予はなく，国家石油備蓄基地という国家プロジェクトの導入が計画された．経済効果への疑問や財政計画の見通しの甘さが指摘されるなど紆余曲折はあったものの，1982（昭和57）年1月に第三セクター方式の管理会社福井石油備蓄株式会社が設立された．

1983（昭和58）年5月に古河アルミ圧延工場が竣工し，福井臨海工業地帯は「薄明期」を迎えた．国内の景気回復にともない，主に近畿圏からの工業用地の需要が高まりはじめたのである．また，公害防止事業団や動力炉・核燃料開発事業団，さらに福井県産業廃棄物処理公社や北陸電力，三菱金属・三菱重工業など国や県の関係機関の立地や国策としての原子力政策に関連する事業者への売却が進んだ．

その後，1988（昭和63）年12月のマスタープラン見直しでは事業内容に「都市的機能用地」「レジャー関連を含む産業用地」が加えられ，翌1989（平成元）年には名称を「テクノポート福井」とした．現在はサッカー場やホテル・店舗などの進出が相次ぎ，新たな様相を呈している（図2-2参照）．

以上，戦後復興から高度経済成長への転換期における地域開発の動向と福井県の対応について述べた．国土総合開発法による戦後復興から，高度経済成長期には経済計画と全国総合開発計画を車の両輪に産業基盤の整備と重化学工業の誘致を軸とした地域開発が各地で進められた．福井県でも電源開発や臨海工業地帯の造成を進め，結果的に新産・工特は実現しなかったものの，国策をめぐる地域間競争のなかで福井県でも「後進県からの脱却」をスローガンとして

国策に沿った地域開発が展開されたのである．

(3) 自然災害の多発と過疎化の進行

次に，福井県が地域開発のスローガンとして掲げた「後進県からの脱却」の背景には，過疎化の進行という深刻な問題があったことを述べる．

奥越電源開発によって移住を余儀なくされた和泉村の約500世帯のうち，半数が岐阜県へ，3割が愛知県へ移った．真名川総合開発では笹生川ダム建設にともなう移住先が大野市や福井市など県内で8割以上あったから，奥越電源開発では県外へ移住する割合が大幅に増えたことになる．その背景には，1959(昭

表2-1　1950，60年代の主な自然災害

気象災害名	発生年月日	特徴	県内の被災状況
ジェーン台風	1950(昭和25)年9月3日	測候所開設以来の暴風をともなった台風	死傷者570人，家屋全半壊4,990棟，罹災者45,679人
台風13号(テス)	1953(昭和28)年9月25日	若狭地方に集中豪雨，未曽有の大災害をもたらした台風	死傷者755人，行方不明者21人，家屋全半壊855棟，家屋流失296棟，床上床下浸水23,026棟，道路損壊980カ所，橋梁流失764カ所，堤防破損737カ所，山(崖)崩れ1,447カ所，罹災者83,507人
伊勢湾台風	1959(昭和34)年9月26日	奥越および若狭地方で集中豪雨，伊勢湾では未曽有の高潮害	死傷者31人，家屋全半壊237棟，床上床下浸水7,571棟，道路損壊329カ所，橋梁流失116カ所，堤防破損301カ所，山(崖)崩れ52カ所，罹災者9,983人
38豪雪	1962(昭和37)年12月末〜1963(昭和38)年2月上旬	気象台，測候所開設以来の大雪	死傷者73人，家屋全半壊70,276棟，床上床下浸水2,988棟，道路損壊373カ所，橋梁流失106カ所，国鉄不通状態ほぼ1週間，私鉄不通状態ほぼ1カ月間
40・9三大風水害	1965(昭和40)年9月	1965(昭和40)年9月は，①10日は台風23号による暴風，②14〜15日にかけては奥越地方，特に西谷村，和泉村の集中豪雨，③17〜18日にかけては，台風24号による若狭地方の集中豪雨と，短い期間に3回の大きな気象災害が発生した．福井県はこれらの惨禍を「40・9三大風水害」と命名した．	①台風23号……福井で最大瞬間風速42.5m/s(累年第1位)を記録，死傷者93人，家屋全半壊1,262棟，道路損壊50カ所，橋梁流失4カ所，堤防破損5カ所
			②奥越豪雨……奥越地方では未曽有の集中豪雨，死傷者35人，家屋全半壊571棟，床上床下浸水3,537棟，道路損壊509カ所，橋梁流失91カ所，堤防破損154カ所，罹災者86,260人
			③台風24号……若狭地方で集中豪雨，死傷者110人，家屋全半壊627棟，床上床下浸水12,392棟，道路損壊701カ所，橋梁流失162カ所，堤防破損886カ所，罹災者16,550人

(資料) 福井地方気象台・敦賀測候所　100年誌編集委員会 [1997] より作成．

和34)年9月に発生した伊勢湾台風や1963（昭和38）年の豪雪など，相次ぐ自然災害によって太平洋側への移動を望む人が多かったことが挙げられる．1950年代から60年代にかけて，福井県内では**表2-1**のとおり大きな自然災害に何度も見舞われた．

なかでも1963（昭和38）年1月頃から連続的に降った大雪は福井市や大野市・敦賀市の各測候所開設以来の深度を記録し，県内に大きな被害をもたらして「三八（さんぱち）豪雪」と呼ばれた．家屋の全半壊が約7万世帯，雪害による死者は25人に達し，大野郡西谷村や今立郡池田村（現 今立郡池田町）など山間部の22集落が孤立して生活物資の調達が困難となったのである．また，1965（昭和40）年9月には10日足らずの間に台風23号・奥越豪雨・台風24号に見舞われ（40・9三大風水害），大野郡西谷村が壊滅的状態となるなど三八豪雪を上回る被害となった．

このように，福井県では大規模な自然災害が相次いで発生し，高度経済成長にともない各地で進行する過疎化に拍車がかかった．1970（昭和45）年4月に過疎地域対策緊急措置法が成立したが，福井県では池田町・今立町・河野村・

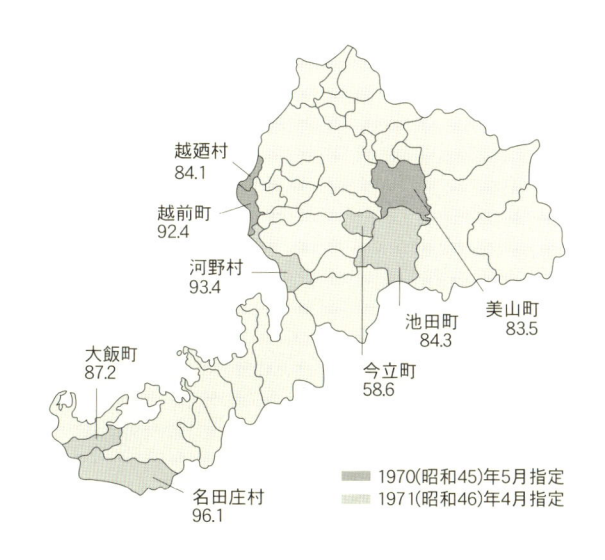

図2-3 過疎地域対策緊急措置法による県内の過疎地

越廼村 84.1
越前町 92.4
河野村 93.4
美山町 83.5
池田町 84.3
今立町 58.6
大飯町 87.2
名田庄村 96.1

■ 1970（昭和45）年5月指定
▨ 1971（昭和46）年4月指定

(注) 1 : （ ）内の数字は各町村の林野率(%)．
　　2 : 林野率は70年の市町村別地目別面積より算出．

名田庄村・大飯町が，翌年には美山町・越前町・越廼村の8地域が過疎地域に指定されている．これらの地域は，いずれも林野率の高い純山村もしくは山が海岸ぎりぎりまで迫る漁村であり，過疎地全体の平均林野率は8割を超えていた（図2-3参照）．

福井県は1971（昭和46）年の『過疎地域振興方針』で，①若年労働力の地域外流出をくい止めうる魅力ある労働力提供の場を確保する，②過疎地域においてナショナル・スタンダードとして要求される程度の生活環境水準を確保・享受させる，の2点を課題として掲げた．そこで，県は1970（昭和45）年から10年間で300億円超を投じ，主に国・県道や基幹的な市町村道等の整備を行った．一方，町村では同じく10年間に約330億円をかけて交通・通信体系の整備や教育文化施設の整備，農林水産業その他産業の振興などが実施された．いずれも道路整備に重点が置かれている（図2-4参照）．

このように，福井県にとって過疎化への対応が「後進県からの脱却」を図るために不可欠であった．全国の過疎地域と比較すると，市町村道の改良率や舗装率，農道・林道の整備，水道の普及率などで福井県は全国平均を上回ったものの，財政力指数や農家1戸あたり生産農業所得，1人あたり製造品出荷額等では下回っていた．福井県の過疎地域は依然として厳しい状況に置かれたのである．

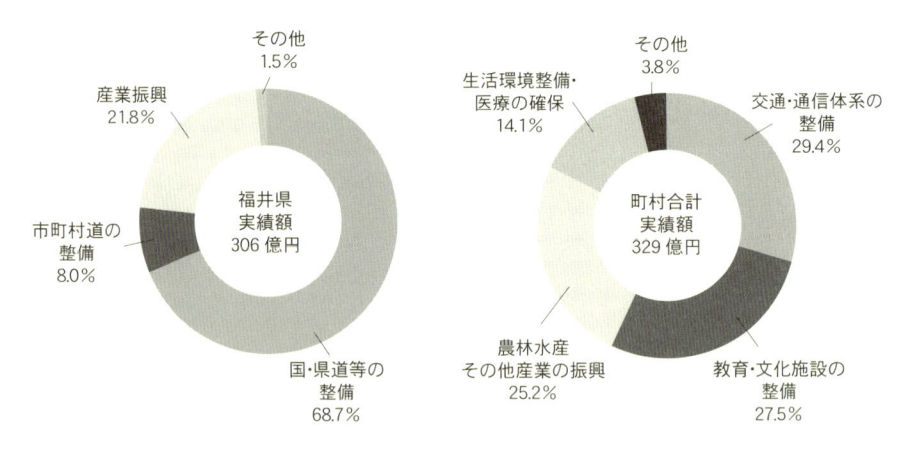

図2-4　過疎地事業振興計画の事業別実績（1970（昭和45）〜79（昭和54）年の10年間）

（資料）福井県［1996a］より作成．

福井県実績額 306億円:
- その他 1.5%
- 産業振興 21.8%
- 市町村道の整備 8.0%
- 国・県道等の整備 68.7%

町村合計実績額 329億円:
- その他 3.8%
- 生活環境整備・医療の確保 14.1%
- 交通・通信体系の整備 29.4%
- 教育・文化施設の整備 27.5%
- 農林水産その他産業の振興 25.2%

第3節　原子力発電の実用化と福井県への誘致

　日本が戦後復興から高度経済成長への転換期を迎えるなかで，原子力平和利用でも新たな展開が加わってきた．原子力発電の早期実用化である．地域開発の機運が高まるのと同時期に原子力発電の実用化が進められたため，原子力発電所の立地は地域にとって重化学工業の誘致と同様のものと捉えられた．西日本に原子力発電所が立地する段階になると，早くから原子力懇談会を設立していた福井県で急速に誘致の機運が高まっていった．

(1)　原子力発電の早期実用化へ

　日本で原子力平和利用が本格的に始まったのは1954（昭和29）年度の原子力予算が成立してからである．それ以降，政府や産業界を中心として1956（昭和31）年頃までに関係法制や体制が整えられていった．ここでは，原子力発電の早期実用化までの経緯について，前章に続き吉岡［2011］を中心に述べる．

　当初，原子力発電については実用化の前に研究炉と動力試験炉が必要と考えられていた．原子力利用準備調査会は，1955（昭和30）年10月に決定した『原子力研究開発計画』のなかで今後10年以内に原子力発電を実用化することを目標としたものの，具体的な計画が示されたのは研究炉と動力試験炉のみであった．

　しかし，その後は原子力発電の早期実用化へと急転換する．1956（昭和31）年1月に，初代原子力委員長の正力松太郎が「5年以内に採算のとれる原子力発電所を建設したい」との談話を発表した．また，正力の招聘を受けて同年にイギリス原子力公社理事のクリストファー・ヒントン卿が来日し，イギリス製コールダーホール改良型炉の実用性を強調した．その後の訪英調査団による報告でも，技術面・安全面・経済面のいずれにおいてもコールダーホール改良型炉は課題解決の見通しがあり，「日本に導入するに値するものの1つである」としている．原子力委員会では，学会側の委員は基礎を積みあげる研究開発を志向していたため原子力発電の早期実用化には慎重であったが，原子力利用の立ち遅れやエネルギー事情から動力炉を海外から輸入しこれと並行して国内技術を育成するとの結論に至り［原子力委員会　1957：80］，海外から原子力発電を導入することとなった．

原子力発電の実用化には電力業界も積極的であった[8]．戦後の電気産業は，1951（昭和26）年5月に電気事業再編成が行われて民有民営の9電力会社が誕生したことから始まる．日本の電力産業は第2次世界大戦中の電力国家管理を経験し，産業としてのダイナミズムを失いかけていた．しかし，高度経済成長期には産業利用と家電製品の普及による家庭利用の双方で電力需要が増加し，1950年代（1952-60年，昭和27-35年）には年平均11.7％増，60年代（1961-73年，昭和36-48年）にも同11.8％増と急激に伸びていった．電力需要の急増に対応するため電源開発が急務となり，当初は水力発電と火力発電のみの構成であったが電力会社は発電設備を次々と整備していった．

国や電力会社が原子力発電の早期実用化をめざすなかで，イギリス製コールダーホール改良型炉の受け入れ態勢については国管論と民営論で対立があった．1952（昭和27）年11月に9電力会社が設立した電気事業連合会（電事連）は「原子力発電振興会社」の設立による民営論を，また全額政府出資の電源開発株式会社は採算に乗るまで自ら担当する国管論を打ち出し，政界も巻き込んで「正力・河野論争」[9]と呼ばれた．結局，原子力委員会は民営方式を選択し，1957（昭和32）年11月に日本原子力発電株式会社（日本原電）が設立された[10]．

こうして日本でも原子力発電の早期実用化が進められることになったが，地域で最初の舞台となったのは，やはり茨城県東海村である．第1章第2節で述べたように東海村には日本原子力研究所（原研）が立地していた．そこで，日本原電の設立以前から原子力発電所の立地地域としても東海村が検討され，1958（昭和33）年5月に建設候補地とすることが公表された．その理由には以下のものが含まれており，注目される［日本原子力発電30周年記念事業企画委員会 1989］．

- 原研より研究動力炉設置予定地を利用してはどうかとの提案があったこと
- 茨城県も原研の提案を推奨していたこと
- 地元が原子力開発に協力的であったこと
- 原子力についての広報活動がすでに原研によって行われてきたこと
- 同地区を基点とした原子力センターの建設構想があったこと
- 原研に隣接することになるため安全対策を中心とした試験研究に便利であること
- 道路，港湾の整備計画があり，近い将来には交通，運輸の便が図られること

つまり，国管論と民営論で対立があったとはいえ原子力発電の研究と導入は一体で進められることが望ましかった．原研ではアメリカから購入したウォーター・ボイラー型原子炉の起工式が1956（昭和31）年8月に行われた．また，1957（昭和32）年5月にはイギリス製コールダーホール改良型炉の受け入れにも立候補したが，原研はこれを放棄してアメリカからの動力試験炉の購入を打ち出している．原子力発電の実用化は迅速な実用炉の導入と着実な研究開発を両立させるため，実用炉の導入については国管論と民営論の対立の末に民営で行われることになったが国（原研）が行う研究とも一体的に進めることが必要と考えられ，いずれも東海村が舞台となったのである．

それは地域にとっても好ましいことであった．東海村は，当初の原子力平和利用と地域政策の対応の1つとして前章で挙げた「原子力平和利用の体制をなす機関の誘致」について，原研の立地を成功させた．このことを基盤として原子力発電所の立地も実現したのである．日本の原子力平和利用が研究から原子力発電の実用化へと急激な展開をみせるなかで，東海村はその変化を捉えて誘致による地域開発をさらに推し進めた．

(2) 福井県川西町における原子力発電所の誘致

原子力平和利用としての原子力発電の実用化が国内での研究と海外からの導入の同時並行によって進められ，関連施設を誘致する動きも各地でみられるようになった．福井県でも1957（昭和32）年4月に設立された福井県原子力懇談会がラジオアイソトープの活用にいち早く注目するだけでなく，誘致運動にも中心的な役割を果たした．

まず，研究用原子炉の誘致である．京都大学を中心とする研究炉の建設が，宇治や高槻など地元の反対で目途が立たなくなっていた［福井県・敦賀市・美浜町ほか 1970：5］．そこで，1960（昭和35）年3月に福井県原子力懇談会で立地に向けた適地を探すこととなり，遠敷郡上中町（現 三方上中郡若狭町）と坂井郡川西町（現 福井市）が名乗りを上げた．特に積極的だったのは川西町である．原子力懇談会も科学技術庁と設置条件などの打ち合わせを進めながら，両町で適地点の調査を開始した．しかし，12月には大阪府泉南郡熊取町に設置することが決定し，福井県への研究用原子炉の誘致は結局，成功しなかった．

次に，原子力発電所の誘致である．1961（昭和36）年2月に日本原電の取締役会で商業用第2発電所の建設について60サイクル系の本州西部地域[11]を重点に

準備調査を行うことが決まり，川西町はこれにも名乗りを上げた．当時の予定候補地として，兵庫県西播磨・岡山県・和歌山県・石川県内灘などがあったという［福井県・敦賀市・美浜町ほか 1970：5］．川西町から県に働きかけて基礎調査の予算を計上し，山田重左衛門町長を先頭に町理事者・町会議員・関係地区代表・町民有志が一丸となって関係官庁や日本原子力産業会議・日本原電等に陳情を重ね，町をあげて精力的な誘致運動を展開した．

ここで，川西町の当時の状況をみることにしたい．川西町は町村合併促進法に基づく県の指導により1955（昭和30）年3月に川西村として発足し，1957（昭和32）年7月には町制を施行した．当初は九頭竜川・国見山脈・日本海の海岸線に囲まれた6村の合併が計画されていたが，足並みが揃わず結果的に4村の合併となっている．その後，残った2村の合併問題も紛糾したが，それぞれ一部が川西村へ分村合併された．

川西町は人口流出に悩まされ，企業誘致による地域開発の必要性が高まっていた．1955（昭和30）年から1965（昭和40）年の間に人口が1万3450人から1万1475人へと1975人減少したのである（国勢調査）．そこで，1961（昭和36）年11月に坂井地方開発促進協議会が設置され，地域経済の拡大と高度化，地域住民の生活安定と向上を図ることとなった．翌1962（昭和37）年9月には県議会に対して次のような請願を行い，採択されている．

坂井地方の経済の拡大と高度化，地域住民の生活の安定と向上をはかるため，下記事業の早期実現を願いたい．
① 北陸自動車道路のインターチェンジを金津町地籍に設置すると共に郡内道路網の整備をはかられたい．
② 三里浜に臨海工業地帯の造成をはかり，三国港の整備促進，九頭竜川の三里浜への切落しを進められたい．
③ 福井空港を立地条件のよい春江町に設置されたい．
④ 坂井郡内の観光施設，観光道路等の整備をはかられたい．
⑤ 工場誘致のための諸調査，広報活動の充実を図られると共に，これに関連する住宅団地を北部丘陵地帯坂井町を中心に造成願いたい．
⑥ 北部丘陵地帯の開発促進をはかられたい．
⑦ 土地改良事業のスピードアップと農業構造改善事業の推進をはかられたい．

第2章 高度経済成長期における地域開発と原子力発電所の誘致　47

　川西町が強く望んでいた三里浜臨海工業地帯は，第2節で述べた福井臨海工業地帯となった．しかし新産や工特の実現には至らず，県が公社による用地買収や補償を始めたのは1970（昭和45）年4月である．過疎化の進行と地域開発の必要性の高まりを背景として，川西町は研究用原子炉や原子力発電所の誘致にも積極的であった．研究用原子炉の誘致は実現しなかったが，その際に川西町が関係主体へ積極的に働きかけたことによって原子力発電所の有力な候補地にも認められた．1962（昭和37）年3月から委託を受けた県開発公社が現地調査を開始し，県議会でも「原子力発電所誘致に関する決議」を可決したのである．その内容は次のとおりである．[12]

　　　最近原子力の平和利用の研究が急速に軌道に乗り，特に原子力発電が画期的進歩をとげ，その安全性，経済性よりして既に実用の域に達したことは，邦家のためまことに欣快にたえないところである．
　　　このたび，政府および日本原子力発電株式会社におかれては，第2号原子力発電所を設置されることになり，その候補地として本県もあげられ，諸般の検討がなされている．
　　　約30万キロワットといわれる大発電規模と，その本県産業，経済，文化等におよぼすはかりしれない影響，ならびに近代科学の旗手として国家に貢献する栄誉等にかんがみ，本県としては，挙県一致大いにこの施設を歓迎し，万全の協力体制を整え本県への設置を期するものである．

　しかしながら，川西町では原子力発電所の立地もまた実現しなかった．現地調査の結果，原子力発電所の建設に適した岩盤が発見されなかったのである．[13] 1962（昭和37）年6月には川西町が立地に不適当であると発表された．結果的に，川西町では強力な誘致運動が行われたけれども研究用原子炉も原子力発電所も立地しなかった．
　この頃から，川西町では町勢の発展がほぼ限界に達し，今後一段と発展するためには近隣市町村との合併が必要という考えが出るようになった．福井市との合併を要望する声が住民の間で高まってきたのである．町議会でも1964（昭和39）年9月から合併問題を取りあげ，町長が川西町総合開発審議会に対して広域行政のあり方を諮問した．その結果，審議会は次の点から福井市と合併すべきであるとの結論に達し，町長に答申した［福井市　1970：1269］．

- 川西町の約400世帯が，福井市に勤務場所をもっている．
- 大安寺地区（川西町の）では，福井市と協力して温泉開発を進めている．
- 鷹巣海水浴場の開発は，福井市との関連を高めている．
- その他産業・経済・文化・交通などいろいろな面において，福井市と密接な関係におかれている．

福井市は人口20万人の都市を計画していたことから川西町の意向を受け入れ，1966（昭和41）年11月に福井市議会が合併協議会の設置を決めた．協議の結果，福井市が合併後に川西地域で実施する建設投資を1967-71（昭和42-46）年度の5年間で概算10億円とすることになり，1967年5月に合併が実現した．1957（昭和32）年に川西町が誕生して以来，わずか10年の歴史であった．

(3) 敦賀半島における原子力発電所の誘致

川西町への原子力発電所誘致が断念されたことを受けて，敦賀半島が新たな候補地として浮上した．高度経済成長期における地域開発競争の過熱のなかで，福井県原子力懇談会が原子力平和利用に関する技術の産業への応用に加えて関連施設の誘致にも活動の幅を広げたことで，誘致の機運が県内全域に及んだのである．以下，敦賀半島への立地に至る経緯と原子力発電所に対する地域開発への期待について，福井県原子力センター・福井県原子力懇談会 [1975] および福井県・敦賀市・美浜町ほか [1970] 等を整理して述べる．

1962（昭和37）年6月に行われた川西町民大会で，山田川西町長は県内での立地を期待して次のように述べた．「原子力発電所の誘致により，砂丘に都市が実現，地域開発ができると期待し，全町あげて誘致したが，地点に岩盤がないとは，予測できなかった．差し当たり福井県も三里浜のみでない適地もあると思われる．今日までの川西町民の努力を福井県内で建設し，生かしてもらいたい」[福井県原子力センター・福井県原子力懇談会 1975：3]．

町民大会に出席していた日本原電の一本松珠璣副社長は同日に敦賀半島を予定候補地として調査することを発表し，月内には地元代表と県開発公社の間で敦賀市立石・浦底・色地点および美浜町丹生地点の建設用地に関する売買契約が締結された．また，翌7月には県開発公社と日本原電で土地売買契約が結ばれている．その後，敦賀側は日本原電が，美浜側は関西電力が開発することとなり，1963（昭和38）年1月に美浜地点を関西電力に変更する契約の締結が県

第 2 章　高度経済成長期における地域開発と原子力発電所の誘致　49

開発公社と丹生区長との間で行われた．こうして，敦賀 1 号機が1967（昭和42）年 2 月，美浜 1 号機は同年 8 月に着工開始となり，本格運転が開始されたのは敦賀 1 号機が1970（昭和45）年 3 月，美浜 1 号機が同年11月であった．

　敦賀市や美浜町でも原子力発電所の立地による地域開発への期待が高かった．敦賀半島での地質調査が始まると敦賀市と美浜町の首長や理事者・関係地区代表が茨城県東海村を視察し，畑守三四治敦賀市長と助役・市議会は「反対する理由は何一つない，原子炉設置が市の発展に役立つなら，本腰を入れて誘致運動を進めたい」との意向を示し，また綿田捨三美浜町長と同町会議長等も「道路がよくなり，地区がうるおうなら賛成すべきだ[14]」と述べている．前者の重点は市全体の発展に，後者は立地地区の道路整備と経済的便益の獲得に置かれているが，いずれも原子力発電所の立地に対する地域開発への期待とみることができる．

　また，1962（昭和37）年 9 月には敦賀市議会で原子力発電所誘致決議が可決された．決議文と提案理由（提案者　矢部知恵夫議員）は次のとおりである．

　　（提案理由）
　　いまさら申すまでもなく，原子力平和利用という問題は，次々と夢を実現して，人類の繁栄と幸福をもたらしている．みなさんが先に視察した，茨城県東海村の原子力発電所はわが国の第 1 号であり，これに続いて第 2 号の建設候補地として敦賀市の浦底と美浜町の丹生が選定され，すでにボーリング調査が進んでいる．敦賀半島の開発はもちろん，敦賀市の発展はこの原子力発電所の誘致以外にないと思う．5 万市民もこの誘致に大きな希望を寄せている．
　　この重大な時期に処して，市民の代表たる市議会におかれても，すみやかに満場一致誘致決議を行い，理事者と一体となって，この誘致に全力を挙げねばならないと思う．何卒，全会一致の御賛成をお願いしたい［敦賀市議会史編さん委員会　1982：210-211］．

　　（決議文）
　　かねて，日本原子力発電株式会社において計画の第 2 号原子力発電所建設候補地として敦賀半島を現地調査せられた結果，有力視されるやに仄聞するので，本議会の決議をもって，これを誘致する［福井県・敦賀市・美浜

町ほか 1970：12]．

　決議文には原子力発電所の立地にどのような地域開発の期待を寄せていたのか具体的な内容が明らかでないものの，提案理由から分かるのは敦賀半島の開発と敦賀市の発展である．すなわち，立地地区周辺と市全体の発展に関する期待があった．

　立地地区周辺では，原子力発電所の建設工事を行うために必要な県道浦底－敦賀停車場線（原電道路）が1965（昭和40）年12月に完成するまで，敦賀半島の先端である手・色・浦底・立石の各地区は陸の孤島に等しかった．半島の入口となる常宮から立石までは道幅2.0-2.5mの市道でジープがようやく通れる山道しかなく，ほとんどの住民は漁業とわずかばかりの田畑に依存していたのである．道幅6.5mの原電道路が完成することによって地区の環境は大きく変わった．交通の不便が解消するだけでなく，折からのレジャーブーム，秘境ブームも手伝って観光客や釣り客も年々増加したのである[敦賀市史編さん委員会 1988：644-645]．

　美浜町もまた，敦賀市と同様の期待を原子力発電所の立地に寄せていた．1962（昭和37）年6月の臨時町議会で「福井県総合開発計画に基づく原子力発電所を本町に誘致するものとする」との議案が可決されている．また，1966（昭和41）年11月に敦賀市議会と美浜町議会が設置した敦賀市・美浜町原子力発電所特別委員会連絡協議会が同年12月に敦賀市長・美浜町長・福井県知事・福井県議会議長に提出した要望事項には，両市町が原子力発電所の立地にどのような地域開発を期待したかが具体的に表れている．その全文は以下のとおりである[福井県・敦賀市・美浜町ほか 1970：17]．

　　敦賀市及び美浜町にまたがる敦賀半島は，西日本最大の原子力発電所立地基地としてすでに建設されつつある．このため他の自治体にみられない特殊な問題として，住民の安全確保と地域開発という2つの大きな問題があり，これを総合的な観点にたった原子力発電所地帯整備の促進を希望している．

　　そのため，次の当面する交通，通信，救急，医療等の対策措置と将来にわたる総合的地帯整備計画の策定，実現を強く要請するものである．

記

(1) 当面緊急な整備促進を必要とするもの
　1　日本原電及び関西電力 K.K.の両原子力発電所基地より国道8号及び27号線を経て東美浜駅に通ずる県道の整備改良の促進．
　2　敦賀半島循環道路の早期着工．
　3　防災，広報施設としての両市町の有線放送施設事業に対する国，県の補助．
　4　美浜町菅浜，竹波，丹生に通ずる日本電々公社通話回線の充実と早期着工．
　5　救急車の設置並びに地帯内住民の定期無料健診の実施．
　6　定期交通機関（バス）の路線延長確保．
(2) 長期的総合計画による必要施設とするもの
　1　整備地帯内（中心部より10km以内）の上下水道施設の設置．
　2　公害（大気及び海水，地表等の汚染）の恒久的な調査機関の設置又は既設機関の拡充整備．
　3　総合的原子力基地整備計画の策定（農業・工業等の関連産業の誘致）．
　4　原子力センター（仮称）の設置（この施設内容として両者のPR館及び原子力化学資料施設等とする）．

　このように，敦賀半島への原子力発電所の立地に期待する地域開発の内容では，とりわけ道路の整備が重視された．そして安全・安心を確保しながら交通機関や上下水道の整備，さらには関連産業の誘致など，多面的・長期的な発展の契機として原子力発電所の立地が位置づけられていたと言える．

第4節　原子力発電所の誘致は「自治の実践」と言えるか

　本章では，戦後復興から高度経済成長への転換期における地域開発と原子力発電の早期実用化の経緯，そして福井県の対応について述べた．地域開発では経済計画と全国総合開発計画を車の両輪として産業基盤の整備と重化学工業の誘致による開発の機運が高まり，福井県でも真名川総合開発や奥越電源開発，さらに福井臨海工業地帯などの整備が進められた．また，原子力平和利用では

研究だけでなく原子力発電の早期実用化が加わり,福井県では原子力発電所の誘致運動が行われた.

地域開発と原子力発電の実用化が同時期に行われたことで,原子力発電所の立地も地域開発の一環として企業誘致の性格を強く帯びるようになった.とりわけ,福井県は自然災害の多発等による過疎化の進行を背景として「後進県からの脱却」が焦眉の課題となり,しかも福井臨海工業地帯の整備などで新産業都市の指定等を受けることができなかったため,かえって地域開発への熱意が高まった.さらに,福井県原子力懇談会がいち早く設立され,原子力に対する理解が進んでいた.こうしたなかで,福井県では西日本における研究用原子炉や実用炉の立地が模索されていた好機をとらえ,原子力発電所の立地が実現したのである.

では,このような経緯で進められた原子力発電所の立地は「自治の実践」と言えるであろうか.

(1) 国の政策と地域政策を結びつける媒介となった原子力発電

地域開発では拠点開発方式が国策と地域政策を結びつけ,原子力平和利用では原子力発電の実用化が国策と地域政策を結びつける媒介として加わった.このように,原子力発電所の立地による地域開発への期待は,2つの国策が地域と結びつくことによって醸成されたものである.

さらに,福井県では原子力発電所と誘致企業の相違点もまた原子力発電所の立地につながった.すなわち,原子力平和利用に関する対する地域政策の対応である.茨城県東海村では日本原子力研究所の存在が原子力発電所の立地の基盤となったように,福井県でも原子力懇談会が同様の基盤として原子力発電所の立地に寄与した.

ここで,原子力発電所と誘致企業の共通点と相違点について詳しく述べる.共通点とは原子力発電所が重化学工業の立地基盤(電源)となるだけでなく重化学工業の立地と同様の位置づけも与えられていたことである.全総の「第4章 産業基盤の整備」では,交通通信施設の整備,用水の確保,土地の利用とともに,「第4節 電力の確保」が挙げられている.当時は水力発電が主流であったが今後は火力発電が増加すると想定し,電源立地も産業基盤としてだけでなく誘致企業の性格を帯びることが次のように示されている(傍点は引用者による).

今後の水力電源開発は，電力側における水，火力併用上の経済性と地域総合開発上の総合効果を考慮して他の水利事業，治水事業との調和をはかり，各事業の適正な費用分担によってその開発を促進することとする．

電源開発の主体である火力電源開発については，過密地域および整備地域における火力発電所用地取得難の現状にかんがみ，とくに整備地域の工業開発地区の配置と関連して長期的構想のもとに火力発電所用地の確保と，火力発電に必要な港湾設備の整備をはかることとする．開発地域については，工業開発地区の配置と関連して同様の考慮を払うとともに，場合によっては火力発電所建設によって地域開発の先導的役割を果させることとする．

水力発電は水利事業や治水事業との調和という点から総合性が捉えられており，全総以前の特定地域総合開発計画における整備の内容に近い．そして，今後の主流と見込まれていた火力発電の役割については，傍点部分からも分かるように重化学工業の立地による地域開発の基盤に限らず地域開発のための誘致産業の1つとしても位置づけられていた．

当時は原子力発電が主要な電源ではなかったけれども，原子力発電所が地域開発の誘致産業にもなることは火力発電所の場合と同じである．そこで，地域の側でも地域開発競争の過熱のなかで重化学工業の誘致と同様の期待が原子力発電所に込められることとなった．立地地区では道路をはじめとした社会基盤の整備が期待されるとともに，市町村や県では地域全体の経済的利益の獲得が期待されたのである．

次に，原子力発電所と誘致企業の相違点について述べる．原子力発電所は最先端の技術に基づく施設であるから，原子力発電所の立地によって地域が経済面での後進性から脱却することだけでなく後進県というイメージを払拭することも期待された．このことは，第3節で述べた川西町への誘致に関する福井県議会の「原子力発電所誘致に関する決議案」に「その本県産業，経済，文化等におよぼすはかりしれない影響，ならびに近代科学の旗手として国家に貢献する栄誉等にかんがみ」と提起されたことからも窺える．

また，原子力平和利用に関する地域政策の対応があったことも，原子力発電所の誘致に際して重要な基盤となった．東海村における日本原電1号機の立地では，すでに原研が立地していたことに十分な考慮が払われた．同様に，福井

県でも原子力懇談会による原子力平和利用の取り組みがあり，川西町における熱心な誘致運動も原子力懇談会を主体に行われて県内で継承されたことが，敦賀半島への立地を実現する大きな要因になったと考えられる．このような特殊な状況が企業誘致を促進するための道路や港湾といった産業基盤と同様に，原子力発電所の誘致を実現するための基盤となったのである．

こうして，高度経済成長期における地域開発の機運の高まりと原子力発電の早期実用化という流れが結びついて，西日本でいち早く原子力への関心を高めた福井県に原子力発電所が立地することになった．

(2) 原子力発電所の誘致は「自治の実践」と言えるか

では，以上に述べた原子力発電所の誘致は，本書の視点である「自治の実践」と言えるであろうか．戦後復興から高度経済成長期への転換のなかで，そして原子力平和利用が研究から発電の早期実用化へと展開するなかで進められた原子力発電所の誘致は，「自治の実践」なのであろうか．

結論から先に述べれば，この段階でも依然として「自治の実践」があったとは言いがたい．第1章で述べた原子力平和利用の端緒としての関係機関の誘致や技術の産業への応用は国策の動向を地域が積極的に取り込もうとしたものであったから，「自治の実践」とは言えなかった．原子力発電所の誘致も本質的にこれと同じである．

地域開発は経済計画と全国総合開発計画を車の両輪に国策として進められた．その軸となった拠点開発方式は，国土総合開発法と全国総合開発計画を頂点として地方開発制度などを加えた重層的な法制と地域指定の網で全国を覆うことによって，国策が各地の地域開発を制御していった．地域にとっても新産の指定や工特の承認を受けることが地域開発の実現可能性に大きく影響するため，地域間競争の過熱のなかで大半の地域が国策に沿った地域開発を進めていった．したがって，当時の地域開発を自治の視点からみれば，企業誘致をするかどうかの大局的な判断をはじめ具体策でも国策に沿うことが求められたため，「自治の実践」であったとは言いがたい．

福井県でも『福井県総合開発計画書』をはじめとした計画を策定し，新産の指定等を獲得するため国への陳情を行った．結局，新産・工特は実現しなかったので地方開発立法の指定を受けるとともに，県が自ら福井臨海工業地帯の整備を進めていった．したがって，福井県の地域開発は国策の重点にこそ位置づ

けられなかったものの方向性は国策に沿ったものであり，やはり「自治の実践」であったとは言いがたい．

一方，原子力発電の実用化も国策としての原子力政策によって進められた．しかも，原子力発電所も地域開発における誘致企業の１つであったから，原子力発電所の誘致もまた「自治の実践」であったとは言いがたい．むしろ，原子力発電所の場合は地域開発と原子力政策という２つの国策が絡みあいながら立地の実現まで国策が貫徹することから，企業誘致による地域開発よりも自治の性格は弱いと考えられる．

拠点開発方式では国の指定や承認を受けても重化学工業の立地まで約束されるわけではない．国が行うのは新産の指定や工特の承認，その後の財政支援までである．企業誘致が実現するかどうかは，その後の地域の取り組み次第となる．端的に言えば，拠点開発方式は国の指定・承認と企業誘致の実現が切り離されて企業が実際に立地するまで２段階の地域間競争が必要であり，国策と直接結ばれるのは最初の段階のみとなる．これに対して，原子力発電所の場合は立地が決まってから道路などの基盤整備が行われる[16]．すなわち，誘致と立地地域の選定が同時に行われ，いずれも国策として進められる．したがって，原子力発電所の誘致は企業誘致の一環であっても誘致から立地まで国策の下で進められるので，その分だけ企業誘致よりも国策との結びつきが強いと言える．逆に言えば，その分だけ自治の性格が弱いことになる．

このように，原子力政策をめぐる「自治の実践」は，原子力発電の早期実用化を受けた誘致の段階でも原子力平和利用の初期にみられた兆候から進歩することなく，むしろ企業誘致による地域開発よりも国策との関係が強まった部分もみられる．

注

1) 新産の指定数は当初10カ所とされていたのが，44カ所から申請が提出されるほどであった．結果的には15カ所が指定されている．
2) 福井県は近畿圏整備法・中部圏開発整備法・北陸地方開発促進法の計画圏域に重複して含まれている．富山県と石川県も中部圏開発整備法と北陸地方開発促進法の計画圏域となっている．
3) 本節は田原暎郎氏の執筆をもとに筆者が再構成した．田原氏に感謝申し上げたい．
4) 県営発電所の建設は，電力需要への対応に加えて起債の償還財源として売電収入を見込んでいたことによる．

5）石油危機直前の1973（昭和48）年9月には坪あたり平均1万8680円であったが，1976（昭和51）年3月には4万円になり，さらに高騰して5・6万円台となった．起債の利子分および事業単価の上昇分が分譲価格に上乗せされるとともに，年々の上昇分をその都度上積みするのではなく長期的に推計した上昇分を早く売れる土地に割高になるように配分するという方式で価格が算定されたためである．福井県［1996a：855］参照．

6）国家石油備蓄基地構想は，石油危機後の石油の安定供給を図るため90日分の民間備蓄に上積みして30日分の国家備蓄を行う計画である．結果的に，1969（昭和44）年5月に策定された第二次全国総合開発計画（新全総）に基づく大規模プロジェクト構想（第5章第1節参照）の失敗の事後処理的色彩が濃いものであった，と指摘されている．福井県［1996a：857］参照．

7）動力炉・核燃料開発事業団は1967（昭和42）年10月に発足し，1998（平成10）年10月に核燃料サイクル開発機構へと改組され，2005（平成17）年10月には日本原子力研究所と統合して現在の日本原子力研究開発機構となった．

8）以降の電力需要と供給に関する記述は橘川［2004］を参考にした．

9）正力松太郎科学技術庁長官（原子力委員長）が民営論を，河野一郎経済企画庁長官が国管論を主張した．

10）日本原電に出資したのは政府（電源開発）20％，民間80％（電力9社42％，その他38％）である．日本原子力発電30周年記念事業企画委員会［1989］参照．

11）東海発電所を50サイクル系の東日本に設置したことによる．日本原子力発電30周年記念事業企画委員会［1989：79］参照．

12）第104回定例福井県議会会議録より．

13）吉岡［2011：150］によると，これは地質調査によって原子力発電所の立地が断念された国内で唯一の事例であるという．

14）敦賀市および美浜町関係者の意向は福井県・敦賀市・美浜町ほか［1970：6］を参考にした．

15）重化学工業の誘致でも地域における産業発展の歴史が基盤となる場合がある．

16）実際に立地するのは電力会社だが，電源開発調整審議会の決定や原子炉設置許可など，国の関与が強い．

第3章

原子力発電所の立地と増設による地域経済と地方財政の変化

　原子力発電所の立地が地域開発の一環として捉えられるようになったのは，産業基盤の整備や企業誘致による地域開発競争の過熱と，原子力平和利用における発電の早期実用化という情勢が結びついたことによる。福井県でも「後進県からの脱却」をスローガンに，福井臨海工業地帯の整備や原子力発電所の誘致などを地域開発として積極的に進めてきた。

　だが，企業誘致によって必ずしも期待どおりの経済的効果を獲得できなかった地域もあり，当時の地域開発には厳しい評価が多い。では，原子力発電所の場合はどうだったのであろうか。

　本章では，まず原子力発電所立地の経済的効果に関する既存の調査結果として代表的な3つを取りあげる。それぞれの評価結果には共通点と相違点があるが，そこには事実を肯定的にみるか，否定的にみるかという視角の違いもあるように思われる。

　次に，最近のデータを含めた分析を行い，新たな動向が窺えることを述べる。既存の調査は原子力発電所立地当初の時点で行われたものが多く，本章で紹介する調査も最も新しいもので20年以上前の1990（平成2）年に発表された．したがって，それらは立地地域における初号機の建設前後の時期を対象としており，複数基の原子力発電所が運転を続けてきた現在の状況（震災と原発事故以前）とは大きく異なっている。これまで示されてこなかった立地地域の姿を明らかにすることは，大きな意義があるだろう[1]．

　なお，本章でも福井県を中心に分析するが，他の地域の状況も必要に応じて示すことにする．

第1節　原子力発電所の立地が地域に与えた経済的影響 ①
——既存の調査結果から——

　まず，既存の調査結果として3つを取りあげる．第1に日本原子力産業会議による調査，第2に芝田英昭による分析，第3に福井県・敦賀市・美浜町・原子力発電所特別委員会連絡協議会による調査である．いずれも福井県を対象に含んでおり，発表された時期も近いので，事実として指摘される点の多くが共通している．しかし，調査主体が経済界や個人・自治体と多様であり，また調査の対象や視角もさまざまであることから，事実に対する評価は肯定的・否定的あるいは両者の並列など大きく異なっている．
　そこで，これらを比較しながら当時の見方を把握することにしよう．

(1) 日本原子力産業会議による調査

　社団法人日本原子力産業会議は，1984 (昭和59) 年2月に『地域社会と原子力発電所——立地問題懇談会地域調査専門委員会報告書——』と題する調査報告書を発行した．この調査は表題の委員会によって1981 (昭和56) 年と1982 (昭和57) 年に行われ，「原子力発電所の立地が地域に与える社会経済的影響とそれによる地域の変容の実態を把握するとともに，原子力発電所の立地を契機とする地域社会振興整備のあり方を探る」［日本原子力産業会議 1984：まえがき］ことを目的としている．調査の対象は東京電力福島第一原子力発電所・関西電力美浜発電所・九州電力玄海原子力発電所の3施設，地域であった[2]．
　調査の結果，原子力発電所立地の経済的効果は大きいが一過性に終わるため長期的振興の努力が必要，という結論が示された．すなわち，原子力発電所の建設に投入される資金のうち地域に直接流入するのは用地費や補償金，建設にかかる給与・労賃・下請工事代金・物資調達費等の一部，さらに公租公課などである．これらが地域に及ぼす経済的効果はきわめて顕著であり，次のようなものがあるという[3]．

　　この効果は個人所得，就労機会，地方財政等を拡大し，出稼ぎの減少，とくに青壮年層の定着化に加えて，昼間流出入人口の増加や通勤通学圏，買物圏の拡大など，生活圏の広域化をもたらす．一方，発電規模に応じて

立地地域に交付されるいわゆる「電源三法」交付金を軸として，道路，教育，福祉施設，生活環境関連施設等が整備され，地域の都市化，近代化がはかられるなど，原子力発電所の影響は多様な側面に及んでいくことになる［日本原子力産業会議 1984：iv］．

しかしながら，多くの効果は一過性のものであり，短期間で失われる．このことは次のように問題点として指摘されるとともに，対策として長期的な振興を図るための計画的取り組みが必要とされた．

> 発電所用地の取得費，漁業権の補償費などは，もともと一過性のものである．建設中の旺盛な労働力需要は，運転時における保守，点検等に吸収される部分はあるにせよ，工事の完了とともに当然低下する．地方財政に大きく寄与する固定資産税収にしても，減価償却にともなって年々逓減していく．さらに「電源三法」による交付金も運開後5年が限度である．
> このことは，原子力発電所の立地は地域にきわめて大きな効果をもたらすが，地域がこれを享受しうる期間には限りがあり，したがって，立地を契機に地域の長期的な振興整備をはかっていくためには，その効果を巧みに吸収し，将来の展開に結びつけていくための計画的な努力が欠かせないことを示している［日本原子力産業会議 1984：iv］．

原子力立地地域は，他の一般的な地域に比べて，次のようなすぐれて特徴的な計画課題をもつ地域であることが知られる．すなわち，

①第1は広大な空間資源の長期にわたる占有にともない，周辺地域社会の生活，生産のシステムをいかに修復し再構築してゆくか．

②第2にその大規模な建設と関連投資にともない地域社会に激しい高揚と減速をもたらすものであるだけに，この激動のエネルギーをいかに平準化し内部蓄積につなげ得るかの2点が地域振興上の重要な岐路を形成するということである．このためには建設などによる高揚期，減速期，そして正常期にいたる，長期を見通した総合的，弾力的な地域振興整備の計画的な推進がどうしても必要となる．かかる対応は出来るだけ速い時期に着手することが望ましく，少なくとも建設による活力や財政力のあるうちに構築する必要がある．また，こうした「しかけ」は，格別な支援体制が講ぜられればそれにこしたことはないが，地域開発の本旨からみて何よりも

地域の主体的な取組みが前提であり，拠りどころとなることを改めて確認する必要がある［日本原子力産業会議 1984：177］．

そして，長期的な振興整備のための計画的推進については，地域を主体としながら原子力発電所に関係するあらゆる機関が行うべきとして，それぞれが以下のような役割を果たす必要があると述べた．

原子力発電所の導入にあたって，どのような地域社会を築きあげていくかという具体的な構想と現実的なシナリオが必要であり，これを着実に実現していくための自治体ならびに地域住民自らの努力が不可欠である．その構想やシナリオの策定と実現について，原子力発電所の設置者である電力会社は，地域社会との共存をはかる立場から積極的に協力すべきであり，国および道府県もまたエネルギー政策と地域政策の調和をはかる立場から，これに対する支援を惜しむべきではない［日本原子力産業会議 1984：iv］．

以上をまとめると，原子力発電所の立地は地域に多様な経済的効果をもたらすものの，その多くが一過性に終わる．そのため，立地を契機に地域の長期的な振興を図るためには早い時期に対策を打ち出すことが必要で，地域の主体的かつ計画的な取り組みを前提として国や電力事業者もそれぞれの役割を積極的に果たすべき，ということになる．

(2) **芝田英昭による分析**

続いて，芝田英昭による分析を取りあげる[4]．芝田は国や電力会社が原子力発電所の立地に次のような経済的効果があると宣伝していることから，実際にそれが実現したのかについて美浜町の事例を中心に検証した．

・直接・間接に雇用機会を増加させ，人口の減少をくいとめる
・地元雇用が増える
・県財政・市町村財政が潤う
・地域整備や産業振興ができる
・地域が発展し所得が増える

芝田の見解は，これらの効果に対してきわめて懐疑的である．効果が現れても時期が限られることや過度の原発依存による地域振興が不健全であることを

指摘し，むしろ弊害の方が大きかったと評価している．

まず，人口減少はくいとめられなかったという．原子力発電所の建設期間に限って人口が増えるけれども，もっぱら建設に従事する作業員が大量に流入するからであり，建設が終わり運転が開始されれば新たな原発の建設を求めて域外に流出していく．1985（昭和60）年3月の時点で関西電力（美浜・大飯・高浜）に勤務する社員が1548人，関西電力関係の全事業所の従業員が3500人で合計5048人となるが，これは若狭の人口15万3159人の3.3％にすぎない．また，このうち地元出身者は2491人と1.6％にとどまる．そのため，原子力発電所立地地域の人口増加は一時的なものとなり，発電所の運転開始とともに人口が減少する．[5]

また，財源効果も一時のものにすぎないという．1974（昭和49）年度に創設された電源三法交付金は交付期間が建設時に限られている．また，原子力発電所の立地によって多様な税収の増加が期待されたものの，実際に増加したのは原発設置者からの固定資産税だけである．1984（昭和59）年度における大飯町の税収23億円のうち18億円が大飯原発の大規模償却資産に対する固定資産税であった．そして，原子力発電設備の償却期間が15年と定められているので，固定資産税も運転開始の次年度に急激に伸びた後はたちまち落ち込み[7]，15年しか徴収されない．[6] さらに，税収が一時的に増えても地方交付税による財政調整機能が働くために75％が相殺される．したがって，現実には原子力発電所が立地しても税収の大部分を固定資産税（償却資産）に依存しているために大幅な収入の急落変動にあい，長期間に安定した行政水準を保つことが困難になるので地方財政はそれほど豊かにならない．

さらに，歳出面でも問題が生じる．建設段階における電源三法交付金や運転開始時の固定資産税（償却資産）を財源として，公共施設の整備など投資的経費が大きく増加する．しかし，その後は整備された施設の維持管理費が急激に膨張することになり，交付金が途絶え税収も急速に減少していくため支出の増加に対応できなくなるのである．

このように，立地地域では原子力発電所の運転とともに歳入の減少と歳出の膨張が進むことから，新たな原子力発電所の立地による財源の獲得が必要となる．この点について，芝田は次のように述べる．[8]

> 結局，水膨れ的財政を維持するためには，原発大規模償却資産が完全に償却しない内に，次の原発を誘致しなければならなくなる．少なくともこ

れまでの若狭を見る限り，それは事実というしかない [芝田 1990：426]．

そして，産業構造も激変したという．原子力発電所立地地域の多くは元来第一次産業を主体とする「後進地域」であったのが，巨大独占企業「関電」が原発を立地させたことによって産業構造が一変したのである．すなわち，若狭の農水産業従事者（専業）は1955（昭和30）年の51.6％から1986（昭和61）年には0.9％へ激減し，原子力発電所の建設労働者や下請労働者へと雇われていった．さらに，立地地域では「原発景気」を当てにして飲食業・サービス業の店舗数が急激に増加した．サービス業の多くは原発作業員を宿泊させるための民宿であるという．このような変化を芝田は次のように批判する[9]．

　結局，若狭における原発立地は，"地域振興"どころか，一方の極における地場産業としての農水産業の破壊，観光資源の破壊の蓄積である．そして，他の極における酒場（バー・キャバレー・スナック等）や旅館（民宿その他の宿泊施設）や娯楽業の異常な伸びという，産業構造の享楽化・脆弱化の歴史であったと言えよう [芝田 1990：434]．

以上の分析から芝田は原子力発電所の立地による経済的効果を否定し，今後は立地に依存せず自立した地域をめざす必要があるとして，次のように述べた[10]．

　原発のいかなる行為もすべて"儲け"の手段としてのみ働き，住民生活を守り発展させるものではなかった．このような状況の下で，今後若狭の住民は，"原発に頼らない地域振興"を実現させなければならない [芝田 1990：436]．

　今日，ポスト原発に向けて住民に求められているものは，原発反対運動だけではなく，行政への積極的参加，実践運動による地場産業の振興を通して，住みよい地域社会を築き上げていくことではなかろうか [芝田 1990：437]．

(3) **福井県・敦賀市・美浜町・原子力発電所特別委員会連絡協議会による調査**
最後に紹介する調査は，地元自治体の福井県と敦賀市・美浜町・原子力発電所特別委員会連絡協議会によるものである．1970（昭和45）年3月に発行され，敦賀市と美浜町を対象としている．

まず,「地方公共団体への影響」として人口増加は明瞭な効果があったとした. 1965 (昭和40) 年から1968 (昭和43) 年にかけて福井県全体で人口が0.23%減少したのに対し, 敦賀市では1.9%の増加, 美浜町でも0.75%の増加であった. とりわけ, 立地集落では原子力発電所の建設により純農漁村型の流出状態が解消され, 立地地域の人口増加に社会増減が大きく寄与したという.

　次に, 産業構造については, 敦賀市では第二次と第三次産業, 特に商業・サービス業就業者の割合が高く, 美浜町では第一次と第三次産業が主体となって農業・漁業と観光産業が季節的・労力的に組み合わされ, 住民の大部分が兼業農家であるという. こうした傾向を調査では次のように評価した.

> 　原子力発電所が建設された敦賀半島一帯は漁業と観光産業を主としていた. 発電所建設に際して開通した道路は, この地区の民生と在来の産業にとってきわめて有益であった. 敦賀半島の地理的条件から見て, 従来の産業構造が基本的に変わる可能性は全く考えられず, 超近代的な原子力施設の導入と関係会社の敷地獲得, 建設関係の就業者の流入等による変動が如実に表われた [福井県・敦賀市・美浜町ほか 1970：46].

　さらに, 財政面についても予算規模が増加して公共施設の整備が一挙に行われるようになった. このことを次のように評価している[11].

> 　これは, 原子力関連施設の設置に伴う建設事業の進展とともに, 道路整備, 関連産業, 職員住宅等の敷地購入による地価の値上り, それに建設過程にともなう労働人口の流入, 職員の居住等による住民増などが, 財政収入の増大に寄与しているが, 一方, 原子力施設の立地がもたらす土木事業, 環境衛生等の整備, その他社会文化施設など行政面の需要度の増大も看過できない [福井県・敦賀市・美浜町ほか 1970：48].

　続いて,「地域社会の経済的影響」としては用地買収や漁業補償の状況, 敦賀発電所の建設にともなう買回品や最寄品などの資材調達 (総額および市内・県内・県外別内訳) や労務雇用の実態, さらには住民アンケート調査の結果が示されている[12].

　最後の「将来への展望 (むすび)」では, 原子力発電所の建設を契機とした産業政策のあり方, とりわけ国の政策について以下のとおり述べている. 重要なので全文を引用する.

わが国のエネルギー革命の上において，歴史的な一歩を踏み出した敦賀，美浜両原子力発電所の建設開発工事は，「陸の孤島」と呼ばれた敦賀半島の住民の善意と，これが受入側である敦賀市，美浜町および福井県の為政者の努力と開発担任者である日本原子力発電株式会社，関西電力株式会社首脳の熱意によってもたらされたものであるということができる．

　しかし，原発開発地域としては，今後に多くの案件が残されている．この4年間に，約700億円に近い投資が行なわれ，地域の経済的・文化的な生活環境が高度化したにもかかわらず，地域の住民の世論調査においては，なお生活と安全への不安感が残っている．

　この後進地域において，電力使用の産業施設のないのにことよせ，造られた電力は，すべて先進地域へ送られ，後進地域へは放射線障害の不安のみが残されるという，開発の態勢と建設，地元への説得努力がその地域の地方公共団体と開発会社に任され，最高の責任者である国は，国のプロジェクトとしての採り上げ方が遅々としている現状，この開発に努力した地方公共団体には，この原子力発電所から支払われる固定資産税すらが，大半が帰属しないという矛盾，これらのゆがめられた面が解消されない限り，日本の原子力発電開発に対する長期計画の樹立はおぼつかない．

　この際，国は，次の諸点に留意しながら，全力をあげて原子力開発に取り組むべきことを要請したい．

1．政府は，総力をあげて国民が持っている核アレルギーの解消（原子力センターの建設など）を図ること．
2．原子力開発地域振興法（特例時限法）を制定すること．
3．政府は，この原子力開発が，地域開発の線につながるべく，先頭に立って計画を樹立する態勢，（原子力の多目的利用など）を積極的に打ち出すべきである．
4．電力の遠隔送電は，電力損失が多大なため発電地にて消費する産業施設を，国のプロジェクトとして，強力にバック・アップすること．

　敦賀周辺は，幸い自然の良港に恵まれているから，原材料輸入の便がよく，工業用水もわりあい豊富で，その上過疎防止対策としても効果がある．今後新産業地帯は，農業，漁業と共存し，公害のない住居地と併設した理想的開発地帯としたい．

　生産品は最終製品に加工し，価値あるものを輸出すれば，輸送，人件費

の節減されるのはもちろんで，自由化が叫ばれる今日，諸外国との産業競争ができ得る態勢が必要である．

これが1970年代への産業政策の提言で，21世紀へのベースと考えられる［福井県・敦賀市・美浜町ほか 1970：98］．

(4) 既存の調査結果の総括

以上，既存の主な調査結果を3つ紹介した．いずれも原子力発電所の立地による地域経済や地方財政の変化を分析していることは共通するものの，これに対する評価は大きく異なっている．日本原子力産業会議の調査は「原子力発電所の立地による経済的効果は大きいが一過性に終わる」ことを多くの側面から明らかにしており，その対策として地域が主体となって長期的な計画に基づいた対応をとることと，原子力発電所に関係する国や電力事業者にも一定の役割を果たすことが必要としている．対照的に，芝田の分析は「効果が大きくないうえに一過性に終わる」というものであった．今後の方向性も原子力発電所に頼らない地域振興を地域住民が積極的に行うべきという主張であり，日本原子力産業会議の提言とは異なっている．最後に，福井県等の調査は建設初期のごく短い期間を対象にしているため「効果が大きい」としており，「一過性に終わる」との指摘はない．また，住民意識調査を詳細に行った点や立地地域の認識をもとに国に対する具体的な要請が示された点が注目される．

これらを総合すると，「効果の多くが一過性に終わる」ということが原子力発電所の立地にともなう地域への経済的効果の共通項として挙げられそうである．ただし，効果の規模については日本原子力産業会議と福井県等では「大きい」と評価したのに対して，芝田が「小さい」としている．また，今後重視すべき点についても日本原子力産業会議が長期計画と各主体の役割分担，芝田が原子力発電所への依存からの脱却，福井県が国に対する要請となっており，調査主体の立場を含んだ違いが見出される．

第2節　原子力発電所の立地が地域に与えた経済的影響 ②
―― 最近の動向を含めた総合的分析 ――

次に，最近の動向を含めて原子力発電所の立地が地域経済や地方財政に与えた影響を分析することにしたい．既存の調査結果には「効果の多くが一過性に

終わる」という共通点があることを先に述べたが，以下の点からあらためて考察する必要があると考えられる．

　第1に，評価軸が正しいかどうかである．原子力発電所の立地が地域経済や地方財政に与えた影響を評価するには，立地に対して期待されていた内容がどの程度達成されたかを把握する必要がある．ただし，第2章で原子力発電所を誘致する際の地域開発の動向や福井県内の情勢を取りあげたが，原子力発電所の立地に対して地域が期待した具体的な内容やその水準は道路の整備などを除いて必ずしも明確ではなかった．また，既存の調査から約30年が経過した現在，地域住民の価値観の変化や地域社会の変容などを背景にとして「すでにある」原子力発電所に期待する内容が，立地時点における「これからできる」ものへの期待から変化している可能性もある．そこで，新たな評価軸で分析することが必要となるだろう．

　第2に，データの種類が十分かどうかである．これは評価軸の問題にも関係するが，原子力発電所の立地以前には期待されていなかったものでも現実に一定の便益や損失が地域にもたらされた場合，それが重要なものであれば評価の対象に加える必要がある[13]．したがって，評価軸を特定することと並行して，あらゆるデータを分析対象に含めることが求められる．

　第3に，最新の情勢を踏まえることである．最初の原子力発電所が福井県に立地してから40年以上が経過したが，今や既存の調査結果はその前半20年程度の状況を示したものにすぎない．新たなデータを含めて分析すれば，既存調査とは異なる結果が明らかになる可能性がある．最近の動向を含めた分析が必要であろう．

　以上の点に配慮し，本章では福井県立大学地域経済研究所［2010；2011］で行った多種多様な地域経済や地方財政に関するデータの分析結果から，紙幅の関係で特に注目すべき部分を抽出して示すことにしたい．また，福井県以外の状況についても必要に応じて紹介する．

(1) 非立地地域を上回る人口動向の持続

　まず，人口の動向である．原子力発電所立地地域では過疎化の進行に悩まされていたので，人口の増加は原子力発電所を誘致する主な動機の1つであった．現在は人口の東京一極集中が続くと同時に全国的な人口減少も進み，少子化対策が重要課題となっている．各地で人口減少の抑制が求められていることから，

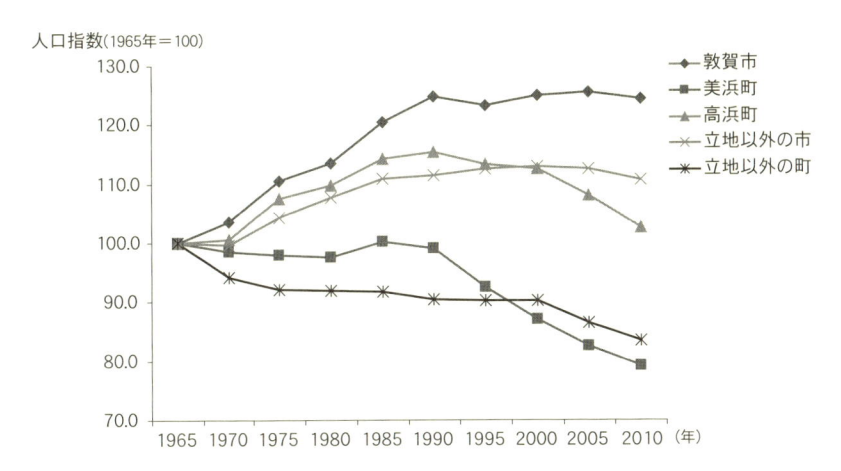

図3−1 原子力発電所初号機立地前からの人口推移（敦賀市，美浜町，高浜町−指数）
（資料）国勢調査（各年度版）より作成．

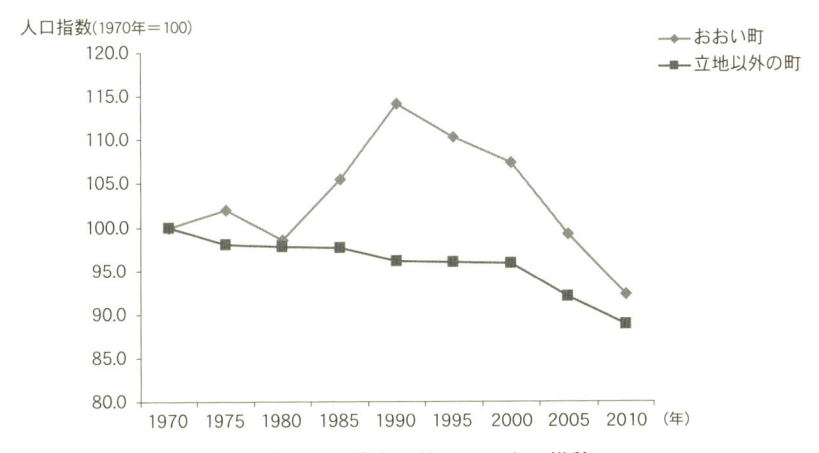

図3−2 原子力発電所初号機立地前からの人口推移（おおい町−指数）
（資料）国勢調査（各年度版）より作成．

現在でも人口の動向を把握することは地域にとって不可欠である．

日本原子力産業会議の分析は，原子力発電所の建設時に労働力需要が増加するものの運転開始後には多くが流出し，運転時に生じる保守・点検等の需要でもそれを吸収できないため全体として労働力需要が減少することを指摘した．これは人口の増加が一過性に終わることを意味している．芝田もデータに基づいて同様の評価をした．

しかしながら，現在までの人口の動向をみる限り原子力発電所の運転開始とともに人口が減少する傾向はみられなくなっている．図3-1と3-2は福井県の立地4市町（敦賀市・美浜町・高浜町・おおい町）における原子力発電所初号機の建設時から現在までの人口動態を示したものである．運転開始直前の国勢調査人口（現在の市町村区分による，以下特に断らない限り同様とする）を基準値の100として，現在までの人口の動向を指数化している．基準値となる年は敦賀市と美浜町・高浜町が1965（昭和40）年（図3-1），おおい町が1970（昭和45）年（図3-2）で，それぞれ立地以外の市と町の動向と比較している．

立地4市町の人口指数は，2000（平成12）年以降の美浜町を除き，敦賀市は立地以外の市を，美浜町・高浜町・おおい町は立地以外の町を上回っている．とりわけ敦賀市の指数は立地以外の市における増加傾向を大きく上回っており，高浜町・おおい町も近年は減少傾向にあるものの指数は立地以外の町よりも依然として大きい．このうち原子力発電所の立地が人口の動向にどの程度寄与したのかは明らかでないが，立地市町の人口指数が立地以外の数値を長年にわたりおおむね上回っているのは，原子力発電所の立地による人口増加が一過性に終わるのではなく持続していることを表しているとみてよいだろう．

(2) なぜ人口動向が一過性でなくなったのか
―― 複数基の運転継続による効果の変化 ――

その要因は，原子力発電所の集積と運転の継続にあると考えられる．確かに，人口の増加が一過性に終わる状況，すなわち原子力発電所の建設時に高まる労働力需要が運転開始とともに減少することは現在でもあるかもしれない．しかしながら，それは原子力発電所を1基ごとにみた場合である．初号機が立地した当時は1基の状況がそのまま立地地域全体の動向となったから，地域の人口増加も一過性に終わると指摘された．現在までに原子力発電所の増設によって複数基が集積し，運転を継続してきた．すなわち，原子力発電所の運転や保守

表3-1　原子力発電所が集積した場合の労働力需要の推移（モデルケース）

	1号機		2号機		3号機		4号機	
	建設時	運転時	建設時	運転時	建設時	運転時	建設時	運転時
労働力需要（1号機分）	100	30	30	30	30	30	30	30
労働力需要（2号機分）			100	30	30	30	30	30
労働力需要（3号機分）					100	30	30	30
労働力需要（4号機分）							100	30
計	100	30	130	60	160	90	190	120

(注) 建設時の労働力需要を100, 運転時の労働力需要を30と仮定した.

・点検等に対する労働力需要は同時に複数基分が生じることで，大規模かつ安定的なものとなったのである．1基あたりの傾向が集積によって異なる状況となったことに注意しなければならない．

　このことは**表3-1**のようなモデルケースで説明しうる．ある市町村に現在4基の原子力発電所が集積しており，1基あたり建設時の労働力需要が100，運転時の労働力需要が30であると仮定する．1基ごとにみれば，確かに建設を終えて運転段階になると労働力需要が100から30へ70％減少することになる．初号機が立地した時点では原子力発電所関連の労働力需要が70％減少することになるので，地域経済に与える影響も大きい．

　しかし，運転時の労働力需要は原子力発電所が稼働している限り持続するので，その間に1基増設されれば，その運転時には既存の原子力発電所の運転とあわせた2基分の労働力需要が発生することになる．すなわち，2号機の建設時には1号機の運転分とあわせて130の労働力需要が生じる．そして，2号機の建設が終わり運転段階になると労働力需要は1・2号機の運転時の需要を合計して60となる．これは2号機の建設時130に比べて54％の大きな減少であるが，1号機が建設から運転段階になった時点で70％も減少したことと比較すれば緩やかである．同様に，3号機の増設時には建設段階の労働力需要100と1・2号機の運転時の需要60をあわせて160となり，3号機が運転段階に入ると3基分の運転時の需要90に減少する．これも44％の大幅な減少であるが，2号機の運転時における54％の減少よりも緩やかである．4号機の場合でも建設時の190から運転時には120となり，37％の減少となる．

　このように，モデルケースでは初号機の建設時から運転時に労働力需要が70

％も減少したが，既存の原子力発電所が運転を継続しながら増設を重ねることによって，増設する原子力発電所の建設時から運転段階になる際の労働力需要の減少は54％，44％，37％と徐々に緩和されていくのである．

さらに注目すべきは，4号機の運転時における労働力需要が120となり，1基分の建設時にかかる需要100を上回ることである．すなわち，「一過性に終わる」と評価された建設時の労働力需要が3・4基の原子力発電所が集積することによって運転時でも持続的に発生する．「大きな効果が持続するようになる」のである．

これはモデルケースであり，実際の労働力需要の変化は明らかでない．しかし，敦賀市では2号機の建設から運転への移行と高速増殖原型炉もんじゅの着工まで，すなわち1980（昭和55）年から1990（平成2）年まで人口の伸びが大きくなっている．また，高浜町も同時期は3・4号機の建設から運転への移行期に当たるものの，他の町村の人口が減少傾向となるなかで増加を記録した．美浜町でも1976（昭和51）年に3基すべてが運転段階に入ったが，1985（昭和60）年まで人口は増加した．おおい町でも3・4号機が1987（昭和62）年から着工となり，1990（平成2）年まで他の町村にみられない大きな伸びを示した後も指数は立地以外の町を上回っている．

したがって，原子力発電所が集積し運転を継続している現在は初号機が立地した過去の状況とは大きく異なり，運転時でも人口減少（あるいは人口減少の加速）をくいとめるほどの労働力需要が発生していると考えられる．「効果の多くが一過性に終わる」という指摘は1基ごとにみれば妥当であるとしても，複数基が運転を継続することによって今や一過性ではなく，非立地の市町を上回るほど「大きな効果が持続する」ようになったのである[14]．

(3) 今後の人口減少への懸念

ただし，今後の人口動向は逆に懸念材料となっている．国立社会保障・人口問題研究所が公表した「日本の地域別将来推計人口（平成25年3月推計）」によると，2040（平成52）年の市町村別人口は原子力発電所立地町の減少が顕著に進むと見込まれている．

表3-2は，2040（平成52）年の推計人口について，原子力発電所初号機の建設時の国勢調査人口を100とした場合と，2010（平成22）年を100とした場合の指数を，福井県の立地4市町と立地以外の市町で比較したものである．敦賀市

表3-2 2040（平成52）年における福井県市町の予測人口一指数

	2010(平成22)年＝100の場合	1965(昭和40)年（おおい町は1970(昭和45)年）＝100の場合
敦賀市	81.1	100.8
美浜町	67.9	53.7
高浜町	70.4	72.3
おおい町	65.9	60.9
立地以外の市	79.3	87.7
立地以外の町	74.0	61.8 / 65.7

（注）「立地以外の町」の「1965（昭和40）年（おおい町は1970（昭和45）年）＝100の場合」の欄は，上段は1965年＝100の場合で下段が1970年＝100の場合である．
（資料）国立社会保障・人口問題研究所『日本の地域別将来推計人口』（2013（平成25）年3月推計）より作成．

はいずれの指数も立地以外の市を上回っているものの，町では高浜町の建設時を基準とした指数以外はすべて立地以外の町よりも低くなっている．すなわち，今後は立地町の人口減少が加速すると見込まれており，初号機の建設時以降の人口増加分が失われることになる[15]．

したがって，原子力発電所立地地域では人口減少がくいとめられなかったわけではないが，今後の人口減少の加速をどうくいとめるかが大きな課題になると考えられる．

(4) 不安定な財源効果の緩和
――新たな電源三法交付金の創設による交付金額の持続的増加――

次に，原子力発電所立地地域における財政の動向である．国債の累増や景気の長期低迷等による国の財政状況の悪化とともに，地方財政も厳しさをましている．そうしたなかで自治体は地方分権の時代にふさわしい自主財源を確保することが課題となっており，地方財政の動向は依然として重要である．

原子力発電所立地市町村における財政面での主な効果は，固定資産税（償却資産）の収入増加と電源三法交付金の収入確保が挙げられる．ただし，日本原子力産業会議や芝田が指摘したのは，電源三法交付金が建設時点に限定されることと，原子力発電所の運転開始とともに固定資産税（償却資産）が入るものの急激に減少していくことであった．したがって，これらも持続的な効果では

(千円)

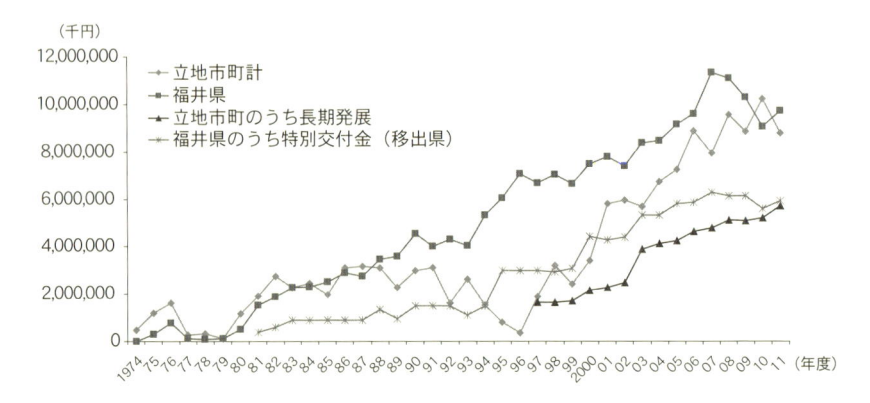

図3-3　電源三法交付金等交付実績（福井県内の立地市町と福井県）

(注) 1：1997（平成9）年度以前の数値は資料の過年度版による．
　　 2：旧名田庄村は合併しておおい町になったので，合併後の交付金額は立地市町分とした．
(資料) 福井県［2013a］ほかより作成．

ないと評価されている．

　しかしながら，このことも原子力発電所の集積と運転の継続によって現在は大きく変化している．図3-3は福井県における立地市町と県に対する電源三法交付金の年度別交付金額の推移を示したものである．従来の制度であれば，現在交付されるのは着工準備段階にある敦賀発電所3・4号機分のみとなるはずである．しかし，1974（昭和49）年の制度創設から約40年が経過した現在まで，立地市町と県のいずれも交付金額が増加し続けている．とりわけ，立地市町は1991（平成3）年から1996（平成8）年頃に減少したものの以降は急激な伸びをみせており，一時は県に対する交付金額を上回るに至った[16]．

　このように，原子力発電所の建設がなくても電源三法交付金が増加を続けている大きな要因は，運転開始後を対象とした新たな交付金が加わるなどの大幅な制度改正が行われてきたからである．

　かつて電源三法交付金制度の中心となっていたのは電源立地促進対策交付金である．これは現在でも建設時点にほぼ限定され，運転開始とともに交付されなくなる．しかしながら，運転時を対象とする交付金が新たに創設され，現在の交付金額の大部分を占めるようになった．すなわち，1981（昭和56）年度に創設された電源立地特別交付金（電力移出県等交付金枠）および1997（平成9）年度に創設された原子力発電施設等立地地域長期発展対策交付金が重要である[17]．

これらは運転開始後に交付されるもので，従来の電源三法交付金の性格を大きく変えた．

それでもなお，建設時点での電源立地促進対策交付金に比べれば，運転開始後の交付金額は少ない．したがって，原子力発電所の運転開始とともに交付金額が大きく減少することになり，「効果が一過性に終わる」という指摘は依然として変わっていない．ただし，これもやはり1基ごとにみた場合であり，現在のように複数の原子力発電所が運転を継続している場合には状況が大きく異なることに注意しなければならない．

すなわち，電源立地特別交付金（電力移出県等交付金枠）や原子力発電施設等立地地域長期発展対策交付金は原子力発電所の出力や年数・発電電力量によって交付金額が決まる．そのため，原子力発電所が集積して運転を継続することで交付金額が大きくなるのである．図3-3からも分かるように，電源立地特別交付金（電力移出県等交付金枠）および原子力発電施設等立地地域長期発展対策交付金が福井県と立地市町への交付金額の大きな割合を占めており，1970年代から80年代における原子力発電所の建設時よりも交付金額が大きい．新たな交付金の創設により，かつての電源三法交付金とは異なる実態となっていることが明らかである．

このように，電源三法交付金の収入確保は「効果が一過性に終わる」ものではなく，制度の改正と原子力発電所の集積による運転継続のため「大きな効果が持続する」ものになった．

(5) 原子力発電所の出力向上による固定資産税（償却資産）の急増と急減

また，固定資産税（償却資産）の収入にも傾向の変化がみられる．図3-4は，福井県内の原子力発電所立地市町とそれ以外の市町の固定資産税（償却資産）の推移を示したものである（現年課税分の収入済額）．立地以外では市も町も税収がおおむね安定的に増加しているのに対して，立地市町とりわけ敦賀市とおおい町では激しい変動を繰り返している．

これは，芝田らが指摘するように，原子力発電所の運転開始直後に税収が急激に増加するが，それ以降は減少するという特徴が依然として続いていることを表している．しかしながら，敦賀市とおおい町は比較的最近に原子力発電所など（高速増殖原型炉もんじゅ，大飯3・4号機）の立地があったため，それ以前に比べて税収の金額と変動幅が大きくなっていることに注意しなければならない．

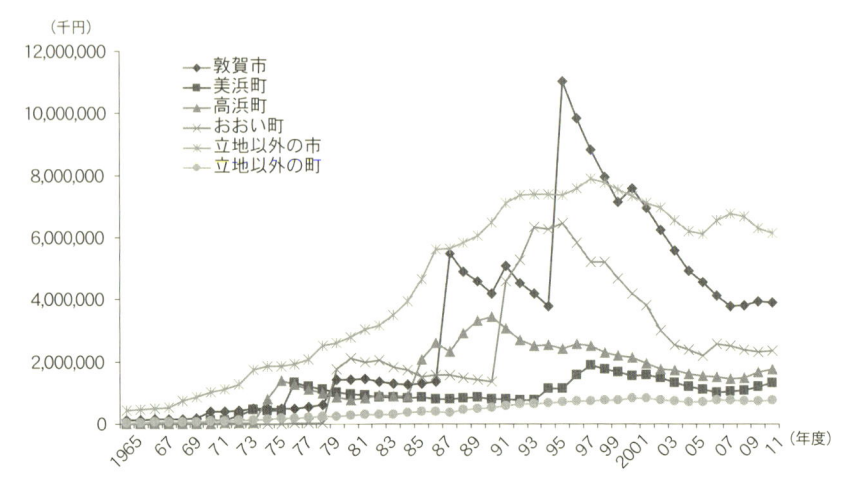

(千円)
12,000,000
10,000,000
8,000,000
6,000,000
4,000,000
2,000,000
0

凡例：
◆ 敦賀市
■ 美浜町
▲ 高浜町
× おおい町
※ 立地以外の市
○ 立地以外の町

横軸：1965, 67, 69, 71, 73, 75, 77, 79, 81, 83, 85, 87, 89, 91, 93, 95, 97, 99, 2001, 03, 05, 07, 09, 11（年度）

図3-4　固定資産税（償却資産）の収入額（現年度分）

（注）現在の市町村区分に合わせて算出した．
（資料）福井県［2013b］ほかより作成．

　これは，原子力発電所の出力向上により新しい発電所ほど設備投資の規模が大きくなっているためである．固定資産税（償却資産）の課税対象は設備の残存価額（取得価額から減価償却費を差し引いて残った金額）であることから，取得価額の大きな施設が立地することで税額とその変動幅も大きくなる[18]．したがって，その分，税収の不安定さは以前よりもますことになるが，運転開始から一定期間を経て税収が減少した現在でも巨額の税収を確保することができる．

　なお，芝田は固定資産税（償却資産）が15年でなくなると述べているが，原子力発電所にかかる設備の耐用年数が15年であっても15年後に税収がゼロになるわけではない．原子力発電所が稼働する間は取得価額の５％が課税最低限度として課税され，また途中で設備の改修等が行われた場合は，その分が新たな課税対象となる．そのため，複数の原子力発電所が集積して運転を続けることで課税最低限度に近くなっても複数基分の税収は一定の規模を確保することができる[19]．それがいかに大きいかもまた，図3-4から明らかであろう[20]．

　このように「効果が一過性に終わる」と言われていた財政面の問題は，今や解消したといっても過言ではない[21]．複数の原子力発電所が集積して運転を継続することで「大きな効果が持続する」ようになったのである[22]．

(6) 県民経済計算に占める電力業の高い割合

次に，県民経済計算の推移から原子力発電所が福井県の経済にどのような位置づけを持ってきたかを明らかにする．県民経済計算で算出される県内総生産は県内で生みだされた付加価値の合計であり，経済情勢が変化した現在でも重要な指標である．[23]

県内総生産は，以下の式で算出される．

県内総生産＝雇用者所得＋営業余剰＋固定資本減耗
　　　　　＋生産・輸入品課税−補助金

県内総生産のデータは1975（昭和50）年から存在するが，ここでは最近の動向を示すことにしたい．表3−3は，産業に占める電気業の割合を福井県と全国で比較したものである．全国の割合がおおむね1％台であるのに対して福井県では10％以上と全国を大きく上回っている．[24]

1975（昭和50）年度の時点では，福井県内で運転していた原子力発電所は敦賀1号機と美浜1・2号機，高浜1号機の3基（合計出力202.3万kW）であった．[25]当時の電気・ガス・水道業の産業に占める割合は5.1％である．その後，1979（昭和54）年に大飯1・2号機（合計出力235.0万kW）が運転を開始したことにより，1980（昭和55）年度には割合が11.9％へと大きく伸びた．以降も順調に伸び，高浜3・4号機（合計出力174.0万kW）の運転開始を機に1985（昭和60）年度には16.4％となっている．以降はやや減少傾向に転じたものの，大飯3・4号機（合計出力236.0万kW）が運転開始された1991（平成3）年度，1993（平成5）年度頃には14％前後で推移し，現在の水準となっている．

このように，福井県の総生産に占める原子力発電の割合は，現在までに商業

表3−3　総生産の産業に占める電気業の割合の推移（福井県・全国）

（単位：％）

年・年度	2001 (平成13)	2002 (平成14)	2003 (平成15)	2004 (平成16)	2005 (平成17)	2006 (平成18)	2007 (平成19)	2008 (平成20)	2009 (平成21)	2010 (平成22)	2011 (平成23)
福井県	14.0	14.1	13.7	11.7	12.7	12.0	11.8	11.8	13.1	12.6	
全国	2.0	1.9	1.8	1.7	1.6	1.5	1.3	1.2	1.5	1.4	0.9

（注）1：福井県は年度，内閣府は暦年の数値である．
　　　2：2011（平成23）年度の福井県の数値は2013（平成25）年12月現在，未公表である．
（資料）福井県『平成22年度福井県民経済計算』，内閣府『2011年度国民経済計算』より作成．

用原子炉13基が集積することによって徐々に高まってきた．人口や地方財政などの動向から「効果の多くが一過性に終わる」と指摘していた既存の調査は原子力発電所1基ごとに建設時と運転時の効果を比較したものであり，現在は集積による長期・安定的な運転によって運転時でも「大きな効果が持続する」ようになった．このことが県民経済計算からも実証されたと言える．

ただし，原子力発電の場合は県内総生産に占める固定資本減耗の割合が高いことに注意しなければならない．固定資本減耗とは財やサービスの生産にともなう資本や設備の価値低下分に相当するが[26]，それが地域内での取引を発生させて立地地域の経済に結びつくとは限らないからである．すなわち，総生産の規模が大きくても，固定資本減耗の割合が高ければ地域経済に与える影響はそれだけ小さくなる．

福井県民経済計算によると，2010（平成22）年度の電気・ガス・水道業の県内総生産に占める固定資本減耗の割合は56.8%であり，全産業（24.9%）を大きく上回っている．原子力発電所の主要設備は多くが立地地域外から調達されるため，固定資本減耗分は立地地域内で循環する可能性が低い．

これに対して，県内総生産のうち雇用者報酬は就業者に帰属するため，地域内での消費に使われる部分が大きい．また，営業余剰も地域内で活用されれば重層的な取引が行われて多様な産業への波及効果が生じることになる．しかし，2010（平成22）年度の電気・ガス・水道業の県内総生産に占める雇用者報酬の割合は11.9%，営業余剰の割合は22.5%であり，全産業（39.8%，29.0%）を下回っている．したがって，原子力発電は県内総生産のうち立地地域に波及する部分がそれだけ小さいと考えられる[27]．

そのため，原子力発電がもたらす県内総生産の規模は大きいけれども，それ

表3-4　総生産の産業に占める電気業と繊維・精密機械の割合の推移（福井県）

（単位：%）

年・年度	2001 (平成13)	2002 (平成14)	2003 (平成15)	2004 (平成16)	2005 (平成17)	2006 (平成18)	2007 (平成19)	2008 (平成20)	2009 (平成21)	2010 (平成22)
電気業	14.0	14.1	13.7	11.7	12.7	12.0	11.8	11.8	13.1	12.6
繊維	3.4	3.1	3.0	3.2	3.0	2.9	2.6	2.4	2.3	2.1
精密機械	1.3	1.2	1.1	1.1	1.2	1.0	1.0	1.0	0.9	0.8

（資料）福井県『平成22年度福井県民経済計算』より作成．

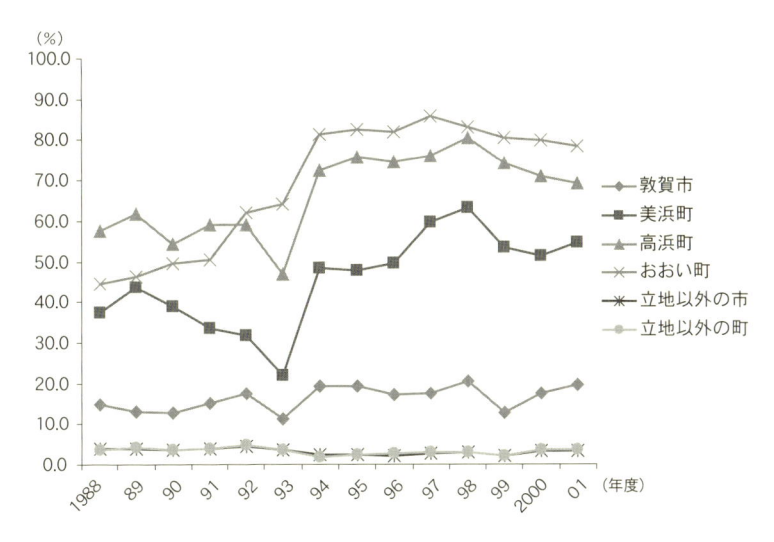

第3章　原子力発電所の立地と増設による地域経済と地方財政の変化　77

図3-5　市町村純生産に占める電気・ガス・水道業の割合

(注)1：おおい町は旧大飯町と旧名田庄村の合計である．
　　2：立地以外の市町は現在の区分による．すなわち，当時は町村でも現在は合併して市になった場合は当時の数値を合計して市に含めた．
(資料)福井県『市町村民経済計算』(各年度版)より作成．

がすべて地域経済の発展に寄与しているとは言えず，総生産の大きさだけで評価することは必ずしも適切ではない．しかしながら，それでも電気業の生産がきわめて大きいことは事実であり，そのうち固定資本減耗が大きな部分を占めることを考慮しても地域経済に大きな影響を与えていることは変わらない．

表3-4は福井県民経済計算に占める業種別の割合を，電気業と福井県の代表的な地場産業である繊維・精密機械（大半を眼鏡枠が占める）で比較したものである．電気業の割合が圧倒的に大きく，繊維の3-6倍，精密機械の10倍以上となっている．製造業の県内総生産に占める固定資本減耗の割合が18.7%であるから電気業の固定資本減耗の割合は確かに大きいけれども，総生産の圧倒的な大きさから電気業が地域経済に与える影響は地場産業に決して劣らないのである．[28] 原子力発電が地域経済に占める位置づけがきわめて大きいことは，間違いない．

このことを立地市町ごとにみても同様である．図3-5は，市町村純生産に占める電気・ガス・水道業の割合の推移を立地市町と立地以外の市と町で比較

表3-5 立地市町における原子力発電所出力と人口の割合

単位	基数 基	合計出力 A 万kW	国勢調査人口 B 人	人口あたり出力 A/B kW/人
敦賀市	2	151.7	68,145	22.3
美浜町	3	166.6	11,630	143.3
高浜町	4	339.2	12,119	279.9
おおい町	4	471.0	9,983	471.8

(注) おおい町は旧大飯町と旧名田庄村の合計である.
(資料) 国勢調査 (2000 (平成12) 年) ほかより作成.

したものである[29]．福井県内における市町村純生産のデータは1988 (昭和63) 年度から2001 (平成13) 年度まで公表されており，立地市町いずれの割合も増加から安定の傾向にあること，とりわけ美浜町・高浜町・おおい町の3町できわめて高いことが分かる．美浜町で5割前後，高浜町とおおい町では7-8割前後と，地域経済の大半が原子力発電によることになる．また，敦賀市でも近年では2割前後で推移しており，立地4市町いずれも立地以外の平均水準 (市3.3%，町3.5%－2001年度) を大幅に上回っている．

なお，図3-5では立地市町における電気・ガス・水道業の割合の高い順に，おおい町，高浜町，美浜町，敦賀市となっているが，これは表3-5に示した人口あたり原子力発電所の合計出力の大きさの順位と同じである[30]．原子力発電はいわゆるベース電源として長期・安定的な運転を行うため，特に長期間の停止等がない限り総 (純) 生産の大きさが発電電力量すなわち出力に比例することになる．また，市町村全体の総 (純) 生産は産業構造や労働生産性に特段の違いがなければ市町村の人口規模にほぼ比例するだろう．したがって，総 (純) 生産に占める原子力発電の割合は立地する原子力発電所の出力が大きいほど，また立地市町の人口が少ないほど，高くなる．電気・ガス・水道業の市町村純生産に占める割合が立地市町と立地以外の市町で大きく異なること，また前者の順位が人口あたり原子力発電所の出力の順位と合致することから，立地市町における原子力発電の経済的比重がきわめて高く，しかも安定的に推移していることが明らかである．原子力発電所の集積と運転によって「大きな効果が持続する」のである．

(7) 原子力発電所の集積と運転による立地地域の経済的安定をどうみるか

　これまで，原子力発電所の立地による経済的影響として地域経済や地方財政の状況を示す代表的なデータ（人口・財政収入・総（純）生産）に焦点を当て，現在までの推移をみてきた．その結果，既存の調査結果が示すような「効果の多くが一過性に終わる」という指摘は今や妥当ではなく，むしろ「大きな効果が持続する」状況に変化していることが明らかとなった．したがって，既存の調査が提示した課題も現在なお当てはまるとは限らない．[31]

　すなわち，「効果の多くが一過性に終わる」ことは，本書で紹介した既存の調査では芝田英昭が述べるように新たな原子力発電所を建設する誘因になると指摘されている．また，清水［2011；2012］や金子・高端［2008］，佐藤［2011］などでも，効果が一過性に終わるため原子力発電所の増設によって地域経済や地方財政が原発への依存を深めることを弊害として挙げている．

　確かに，福井県をはじめ原子力発電所立地地域では少しずつ増設を重ねて現在の集積となった．増設が行われたのは事実であり，その背景には地域経済や地方財政の状況があった可能性も否定できない．

　しかしながら，原子力発電所の増設が緩やかになってきたことにも注意しなければならない．すなわち，1970年代に運転が開始された国内の原子力発電所は20基であったが，80年代に16基，90年代には15基と徐々に減少してきた．しかも，90年代は1997（平成9）年から1999（平成11）年まで0基であり，2000（平成12）年以降もわずか5基にとどまっている．このように，原子力発電所の増設の歴史は90年代半ばまでであり，それ以降はほとんど増設が行われていないのである．福井県内の立地4市町もこの状況は変わらない．

　仮に「効果の多くが一過性に終わる」のであれば，今や原子力発電所立地地域の大半がすでに効果を失っているはずである．しかし，確かに人口の減少などの見通しがあるけれども，現在までに原子力発電所の立地が地域経済や地方財政に与えてきた影響は大きい．既存の調査結果が示すような「効果は大きいが一過性に終わる」という指摘は，今や地域経済や地方財政の全体を表すものではなくなったのである．

　したがって，現状は次のように表すことができるのではないか．すなわち，原子力発電所の立地当初は1基ごとの「効果の多くが一過性に終わる」状況が地域経済や地方財政全体にも大きな変動となって表れた．しかし，1990年代半ばまでに増設が進められたことによって複数基の運転による効果が大きく安定

的なものになったため，現在は「大きな効果が持続する」状況へと変化したのである．原子力発電所の増設によって地域経済や地方財政との関係を強めてきたとはいえ，徐々に増設の必要性が低下して一定規模（多くの立地市町村は3基から4基）の基数で収束したのではないだろうか．[32]

　しかしながら，原子力発電所の増設によって地域経済と地方財政に占める割合が高まってきたのも事実であり，現在の状況が複数の原子力発電所の集積と運転を前提によって成り立っていることをどうみるかは今後の方向性を考えるうえでも重要である．すなわち，立地地域が原子力発電所への「依存」を深めていると指摘される現状をどう評価し，経済・社会情勢の変化を踏まえて立地地域がどのように対応するかが問われるだろう．とりわけ，このような前提が今後も持続するとは限らず，いずれ「一過性ではなくなったが永遠でもない」という状況に直面すると考えられるため，持続性低下への対応が必要となるのではないだろうか．

　なぜならば，第1に，既存の原子力発電所が高経年化を迎えているからである．1996（平成8）年4月に資源エネルギー庁がとりまとめた『高経年化に関する基本的な考え方』によると，原子力発電所の高経年化対策として運転開始後30年を目安に定期検査等の内容を充実するとともに，事業者が長期健全性評価を実施し，それ以降の長期保全計画を策定すること，そしてこれを国が評価することとされた．これらの対策をとることにより営業運転開始後60年間を仮定した長期間の運転が可能になるという．また，現在の制度では40年時点での評価に基づき20年を上限として1回に限り運転期間の延長を認可することになっている．いずれにしても，原子力発電所の稼働期間は最長60年とされている．

　福井県内に立地する商業用原子炉は13基であるが，1970（昭和45）年に敦賀1号機と美浜1号機が運転を開始してから1993（平成5）年の大飯4号機の運転開始まで，23年かけて13基が集積する状況となった．そして，現在までほぼ20年間，同様の状態が続いている．この集積と20年間の安定が立地地域における経済的効果の持続に寄与していると言える．

　しかしながら，敦賀1号機と美浜1・2号機は2013（平成25）年時点で運転開始からすでに40年を超えている．さらに，それから10年後の2023（平成35）年までには美浜3号機，高浜1・2号機，大飯1・2号機の5基が40年を経過することになり，13基のうち8基が高経年化対策の対象となる．仮にすべての原子力発電所で最長60年間の運転が行われたとしても2030（平成42）年には敦賀

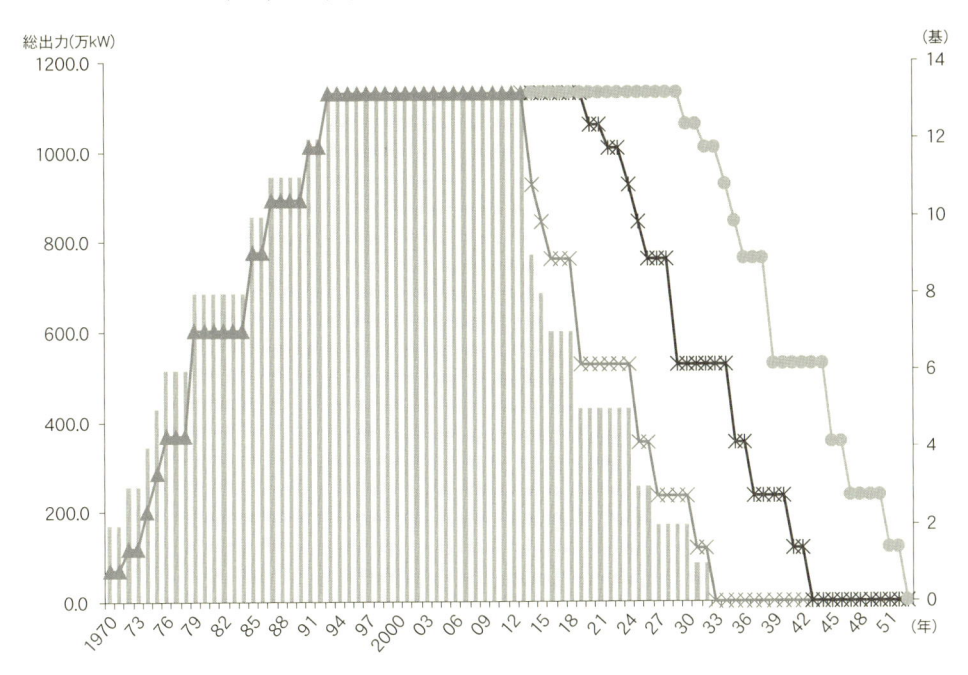

第3章　原子力発電所の立地と増設による地域経済と地方財政の変化　　81

図3-6　福井県内における商業用原子力発電所立地実績と見通しの推移

凡例：
- 基数(2013(平成25)年までの実績と2014(平成26)年以降40年運転の場合の見通し)
- 総出力実績(2013年まで)
- 総出力見通し(2014年以降，40年運転の場合)
- 総出力見通し(2014年以降，50年運転の場合)
- 総出力見通し(2014年以降，60年運転の場合)

(注)　敦賀1号機と美浜1・2号機は2013(平成25)年時点ですでに40年を迎えているが廃炉になっていないので，運転年数40年とした場合の見通しでは2014(平成26)年に廃炉になると仮定した．
(資料)　福井県[2009]より作成．

1号機と美浜1号機が停止するので，今後も13基の状況が続くのは（新増設がない限り）長くて15年程度になる．既存の原子力発電所が次々と高経年化を迎えることにより，複数の原子力発電所が集積して運転を続けるという前提がいつまでも持続するわけではない．持続性低下への対応は中長期的というほど悠長な課題とは言えない．

図3-6は，1970（昭和45）年から2053（平成65）年までの福井県内における原子力発電所の立地実績と見通しを示したものである．2013（平成25）年までは実績であり，それ以降はすべての原子力発電所の運転開始からの経過年数を一

律40年，50年，60年と3通りで廃炉にした場合の見通しである．また，基数については煩雑を避けるため40年の場合のみ示した．図から分かるのは，1970年から2053年までの約80年にわたる長期でみれば，1970年から1990（平成2）年頃までの増設を重ねて原子力発電所の総出力と基数が右肩上がりに増えていった「拡大期」と，その後の持続的な経済的効果を立地地域にもたらした「安定期」，そして拡大期とほぼ対称的な形で2053年まで減少していく「縮小期」に分けられる，ということである．「多くの効果が一過性に終わる」という従来の指摘は1基ごとにみた状況だが，拡大期の到来で克服され，やがて安定期を迎えると持続的な効果に変化した．しかし，今後は縮小期に入ることで持続性も低下していく．2013年現在は安定期にあるけれども，原子力発電所の稼働期間を最長60年とした場合でも安定期の半ばを越えているし，50年あるいは40年の場合はすでに安定期の後半もしくは終盤ということになる．現実の稼働期間は個々の原子力発電所の状況によって必ずしも一様ではないと考えられるが，現行制度では図3-6の最も外側にある60年を仮定した見通しの下をたどることになる．

このように，既存の原子力発電所が今後は次々と高経年化を迎えるため，複数の原子力発電所が集積して運転を続けるという前提が持続するわけではない．原子力発電所の立地による経済的効果が「一過性ではない」とはいえ「永遠でもない」ことを立地地域が認識し，安定期から縮小期への移行による地域経済や地方財政への影響をみすえた何らかの対策を検討する必要があるだろう．

なお，図3-6には着工準備段階にある敦賀3・4号機（出力合計307.6万kW）が考慮されていない．敦賀3・4号機が建設されるかどうかは現時点では不透明であり，建設されれば図3-6のような減少傾向は緩和されるだろう．しかしながら，それで安定期が続くことにはならず縮小期への転換がやや緩和されるにとどまる．すなわち，安定期が続かない第2の理由として原子力発電所の1基あたり出力が向上していることが挙げられる．

最新鋭の原子力発電所は初期のそれの4基分の出力を持っている．1970（昭和45）年に運転開始された敦賀1号機の出力は35.7万kW，美浜1号機は34.0万kWであった．その後1972（昭和47）年に運転開始となった美浜2号機は50万kWとなり，1974（昭和49）年の高浜1号機は82.6万kW，1979（昭和54）年の大飯1・2号機では各117.5万kWに達している．着工準備段階にある敦賀3・4号機は各153.8万kWだから，敦賀1号機の4.3倍の出力となる．

国内における原子力発電の規模は電力需要の大きさやエネルギーミックスにおける電源（原子力・火力・水力・再生可能エネルギー等）ごとの特性に応じた役割分担などによって決まる．また，原子力発電所の新増設は既存の原子力発電所の状況を勘案しながら必要性が判断されるだろう．そこで，これらの点から原子力発電所の新増設の可能性を考察したい．

　まず，電力需要については2010（平成22）年6月に閣議決定された『エネルギー基本計画』で2030（平成42）年の発電電力量が2007（平成19）年比で微増と想定されていることから，ほぼ横ばいである．また，電源の特性に応じた役割分担はエネルギー基本計画で二酸化炭素の排出を削減するために原子力発電の割合を26％から2030年には53％へとほぼ倍増することが想定されており，これに対応するため原子力発電所の新増設が必要とされた．ただし，原子力発電所の設備稼働率を向上させること（2007年の約70％を2030年に90％とする）も提起されているので，2030年における原子力発電所の総出力は2倍ではなく1.6倍程度となっている．そして，既存の原子力発電所の多くが運転を続ければ高い出力の原子力発電所を建設する必要性は低下するので，1基あたりの出力が初期の4倍以上になっていることを考えると高経年化により廃炉になった原子力発電所と同じ基数を建設する必要性は必ずしも高くない．

　したがって，福井県内で原子力発電所の建設が今後行われたとしても，県内での基数が増加するとは限らない．原子力発電所の基数は中央制御室における運転や格納容器ごとの定期検査など，立地地域の経済活動にも関係する．そのため，原子力発電所の総出力にかかわらず基数が減少すれば地域経済に無視できない影響を及ぼすと考えられる．複数の原子力発電所が集積して運転を続けることで地域経済や地方財政は安定期を迎えたけれども，長期的な傾向として縮小期に入ることは原子力発電所の新増設の可能性を考慮しても変わらないと考えられる．

　安定期が続かない理由の第3は，東日本大震災とそれにともなう東京電力福島第一原子力発電所の事故である．震災と原発事故を機に民主党政権はエネルギー基本計画を白紙から見直すこととし，2012（平成24）年9月にエネルギー・環境会議が『革新的エネルギー・環境戦略』を策定した．戦略では「原発に依存しない社会の実現に向けた3つの原則」として，40年運転制限制を厳格に適用すること，原子力規制委員会の安全確認を得たもののみ再稼働とすること，原発の新・増設は行わないこととし，「2030年代に原発稼働ゼロを可能とする

よう，あらゆる政策資源を投入する」ことを決めた．エネルギー基本計画からの大きな転換である．

2012（平成24）年12月に行われた総選挙で自民党連立政権が誕生し，2013（平成25）年末現在では再び新たなエネルギー政策の策定が進められている．その行方は今後の議論を待たなければならないが，仮に原子力発電の役割がエネルギーミックスにおける基幹電源として一定の割合が残るとしても，その役割を強めるような従来の政策路線は大きく変更されることが予想される[33]．節電等による電力需要の減少，既存の原子力発電所の運転年数制限，原子力発電の役割見直しという情勢の変化は，縮小期の到来を早く，より急激になものにする要因となる．

このように，原子力発電所の立地が地域経済や地方財政に与える影響として，かつては「多くの効果が一過性に終わる」と指摘されていたが，現在はむしろ「大きな効果が持続する」状況となっている．しかしながら，その前提にあるのは原子力発電所の集積と運転の継続であった．この前提が永遠に続くものではないため，持続的効果もやがて縮小することが予想される．立地地域ではあらためて地域における原子力発電の位置づけをしなければならない状況に直面しているのではないだろうか．

このことを自治の視点から捉えると，次のことが言える．原子力発電の拡大期から安定期への推移は，高度経済成長期に各地で行われた企業誘致による地域開発の性格を帯びながら国策としての原子力政策に地域が協力することで実現してきた．立地地域は「国策への協力」だけで地域経済や地方財政を安定させることができたのであり，それが「国策への依存」と批判される要因にもなった[34]．第2章で述べたように，そこに「自治の実践」があったとは言いがたい．

しかし，今後は縮小期を迎えることになるため，立地地域が「国策への協力」にとどまっていれば原子力発電の見通しとともに地域経済と地方財政も縮小せざるをえない．そこで，立地地域は国策に協力するだけでなく独自の取り組みによる新たな経済的効果を獲得することが必要になる．すなわち，「自治の実践」が今後の課題として重要になるのである．

この場合，原子力発電所立地地域は原子力発電とは異なる分野を切り開くのか，あるいは原子力発電に関連する分野に進むのか，という判断が求められると考えられる．二者択一の問題ではないが，いずれにしても「自治の実践」が求められるだろう[35]．そこで，立地地域が原子力発電所を今後も誘致企業として

第3章　原子力発電所の立地と増設による地域経済と地方財政の変化　85

捉えてよいかどうか，そして当時の地域開発のように「後進県からの脱却」などを目的としてよいかどうかなどを地域の視点からあらためて問いなおす必要がある．

このような取り組みは，福井県では1980年代から行われてきた．すなわち「自治の実践」が少しずつ進んでいったのである．この点については第5章以降で詳しく述べる．

注

1）本章は紙幅の関係で主要なデータに絞ったが，福井県立大学地域経済研究所［2010；2011］では既存の調査にはない多くのデータを用いて原子力発電所立地地域の現状を明らかにしている．

2）日本原子力産業会議は本章で取りあげた1984（昭和59）年の調査以前にも同様の趣旨で調査を行っている．1968（昭和43）年8月には東海村や美浜町・熊取町を対象に，また，1970（昭和45）年6月にも福島発電所と美浜発電所の影響圏域を対象に調査を行った．1984年の調査は時期こそ遅いが，1968年と1970年の調査は原子力発電所初号機の建設段階のものであること，また1984年の調査は1970年の追跡調査として立地後の変化にも十分配慮しつつ地域特性を踏まえた多面的な分析が行われていることから，包括的な調査結果として最も有益であると考えられる．

3）本文で引用した部分は，いずれも福島・美浜・玄海の3地域に共通して指摘されたものである．

4）以下，芝田［1990］を中心に概要を示す．他に芝田［1986a；1986b；1986c］などがある．

5）同様の指摘を清水［1994］では「立地効果の一過性問題」と呼んでいる．

6）「減価償却資産の耐用年数等に関する省令」の「別表第二　機械及び装置の耐用年数表」に定められている．

7）大規模償却資産に対する固定資産税は，事業の用に供することができる時期，すなわち原子力発電所の場合は運転開始時点から課税が始まる．また，耐用年数が15年の場合，償却資産に対する固定資産税は理論的には毎年14.2%ずつ減少していくことになる．

8）この指摘は金子・高端［2008］，伊東［2011］，清水［2012］など現在なお多くの論者からなされている．震災と原発事故以降のエネルギー政策と地方財政のあり方を論じるうえで，依然として重要なテーマとなるだろう．第2巻ではこの点を詳しく述べる．

9）清水［1999］では産業構造の変化を「ピラミッド型から逆ピラミッド型へ」と表現した．すなわち，かつては広い農林漁業の裾野の上に工業が乗り，その上にまた商業・サービス業が育ってピラミッド型の安定した産業構造であったのが，日本は農林漁業を切り捨て，急速な工業化を遂げ，さらには第三次産業を膨らませたことで，その経済構造はすっかり逆ピラミッド型になった．そして，農村に原子力発電所が立地すると地域の経済構造はピラミッド型から逆ピラミッド型に一気に逆立ちし，税収や補助金によって回っていたコマが自力で回れないように，惰力が尽きればふらふらしはじめる．そこで，コマを「もういっぺん回してくれ」という機運，すなわち新たな原子力発電所の建設を

要請する機運が生じることを指摘した．
10) 芝田［1986a；1986b；1986c］では，地元雇用が事務・守衛・運転手・清掃・緑化・食堂関係など原子力発電所の運転とは直接無関係な職種に集中していることや，製造事業所数・建設業就業者数・製造業就業者数が原発建設期以降減少に転じていることなどを述べている．
11) 固定資産税の減少については記載がない．調査時期が原子力発電所の運転開始以前であり，固定資産税の減少がまだ起きていなかったからであろう．また，電源三法交付金制度も当時はなかった．
12) アンケート調査は，立地集落周辺の住民700世帯を対象として1970（昭和45）年1月から2月にかけて行われた．調査内容は生活様式の変遷や家族構成，家計費の状況，住宅の状況，買物場所，耐久消費財，医療，娯楽面など分野別の変化とともに，原子力発電所の建設に対する総合評価と「よかった点」「悪かった点」を尋ねている．その結果，生活の高度化や消費の多様化，都市化などの好ましい変化がみられる半面，放射能や将来の生活設計に対する不安が挙げられた．完成後のメリットが少ないために地元への工場誘致を望んでいることも示されている．
13) 例えば，公害の発生は企業の立地後に地域が思わぬ損失を受けたものと言える．
14) 福島県エネルギー政策検討会［2002］では，双葉郡における電源立地地域の人口の推移について1950（昭和25）年を100とした2000（平成12）年までの状況が示されている．電源立地地域の人口は県内町村を上回っており，「発電所建設が本格化して以降，（引用者注：人口の）減少が底を打ち，総じて増加に転じている．特に富岡町，大熊町は大幅に増加している」（p.86）と述べている．

また，福井県立大学地域経済研究所［2011］では，全国の立地市町村を対象に人口の推移を分析している（初号機の建設時の人口を100として市町村合併により区域が拡大する以前までの指数）．立地市では柏崎市が新潟県の市平均を上回る伸びとなっているが，川内市（現 薩摩川内市）では鹿児島県の市平均をやや下回った．また町村では北海道泊村，宮城県女川町，石川県志賀町，愛媛県伊方町では県内の町村平均を下回ったものの，それ以外（茨城県東海村，福島県大熊町・双葉町・富岡町・楢葉町，新潟県刈羽村，静岡県浜岡町（現 御前崎市），島根県鹿島町（現 松江市），佐賀県玄海町）では県内平均をおおむね上回った．
15) 美浜町はすでに2000（平成12）年にはこの状態になっており，おおい町も2020（平成32）年に同様の事態に直面する．なお，2010（平成22）年を100とした場合の指数の推移を5年ごとにみると，2015（平成27）年には立地3町とも立地以外の町を下回り，その後2040（平成52）年まで徐々に差が拡大する．ただし，推計では原子力発電所の立地がどのように想定されているか明らかでない．
16) 2011（平成23）年度までの累積交付額は3666億円にのぼる．このうち立地市町に1385億円（37.8％），県には1906億円（52.0％）が配分されている．残りは隣接市町等である．福井県［2013a］参照．
17) 2003（平成15）年10月に電源立地地域対策交付金が既存の主要な交付金を統合した形で創設され，電源立地促進対策交付金や電源立地特別交付金，原子力発電施設等立地地域長期発展対策交付金もその1つとなった．電源立地地域対策交付金は交付期間や交付金額は旧来の制度を引き継いだものの，旧交付金ごとに定められていた使途が電源立地

地域対策交付金で拡大，一本化された．
18) 理論的には毎年14.2%ずつ税収が減少することは従来と変わらないが，運転当初の税収が大きくなれば以降の減少額も大きくなる．
19) 福井県立大学地域経済研究所［2010］では，福井県内の立地市町における固定資産税（償却資産）に限らず，あらゆる市町村税の伸びが立地以外の市町を上回っていることを示している．それは固定資産税（償却資産）ほど顕著ではないが，立地以外の市町を安定的に上回っていることが特徴である．
20) 電源三法交付金と固定資産税（償却資産）については第2巻で詳しく述べるが，原子力発電所立地市町村における固定資産税（償却資産）の問題は，1基あたりの出力向上により税収が急減することよりも初期の税収が過剰であることの方が重要になると考えられる．すなわち，初期の大規模な税収をどのような財政規律と制度によって十分に留保し，より長期的に活用できる財源とするかが大きな課題となるだろう．
21) 福島県エネルギー政策検討会［2002］では，立地5町（広野町・楢葉町・富岡町・大熊町・双葉町）の財力力指数が県内町村を大きく上回っていることを指摘した．また，その歳入構造の特徴を発電用施設等からの固定資産税が占める割合が大きいことに加え，法人町民税・電源三法交付金を含む国庫支出金の割合も高くなっており，発電所関係の財源が高い割合を示していることとしている．
22) 福井県立大学地域経済研究所［2011］では，全国の立地市の固定資産税の動向についても同様の分析を行っている（市町村別財政要覧より，土地・家屋を含む固定資産税総額．なお，町村は税別の収入済額が掲載されていない）．柏崎市では1996（平成8）年11月に柏崎刈羽6号機（出力135.6万 kW）が，また1997（平成9）年7月に同7号機（同135.6万 kW）が運転開始となったため税収の変動が激しく，敦賀市やおおい町と同様の傾向がみられる．これに対して，川内市では川内原子力2号機（出力89.0万 kW）が1985（昭和60）年11月に運転開始したのが最後であるため，現在の固定資産税収は敦賀市や柏崎市ほど多くない．
23) 国民経済計算は国の経済成長の動向などを明らかにするものだが，第7章で述べるように現代の成熟社会では経済成長の水準が以前ほど重要ではないと考えられている．しかし，産業構造や経済活動の実態などを知るうえで国民経済計算は引き続き重要であり，その地域版とも言える県民経済計算も同様である．
24) このなかには火力発電や水力発電による生産も含まれるが，発電電力量の大きさから福井県の場合は大半が原子力発電によると考えられる．
25) 高浜2号機の営業（本格）運転開始は1975（昭和50）年11月であり，1975年度はほぼ5カ月間運転したことになる．
26) 県内総生産から固定資本減耗を除いたものを県内純生産と呼ぶ．
27) 岡田・川瀬［2013］でも，柏崎市の市内総生産がほぼ同じ人口規模の三条市や新発田市と比較して大きいけれども，そのうち市民所得は3市ともほぼ同じであることから，「電気の生産はしているけれども，所得の多くが東京に流出し，市内循環する所得が少なくなっているのが原発地域の大きな特徴」（p.54）と述べている．これは，県内総生産に占める固定資本減耗の割合が高いことと同じ意味である．
28) 県内雇用者報酬の金額を推計すると，繊維310億900万円，精密機械120億5400万円に対して電気業429億6000万円であった．県内総生産の規模ほどではないが，県内雇用者報酬

でも電気業が大きい．ただし，電気業の雇用者報酬を上回っているのは，電気機械の794億5400万円，化学の487億7800万円（いずれも試算）のほか，サービス業3751億6700万円，卸売・小売業1254億4600万円，建設業983億2000万円（いずれも公表値）などがあり，県内雇用者報酬に占める電気業の割合は3.0％（産業に占める割合は3.8％）である．
29) 純生産であるから固定資本減耗を含まない．なお，2002（平成14）年度から2003（平成15）年度までは市町村総生産が公表された（2002年度の発表時に2001（平成13）年度の数値も遡及して算定されたので，総生産は2001年度から2003年度までの3年分の数値が公表されていることになる）．
30) 敦賀市には北陸電力敦賀発電所が2基あり，1号機（出力50万 kW）は1991（平成3）年10月に，2号機（出力70万 kW）は2000（平成12）年9月に運転が開始された．火力発電所による総生産も電気・ガス・水道業に含まれている．
31) ただし，来馬克美は，原子力発電所の立地による県全域の振興という期待があったものの利益が立地市町村周辺に限られることで期待が落胆に変わった部分もあった，と述べている．例えば，原子力発電による潤沢で安価な電力供給により福井県の工業が劇的に発展すると見込まれていたが，電力会社の供給地域の違い（敦賀市以東の電力供給は北陸電力，美浜町以西は関西電力が担当し，原子力発電所は関西電力が中心となって嶺南地域に立地したのに対して，工業地帯として計画されたのは北陸電力が担当する嶺北地域であった）から，県内の電力は安価にならなかったという．来馬［2010：35-36］参照．
32) 東京電力福島第一原子力発電所は6基，同柏崎刈羽原子力発電所は7基が集積しているが，いずれも2つの自治体（福島第一は大熊町と双葉町，柏崎刈羽は柏崎市と刈羽村）にまたがって立地している．
33) 序章注3) 後段参照．
34) 他方で，国もまた原子力発電所の立地を既存の立地地域に依存していたと言える．各地で原子力発電所の立地に対する反対運動が強まり，新規地点への立地がなかなか進まなくなった．そのなかで原子力発電所の立地を円滑に進めるには，既存の立地地域に増設することが必要となったのである．その意味では，原子力政策をめぐって国と立地地域が相互に依存の関係を深めたことになる．
35) 第5章以降で述べるように，福井県の場合は後者に重点を置き「アトムポリス構想」や「エネルギー研究開発拠点化計画」を進めていった．

第4章

原子力安全規制における「自治の実践」

　国内で原子力発電所が運転を開始してから現在までにおよそ半世紀が経過した．その間，福井県をはじめ立地地域の経済や財政は「多くの効果が一過性に終わる」という状況から原子力発電所の集積と運転によって「大きな効果が持続する」形に変化した．このことは地域にとって原子力発電の位置づけが大きくなったことを意味する．原子力発電所の立地を受け入れることは地域が国策を受け入れることでもあったから，発電所の集積が進むほど立地地域が国から受ける影響も大きくなる．

　しかし，このことは立地地域にとって好ましいことばかりではない．国策のあり方を決めるのは国であるから，立地地域が国策に協力しても求める結果を常に得られるとは限らない．国と立地地域が同じ方向性を持っていれば地域は国策に協力してよいだろうが，そうでなければ両者の間に齟齬が生じる．原子力発電所の集積によって立地地域が国策に左右されるようになると，地域が国策に協力するだけでは済まされない部分も大きくなりうる．そこで，「国策への協力」を越えた主体的な取り組み，すなわち「自治の実践」が立地地域に求められるのである．

　このような背景から，福井県をはじめ原子力発電所立地地域は独自の対応をとってきた．すなわち，原子力安全規制と原子力産業政策の2つの分野における取り組みである[1]．前者は原子力発電所の立地にともなうデメリットを克服するための対応であり，後者はメリットを拡大するものである．いずれも原子力発電所の集積によって重要性が高まるとともに，後者の場合は前章で述べた今後の縮小期への対応としても重要な課題である．

　つまり，国策としての原子力政策を前提としながら，立地地域は自らの立場で独自の対応を進めてきたのである．それは補助金の獲得や陳情のような「依存」型のものではなく，むしろ地域の取り組みが国策を強化させるような作用

をあわせ持つ「自立」型のものであったと言える．原子力発電所の集積と運転によって立地地域におけるメリットとデメリットが拡大したことを背景として，単なる「国策への協力」ではなく地域が求める原子力発電の姿を実現するために「自治の実践」の必要性が高まり，それが国策の前進にもつながったと考えられる．

本章では，原子力安全規制の分野で「自治の実践」が行われてきたことを明らかにする．日本の原子力安全規制は「核原料物質，核燃料物質及び原子炉の規制に関する法律」（原子炉等規制法）などの法令に基づいて，国が行うことになっている．東日本大震災とそれにともなう東京電力福島第一原子力発電所の事故を受けて2012（平成24）年に原子力規制委員会が設置されるまで，国の原子力安全規制は行政庁による安全審査（一次審査）を行い，さらに原子力安全委員会が一次審査の妥当性を審査（二次審査）するダブルチェック体制がとられていた．原子力規制委員会はいわゆる3条委員会となり，関係組織の一元化や機能の強化が図られている．いずれにしても原子力発電所の安全規制は国が行う制度となっており，原子力発電所立地自治体は安全規制に関する制度上の役割を担ってこなかった．

しかしながら，現実には自治体も原子力安全規制に積極的に関わってきた．原子力発電所の事故・トラブルによって立地のデメリットが拡大し，立地自治体が独自の対応を迫られたからである．したがって，立地自治体の対応は試練に直面したなかでの試行錯誤をともなう「自治の実践」であった．その過程で立地自治体は独自のノウハウを蓄積し，国策の強化にも還元されたのである．

本章では，福井県を中心に原子力発電所立地自治体が進めてきた原子力安全規制における「自治の実践」について代表的な事例を挙げ，最後に自治の視点からその意義を述べる．

第1節　原子力安全規制における立地自治体の取り組み

本節では4つの事例を取りあげる．すなわち，原子力安全協定の締結と改定，福井県における独自の安全確保策の要請，原子力政策に関する国民的議論の喚起，大飯3・4号機の再稼働に向けた福井県の要請，である．いずれも制度の裏づけがない立地自治体独自の対応でありながら，実質的に国の原子力安全規制に関係してきたものである．

(1) 原子力安全協定の締結と改定

　まず，原子力安全協定の締結と改定である．原子力発電所に対する安全規制は国が行うもので，地方自治体は制度上の権限を持たない．しかしながら，国と自治体では原子力安全に対する姿勢が必ずしも同じであるとは限らない．「現行法体系では，原子力発電所の安全確保等の権限と責任は一元的に国にあるが，県としては県民の健康と安全を守る立場」［福井県 2009：65］があるからである．原子力発電所立地自治体の立場を原子力安全規制の分野で発揮するためには，立地自治体が国や電力事業者に自主的な対応を促すか，自治体が実質的な権限を持って国や電力事業者に関与することが必要である．前者の対応が，後に述べる独自の安全確保策の要請や原子力政策に関する国民的議論の喚起である．しかし，その場合でも自治体の要請を国や電力事業者が対応しなくてよいと判断すれば何ら効果は生じない．そこで，後者の取り組みとして，制度の枠外であっても立地自治体が実質的な規制をするための権限の獲得を進めざるをえない．それを実現したのが原子力安全協定の締結と改定である．

　日本で初めての原子力安全協定は，1969（昭和44）年に福島県と東京電力の間で締結されたものである．以来，静岡県が1971（昭和46）年6月に協定を，福井県では同年8月に覚書（後に協定となる）を締結するなど，全国の原子力発電所立地自治体で原子力安全協定締結の動きが広がり，青森県を除くすべての道県で1970年代に協定が締結された[2]．

　原子力安全協定を締結した背景や協定の主な内容には共通点が多い．そこで，以下では福井県における原子力安全協定[3]の締結と改定の経緯について，来馬[2010][4]および福井県［2009］から該当箇所を整理する．

　福井県では1964（昭和39）年から敦賀半島周辺地域の環境モニタリング（環境放射能測定）体制の構築を進めてきた．これは日本原電が敦賀半島に原子力発電所を建設することを正式に発表した翌年，着工の3年前のことであった．その背景には，1961（昭和36）年に福井県がフォールアウト調査に参加した経験[5]と，住民のための環境放射能測定を事業者に頼らず行うという県の動機があった．原子力発電所からの微量な放射能に対応できる測定機器がないなかで，電力事業者と県が環境測定技術に関する協議会「福井県環境放射能測定技術会議」を1969（昭和44）年に設置し，自治体と電力事業者が原子力発電所周辺の環境測定について対等に協議できる場が開かれることとなった[6]．

　しかし，原子力発電所が運転を開始した1970（昭和45）年から事故やトラブ

ル等が発生し，立地地域では施設設置者である電力事業者からの通報連絡体制などを確立することが求められるようになった．そこで，福井県では1971（昭和46）年8月に原子力発電所の安全確認などに関する覚書を立地自治体と電力事業者との間で締結し，翌1972（昭和47）年1月には「原子力発電所周辺環境の安全確保等に関する協定書」（原子力安全協定）に改められた．

当時の状況について，来馬は次のように述べている[7]．

> 今でこそ環境保護や公害対策のために，どのような種類の大型プラントも自治体と協定を結ぶ．しかし，原子力発電所が誘致された高度経済成長期には，そうした公共性のコンセンサスは存在していなかった．そして，昭和45（1970）年から運転を開始した福井県の商業用原子炉では，運転早々に次々とトラブルが発生した．にもかかわらず，何ひとつ地元の県や市町に情報が入ってこなかった．どこかの中央紙に載ってから，地元が初めてトラブルを知るといったありさまだった［来馬 2010：196］．

> 「たいしたことじゃないから，あわてて通報する必要はない」と考える現場と，「判断はこちらがするから，とにかく情報がほしい」と考える県との大きなギャップが，美浜1号機の事故（引用者注──1972（昭和47）年6月に発生した蒸気発生器伝熱管漏えい事故）によって明白になったのである．

> 福井県はこの事故の教訓として，県の原子力顧問，京都大学の桂山幸典（かつらやまこうすけ）教授や若林二郎教授の助言に従い，通報連絡の基準を整備することになった［来馬 2010：74-75］．

すなわち，電力事業者が立地自治体に通報すべきと考える情報と立地自治体が電力事業者から通報を受けるべきと考える情報の内容には食い違いがあった．それを埋めるために県が通報基準の整備にとりかかったのである[8]．だが，基準の範囲を広げたい県と小さくしたい電力事業者とのギャップが簡単に埋まるわけではない．そこで，原子力安全協定の改定を重ねながら自治体の権限を徐々に強めていった[9]．

福井県における原子力安全協定の改定経過は**表4-1**のとおりである．現在の協定は2005（平成17）年5月に発生した美浜発電所3号機2次系配管破損事故等を踏まえたものである．福井県で改定の契機となったのは原子力発電所の事故・トラブルや原子力をめぐる情勢の変化，あるいは地元の要望など多様だ

が，事故・トラブルを契機としたものが多い．改定を経て協定の内容が少しずつきめ細かくなってきたのは「想定外のトラブルのたびに，それに応じた改定が行われたからである」と来馬は述べている［来馬 2010：197］．すなわち，原子力発電所の立地にともなう危険性（安全性への懸念）というデメリットが顕在化し，立地自治体が厳しい試練に直面するなかで試行錯誤を重ねながら，原子力安全協定の改定を通じて立地自治体の権限を強化してきたのである．

現在の原子力安全協定には，国の原子力安全規制よりも厳しい水準，あるいは規制に含まれない内容でも福井県が電力事業者に要請できるものがある．しかし，協定が電力事業者や国に必ずしも歓迎されるわけではない．まず，協定には法的拘束力がなく，あくまで紳士協定にすぎないので，電力事業者が厚意に近い形で県の関与を受けることには確かに問題があるかもしれない．県は電力事業者から「いつもやたらきびしい」［来馬 2010：197］と思われているというが，協定なしに電力事業者のそのような認識は生まれないだろう．また，国にとってみれば「現行法体系では，原子力発電所の安全確保等の権限と責任は一元的に国にある」と県が言いながら原子力安全協定を締結・改定して実質的な権限を強めていくことは，国の一元的な権限と責任を不明確にする場合があるかもしれない[10]．

しかしながら，福井県の原子力安全規制がこれまで一定の機能を果たしてきたこともまた事実である．その背景には，原子力安全対策課という専門的組織の充実と県内における反対運動の高揚などがあったと考えられる．

福井県原子力安全対策課の前身となる原子力対策室は，1972（昭和47）年1月に県が電力事業者との間で原子力安全協定を締結するに至り臨海開発課内に設置された．また，県として原子力発電所の安全を確認するため，行政部門で初めて原子力の技術職員を採用した[11]．1977（昭和52）年には全国に先駆けて原子力安全対策課を創設し，技術職員の充実を図っている[12]．

福井県が原子力安全対策課を設置した背景もまた原子力発電所の事故・トラブルと国や電力事業者の対応にあった．先に述べた美浜1号機の事故から2年後の1974（昭和49）年7月には再び漏えい事故が発生し，国が調査を進めていた．そのさなかに燃料棒折損という重大な事故を電力事業者が隠していたことが発覚し，国もその事故を看過していたのである[13]．県は電力事業者の対応も国の説明も鵜呑みにできない状況となり，「事故で被害を受けるとしたら，それは福井県民である．『国も分からなかった』というのは県民にとって言いわけ

表4－1　福井県における原子力安全協定改正などの主な経過

年月日	概要	改定の要点など
1971（昭和46）年8月3日	国内外における原子力発電所の事故・故障などの発生に伴い地元住民の不安の解消、周辺環境の安全の確保などに対応するため、県と立地市町および施設設置者の間で「覚書」を締結調印。 【締結者】 発電所／甲／乙 敦賀発電所／福井県・敦賀市／日本原子力発電㈱ ふげん発電所／福井県・敦賀市／動力炉・核燃料開発事業団 美浜発電所／福井県・美浜町／関西電力㈱ 高浜発電所／福井県・高浜町／関西電力㈱	○関係諸法令の遵守。 ○建設計画などの事前了解。 ○新燃料および使用済み燃料などの輸送の事前連絡。 ○建設工事状況の連絡。 ○緊急時における通報連絡。 ○緊急時等における立ち入り調査の実施。 ○立入調査結果に基づく適切な措置の要求。 ○運転状況および環境放射能測定の調査報告の連絡。
1972（昭和47）年1月24日	美浜町から改定要請があり「覚書」を「協定書」に改め、内容を一部変更し改定調印。 【締結者】 発電所／甲／乙 敦賀発電所／福井県・敦賀市／日本原子力発電㈱ ふげん発電所／福井県・敦賀市／動力炉・核燃料開発事業団 美浜発電所／福井県・美浜町／関西電力㈱	○冷却排水の調査報告を追加。 ○損害に対する補償を追加。
1972（昭和47）年7月3日	大飯発電所に関する「協定書」を県と大飯町および高浜町と関西電力㈱との間で締結調印。	○内容は1972（昭和47）年1月24日付けの協定書と同一。
1974（昭和49）年1月26日	高浜発電所の試験運転開始に伴い、県と高浜町および関西電力㈱との間で「覚書」を「協定書」に改定調印。	○内容は1972（昭和47）年1月24日付けの協定書と同一。
1976（昭和51）年6月7日	協定締結後の情勢変化や、より密接な通報連絡体制の確立などに対応するため、協定内容の全面見直しを行い、「協定書」及び「協定書の運用に関する覚書」に改定調印。 【締結者】 発電所／甲／乙 敦賀発電所／福井県・敦賀市／日本原子力発電㈱ ふげん発電所／福井県・敦賀市／動力炉・核燃料開発事業団 美浜発電所／福井県・美浜町／関西電力㈱ 大飯発電所／福井県・大飯町／関西電力㈱ 高浜発電所／福井県・高浜町／関西電力㈱	○放射性廃棄物の放出低減化などに関する施設設置者の努力義務を追加。 ○立入調査の地域住民代表者の同行などを追加。 ○緊急時の連絡を異常時の連絡とし、連絡項目を整理追加。 ○「協定書」の運用に万全を図るため覚書を制定。

第 4 章　原子力安全規制における「自治の実践」

1981（昭和56）年7月30日	敦賀発電所1号機一般排水路放射能漏えい事故・故障などの一連の事故・故障に対し、従来の安全協定が必ずしも有効ではなく、施設設置者からの通報連絡の徹底と事故隠しのできない体制の確立のため各県民の声を求める強くなり、異常時の通報連絡実施の明確化、立入調査の随時実施などを基本的に一部を改定し、充実を図る。	○発電用施設の増改築計画に対する事前了解の追加。 ○異常時における連絡項目の追加。 ○立入調査は、甲が必要と認める時はいつでも実施できることとした。
1992（平成4）年5月28日	美浜発電所2号機蒸気発生器伝熱管破断事故を踏まえ、施設設置者の安全確保・安全協定の遵守を明文化するとともに、プルサーマル計画、高燃焼度燃料採用計画など、安全協定に基づく「計画に対する事前了解」の対象事項を拡大することを骨子として改定。	○関係諸法令の遵守事項で、安全協定の誠実な履行を追加。 ○保守運営にあたって、品質保証、新技術の導入、教育訓練の充実を追加。 ○原子炉施設等の重要な変更に対し事前了解事項の対象範囲を拡大。 ○異常時における連絡で、原子炉の停止を追加。
2005（平成17）年5月16日	2004年8月の美浜発電所3号機2次系配管破損事故を踏まえ、協定の目的として「従事者の安全確保」を明記するとともに、関連する条文にも明記を追加し、「原子力防災対策のための条項」や「運転再開事業者の協議、「適切な措置」や「立地市町との一体的な運用」、関係諸法令等の遵守等「協定の内容」の明確化した。	○目的に、発電所従事者の安全確保を明記。 ○県および立地市町との一体運用を協定本文に明記。 ○安全確保のための適切な措置の要求内容等を明記。拡充。 ○運転再開事業の協議の追加。 ○事業者に求める取組み内容の追加。 ○原子力災害対策特別措置法や国民保護法に関する条項の制定を受けた変更。
2006（平成18）年10月31日	「ふげん発電所の廃止措置段階への移行に備え、県と敦賀市おおび（独）日本原子力研究開発機構との間で、「ふげん発電所に関する協定書」および「覚書」に改定調印。	○目的に、廃止措置に伴う安全確保を明記。 ○廃止措置計画や廃止措置に関する条項を追加。

（注）市町村や発電所の名称は当時のものである。
（資料）福井県 [2009]．

にもならない¹⁴⁾」との認識を持つに至った．このような背景から，原子力安全対策課が創設された．

　原子力安全協定の締結と改訂の契機となった原子力発電所の事故・トラブルを県民の健康と安全を守る立場から捉えて協定に反映させるためには¹⁵⁾，事故・トラブルを専門的に分析し自治体の立場から対応をとりうる体制がなければ不可能であっただろう．また，原子力安全協定の意義を県民に理解してもらうためには，外部の専門家ではなく県庁職員が自ら表に出る必要がある．結局，自治体が主体的に原子力安全規制への対応をするためには長期的な視点に立って人材を養成することが必要であった¹⁶⁾．

　福井県の原子力安全規制が実際に機能してきた第2の背景は，原子力発電所立地への反対運動の高揚である．第1章と第2章では福井県における原子力平和利用の端緒から敦賀半島に原子力発電所が立地するまでの経緯を整理し，それが地域開発への期待と国策としての原子力政策への協力の下で進んだことを述べた．しかし，県内で反対運動がなかったわけではない．むしろ，反対運動を経て立地を断念した地域と実現した地域があり，このこともまた「国策への協力」だけでは済まされない，推進と反対の双方に配慮した原子力安全規制を福井県が主体的に進める1つの背景になったと考えられる．

　小浜市（序章図1参照）では原子力発電所の立地をめぐる反対運動があり，結局，小浜市には立地しなかった．小浜市史編さん委員会［1998］によると，1966（昭和41）年4月から始まった田烏地区の現地調査が小浜市における原子力発電所誘致の発端である．1968（昭和43）年初めに鳥居史郎小浜市長と中川平太夫福井県知事の間で原子力発電所の誘致が取りあげられ，3月に市長は議会での質問に対して「地元の協力を得られるならば，欣然として力を注ぎたい」と誘致に積極的な姿勢を表明した．議会も原子力発電対策特別委員会を設置して適否の調査を始め，「原子力発電所誘致については積極的に取組むべきが適当」との意見書を提出している¹⁷⁾．しかし，1969（昭和44）年2月には海域に漁業権を持つ内外海（うちとみ）漁業協同組合が総会で設置反対の決議を行い，次いで内外海原子力発電所設置反対推進協議会が結成されるなど，反対運動の動きも出はじめた．

　1969（昭和44）年に再選された鳥居市長は「原発誘致には前向きで取り組みたい」とあらためて表明し，翌1970（昭和45）年4月に原発誘致などを担当する市長直轄の開発事務局を設置した．その後も鳥居市長は議会で誘致を進める

発言を繰り返している．一方の反対運動も，1971（昭和46）年11月に福井県および京都府の若狭湾沿岸住民・団体で結成された「原子力発電所反対若狭湾共闘会議」が議会に対して「原発の若狭湾集中化と関電大飯原子力発電所建設反対」の請願書を提出するとともに，「原発設置反対小浜市民の会」が署名運動を展開して小浜市への誘致反対と大飯原発建設中止を求める請願書を議会に提出した．小浜市の有権者数が当時2万4000人であったのに対して請願書にはその過半数となる1万3000人分の署名が集まったという．この請願は議会で「軽々しく結論をだすべきでない」として継続審議とされ，推進と反対の対立が深まっていった．

　こうしたなかで1972（昭和47）年6月に美浜1号機の事故が発生し，原子力発電所の安全性に対する不安が急速に高まった．その結果，誘致に積極的であった鳥居市長も6月の市議会で一般質問に答え，「原電は現時点において私は誘致するつもりはありません」と誘致断念を表明したのである．

　いったん誘致の動きは収まったが，1975（昭和50）年6月には市議会が関西電力との間で締結する原子力安全協定や漁業補償の内容などを検討するために「発電所安全対策調査研究委員会」を発足させ，前年に電源三法交付金制度が創設されたこともあって再び原子力発電所の誘致を研究したいとの動きが出てきた．これに対して浦谷音次郎市長は「電源三法の交付金や固定資産税は一次的な財源であり，財政は永久的なものであることが望ましい」として，「私のほうで誘致するという考えは現在ございません」と議会で述べた．さらに，同年12月の定例議会閉会直前に議会の多数派で結成される保守系の民政クラブが「小浜市の財政状態が悪化してきており，自主財源の乏しい小浜市としては不況に耐えられる電気産業分野の施設を誘致することについて立地調査の推進を図るべきだ」として，「発電施設の立地調査推進決議」案を突然提出した．これに対して原発設置反対小浜市民の会を中心に反対運動が起こり，決議案阻止を訴えた．民政クラブは中川知事に「原発誘致をとの意見が高まってきたので設置可能か事前調査をしたい」との要望書を提出したが，危機感を抱いた反対派は集会やデモ行進により反対運動を強めた．結局，決議案は1976（昭和51）年3月の議会総務委員会で可決されたものの，浦谷市長は「財源をとるか，豊かな市民の心をとるか．どちらを選ぶかということになりますと，私は市民の豊かな心のほうをとりたい」と議会で述べ，誘致には否定的であることをあらためて表明した．結局，小浜市に原子力発電所は立地しなかったのである．

次に，立地地域となった大飯町（現在は名田庄村と合併して「おおい町」となる）における反対運動から立地までの経緯について，福井県［1996］を中心に整理する．大飯町が誕生したのは1955（昭和30）年1月で，佐分利村・本郷村・大島村の3村合併による．当時の町財政は1953（昭和28）年9月に発生した台風13号の被害によって危機的状況に陥っていた．1962（昭和37）年度には地方財政再建促進特別措置法の適用団体となり，財政再建に取り組んでいる．しかし，高度経済成長期を迎えると人口が急激に流出し，1970（昭和45）年には過疎地域対策緊急措置法による過疎地域の指定を受けることとなった．

　このような状況下で，時岡民雄町長は過疎からの脱却と大島地区の住民が求めていた大島半島への陸路の建設を実現するため，原子力発電所の誘致を決断する．当時の大島半島は船しか交通手段がない「陸の孤島」であった[18]．1969（昭和44）年1月に時岡町長が県に対して原子力発電所誘致の調査願書を提出し，4月には町と県，関西電力の間で誘致に関する仮協定を締結して町議会でも誘致を決議した[19]．

　しかし，一方で反対運動も高揚し，推進の動きとの対立を深めていく．1971（昭和46）年6月に「大飯町住みよい町造りの会」が結成されて時岡町長へ建設中止の要望書を提出し，大飯町勤労者協議会も誘致反対を表明した．この頃から仮協定書の存在が問題となり時岡町長はその破棄を表明したが[20]，町造りの会は町長のリコール運動を開始した．さらに区長会役員会が町長への退陣要求を決定したことで町長が辞職し，8月の町長選で反対派と目されていた永谷良夫候補が無投票で当選して建設工事の一時中断を表明するに至る．これに対して町議会の大勢は推進の立場を維持し，11月に議員提案の工事一時中止決議案を否決した．また，立地集落となる大島地区では「大島を守る会」が結成され，推進請願の署名運動を開始した．

　推進と反対の対立解消が困難となるなかで，1972（昭和47）年3月には永谷町長と町議会が紛争解決のため知事にあっせんを依頼する．結局，町長の主張する建設一時中止を認めることにより，結果的に建設を進めるという方向で収拾が図られた．4月には県・町・関西電力の三者により「大飯町原子力発電所に係る紛争をおさめ，平穏に発電所の建設を進めるための協定書」が締結され，7月に原子力安全協定と地域振興協定が結ばれて建設工事は再開された[21]．

　福井県内で起きた原子力発電所建設に対する反対運動は，隣接する市町で建設が進んできたことや県内外で発生した事故・トラブルに対する住民の不安，

周辺環境への影響に対する懸念などが背景にある．小浜市や大飯町は立地候補地としては後発であるが，この時期には全国でも反対運動が高まっていた．結果は小浜市と大飯町で対照的であったが，原子力発電所に対する不安や懸念が顕在化してきたことは事実であり，立地市町だけでなく周辺市町村にも広がってきたと考えられる[22]．すでに福井県嶺南地域に原子力発電所が集積し運転をしているなかで住民に不安や懸念が広がることは，先に述べた通報基準や事故・トラブルに関する国や電力事業者の対応と県の立場とのギャップをますます拡大させることになる．そこで，立地自治体が自ら原子力安全規制の一部を行う必要性が高まり，原子力安全対策課などの体制を整えながら原子力安全協定を改定してきたのである［来馬 2010：60-61］．

なお，大飯町での紛争を機に，福井県の原子力発電所に対する姿勢が誘致先行というスタイルから，何よりもまず安全の確認が優先される形に大きく変わり，原子力安全協定はその重要な手段となった．また，その後の県の原子力行政に対する取り組みとして，次のような「福井県の原子力3原則」が提起されることとなった．

　　① 安全が確保されること
　　② 地域住民の理解と同意が得られること
　　③ 地域に恒久的な福祉がもたらされること

この原則は，現在も福井県における原子力行政の基本的姿勢となっている．

(2) 福井県における独自の安全確保策の要請

次の事例は，福井県が行った独自の安全確保策の要請である．原子力安全協定の締結と改定によって原子力安全規制にかかる自治体の権限が実質的に強化されていくなかで，国や電力事業者が想定していなかった安全確保策を福井県が電力事業者に要請し，実現した．その代表的なものが原子力発電所の大規模改良工事である．福井県［2009］によると，例えば蒸気発生器伝熱管の取り換え工事の実現には以下のような背景と経過があったという．

　　　蒸気発生器伝熱管については，各加圧水型軽水炉において過去から多くの部位でいろいろな形態の損傷が発生している．このため，検査技術の開発と定期検査などにおける蒸気発生器伝熱管全数の検査を実施し，損傷の

あった伝熱管については，施栓やスリーブ補修など必要な措置を取るとともに，損傷発生防止のため水質管理の改善などが行われてきた．

こうした中で，施栓率上昇に伴う安全性への疑問や，昭和63年には蒸気発生器伝熱管の漏えいが連続して発生したことから，県では，蒸気発生器の損傷発生防止について抜本的対策を行うよう関西電力㈱に申し入れた．

このような状況を受け関西電力㈱は，蒸気発生器伝熱管の検査と補修に比較的長い定期検査期間を要している高浜発電所2号機，大飯発電所1号機について，蒸気発生器取り替えにかかる技術的検討を実施し，取り替えは可能であるとの結論に達し，社会的信頼性や経済性の面からの向上も期待できることから，蒸気発生器取り替えを実施することを決定した［福井県 2009：99］．

その後は県内の他の原子力発電所でも取り替え工事が行われている．現在までの実績は，**表4-2**のとおりである．

従来，蒸気発生器伝熱管損傷への対応は施栓などの対症療法が行われてきた．しかし，それが続くと定期検査に時間がかかるだけでなく「そのたびに稼働率は落ち，しかも検査作業員の被ばくリスクも高まってしまう」［来馬 2010：119］ことになる．根本的な解決策は蒸気発生器自体を交換することであり，県は長

表4-2 蒸気発生器取替工事実績一覧

	美浜2号機	高浜2号機	大飯1号機	美浜1号機	高浜1号機	美浜3号機	大飯2号機
取替方針表明	1991/5/27	—	—	1993/1/21	1993/1/21	1993/1/21	1993/1/21
計画申し入れ	1991/10/22	1991/5/10	1991/5/10	1993/3/1	1993/3/1	1993/3/1	1993/3/1
国への申請了承	1991/12/20	1991/7/24	1991/7/24	1993/4/19	1993/4/19	1993/4/19	1993/4/19
原子炉設置変更許可申請	1991/12/20	1991/7/25	1991/7/25	1993/4/19	1993/4/19	1993/4/19	1993/4/19
原子炉設置変更許可	1992/10/20	1992/6/22	1992/8/21	1994/3/9	1994/3/9	1994/3/9	1994/3/9
全体了解・事前了解	1993/1/11	1992/8/4	1992/9/9	1994/6/3	1994/6/3	1994/6/3	1994/6/3
蒸気発生器基数	2	3	4	2	3	3	4
取替工事開始	1993/7/7	1994/1/5	1994/9/16	1994/11/1	1996/1/6	1996/8/27	1997/2/3
実工事終了	1994/7/7	1994/6/14	1995/3/30	1995/12/25	1996/6/18	1996/12/25	1997/6/30
全工程完了(蒸気発生器性能検査)	1994/10/13	1994/8/4	1995/5/24	1996/4/3	1996/8/2	1997/2/20	1997/8/14

(資料) 福井県 [2009].

年にわたって交換を提案していたが,「コストの問題や1年以上に及ぶ工事期間の長さから,事業者側は交換をためらっていた.さらに外部からもブレーキがかかっていたため,交渉は難航した」[来馬 2010：119] という.ブレーキとなったのは国の規制で,蒸気発生器という原子力発電所の基幹部分を丸ごと交換するのは「原発は信用できないというイメージを社会に与える」と国が考えていたからではないか,と来馬は述べる.しかし,対症療法を繰り返すのはあまりにも現実とずれており,国会議員からも疑問の声が上がっていた.紆余曲折の交渉の末,国が直接関与せず電力事業者の自主的な対応という形で蒸気発生器の交換申請が可能になったのである.

蒸気発生器の交換と作業の工夫などによって伝熱管の検査・補修期間を短縮できるようになり,原子力発電所の安全性と信頼性を確保しつつ効率的な定期検査を行うことが可能になった.1998（平成10）年2月に高浜4号機が44日,美浜3号機が41日とPWR（加圧水型軽水炉）としては国内初の40日台の短期定検を実現し,従来の定検日数を約3分の1短縮することができたという.また,1999（平成11）年8月に大飯3号機で36日,10月には同4号機で37日の短期定検を達成した [関西電力50年史編纂事務局 2002：824].短期定検体制の定着などを反映して,関西電力の設備利用率も従来の60％台から70～80％程度へと着実に上昇していった[23]

このような福井県の要請が国の原子力安全規制に半ば反する形でありながら実現に至ったのは,原子力発電所の事故・トラブルに対する県民の不安や周辺環境への影響に対する懸念などを背景として,県が原子力安全対策課などによって自らの体制を整えるとともに原子力安全協定の締結と改定を重ねて実質的な規制権限を強化させてきたからである.すなわち,試行錯誤を要した原子力安全協定の締結と改定によって立地自治体が原子力安全規制にかかる独自のノウハウを蓄積し,安全対策の要請と実現に結びついたと考えられる.現行法体系では原子力発電所の安全確保等の権限と責任が一元的に国にあるとしても,逆に言えば原子力安全協定が機能することによって県民の健康と安全を守る県の立場を国も電力事業者も尊重しなければならないという認識が定着し,独自の安全確保策の要請を受け入れたのではないだろうか.

(3) 原子力政策に関する国民的議論の喚起

原子力発電所立地自治体による原子力安全協定の締結・改定や独自の安全確

保策の要請という事例は，原子力発電所の安全確保等の権限と責任が一元的に国にあることを前提としながらも住民の健康と安全を守る立場から自治体が国とは別に独自の取り組みを進めていったものである．すなわち，自治体の責務から実質的な原子力安全規制を行った事例と言える．

これに対して，自治体が国の本来あるべき責務を遂行するよう促した事例もある．つまり，国が一元的な権限と責任を十分に果たすために自治体が国に対してより積極的な取り組みを求めたのである[24]．

自治体の事務に対する国の関与は，自治事務であれ法定受託事務であれ制度が存在する．これに対して，国が一元的な権限と責任を有する事務に自治体が関与する余地はない．したがって，国策としての原子力政策に対して自治体が国に要請することは，自治体の立場を超えることもありうる．しかしながら，国による原子力安全規制が十分に機能しなければ原子力発電所立地地域の安全を確保することは不可能であり，自治体が独自の規制を行ってきたとしても国の権限と責任を代替するわけではないから，立地地域の安全を確保するためには独自の安全規制を行うだけでなく国に要請することが基本的に必要である．

このような要請のなかで重要な事例は，1996（平成8）年の原子力政策円卓会議の設置である．会議の設置を決定したのは原子力委員会だが，その背景には敦賀市に立地する高速増殖原型炉「もんじゅ」が1995（平成7）年12月にナトリウム漏えい事故を起こしたことがあった．事故等を受けて，1996年1月に福井県・福島県・新潟県の3県知事が『今後の原子力政策の進め方についての提言』を橋本龍太郎内閣総理大臣・通商産業大臣・科学技術庁長官に提出した[25]．提言の内容は次のとおりである［原子力委員会 1997：10］．

① 核燃料リサイクルのあり方などに関して，改めて国民各界各層の幅広い議論，対話を行い，その合意の形成を図るため，原子力委員会に国民や地域の意見を十分反映させることのできる権威ある体制を整備すること．
② この合意形成にあたっては，安全性の問題を含め，国民が様々な意見を交わすことのできる各種シンポジウム・フォーラム・公聴会等を各地で積極的に企画，開催すること．
③ 必要な場合には，改定時期にこだわることなく原子力長期計画を見直すこととプルサーマル計画やバックエンド対策の将来的な全体像を明

確にし，提示すること．

　提言を受けて，1996（平成 8）年 3 月に橋本総理大臣から通商産業大臣および科学技術庁長官に対して原子力開発利用に関する国民的合意の形成に向けた効果的な方策を検討するよう指示があり，『原子力政策に関する国民的合意の形成を目指して』が発表された．そのなかに原子力政策円卓会議の設置が盛り込まれたのである．
　もんじゅの事故は，事故そのものの重大さだけでなく原子力政策の根本やその体制が問われる社会的問題となった．この点について，吉岡斉は次のように述べている．

> 　高速増殖炉原型炉もんじゅ事故と，それに付随して起こった事故情報秘匿・捏造事件のインパクトについては，次の 2 点に分けて整理することができる．第 1 に，それは開発計画のいちじるしい遅延とコスト高騰，核拡散要因を増大させることに対する国際社会の警戒心の高まり，さらには電力業界の消極姿勢などにより，かねてからその将来の存続が疑問視されていた高速増殖炉開発計画に，さらなる大きな打撃を与えたのである．第 2 のインパクトは，この事故に際して動燃（引用者注：当時の動力炉・核燃料開発事業団で，現在の日本原子力研究開発機構）が事故情報秘匿・捏造事件を引き起こしたことを契機として，原子力行政全体さらには原子力事業全体への国民的信用の喪失がもたらされたことである［吉岡 2011：252］．

　国策としての原子力政策を円滑に推進するためには，政策に対する国民の支持が不可欠である．しかし，もんじゅの事故は情報秘匿と捏造によって原子力政策全体に対する国民の信頼を失う結果となった．国策としての原子力政策に協力する立地自治体は独自の立場から住民の健康と安全を守ることが必要であるが，それ以前に国民の支持がない国の政策には協力することができない．そこで，もんじゅの事故を教訓として自治体の側から国策のあるべき姿を示したのである．
　原子力政策円卓会議は1996（平成 8）年 4 月から 9 月まで11回開催され，第 1 回から第 4 回までの全般的な議論を以下の 4 つの分野に整理したうえで［原子力委員会 1997：21-22］，第 5 回から11回まで各分野に関する議論を深めた．

　① 原子力と社会，とくに安全・安心に関する事項

・人間文化・社会と原子力の関りに関する事項
　　・原子力の安全確保（技術的な安全性，事故故障，防災，放射線等）に関する事項
　　・人々の「安心感」というような心理的，社会的な安全に関する事項
　　　等
　② エネルギーと原子力に関する事項
　　・世界のエネルギー情勢に関する事項
　　・ライフスタイル，社会・経済構造とエネルギー需給に関する事項
　　・地球環境とエネルギー需給に関する事項
　　・省エネルギー，新エネルギーに関する事項
　　・原子力エネルギーの意義に関する事項
　　・エネルギー源の選択に関する事項　等
　③ 原子力と核燃料リサイクルに関する事項
　　・人間の文化・社会と原子力の関りという観点を踏まえたエネルギー源の選択に関する事項
　　・原子力の意義を踏まえた上での原子力開発利用政策のあり方に関する事項
　　・総合科学技術としての原子力開発の意義に関する事項
　　・核燃料リサイクルの意義・展望，再処理，高速増殖炉，プルトニウム利用，バックエンド対策，特に高レベル放射性廃棄物の処理処分に関する事項　等
　④ 原子力と社会との関りに関する事項
　　・人間の文化・社会と原子力の関りに関する事項
　　・地域社会における安全，安心に関する事項
　　・地域振興，電源立地地域と電力消費地の関係に関する事項
　　・原子力に関する教育，広報啓発活動，報道の重要性・役割に関する事項
　　・情報公開の促進，国民の政策決定過程への参画に関する事項　等

　原子力政策円卓会議の運営は参加者の間で十分な討議が行われるようモデレーターを複数の有識者に委嘱し，議事および議事録も全面的に公開された．多様な分野にわたる議論を経て原子力委員会に対する提言が取りまとめられ，情

報公開と政策決定過程への国民の参加，エネルギー供給のなかでの原子力の位置づけの明確化，核燃料サイクル，原子力の安全確保と防災体制の確立，立地地域との交流・連携強化に関する提言が示された．また，新円卓会議の設置に関する提言もあり，原子力委員会は『今後の原子力政策の展開にあたって』のなかで新円卓会議の開催を打ち出した．新円卓会議は1998（平成10）年に5回，翌1999（平成11）年には7回開催され，いずれも提言が取りまとめられている．

　原子力政策円卓会議が開催されたことの意義はきわめて大きい．国策の基盤となる原子力政策への国民的な合意形成を図るために自治体の側から会議の設置を提案し，実現したからである．原子力発電所の立地は地域からの誘致によって進められたけれども，原子力安全規制のみならず原子力政策全般が国策であることから，地域が国策に関与する余地はごく限られる．しかし，そうしたなかでも自治体は原子力発電所の事故・トラブルなど厳しい試練に直面し，試行錯誤を積み重ねつつ自らの立場から原子力安全協定などの対応を進めていった．そして，原子力政策円卓会議設置の提案は原子力安全規制にかかる独自のノウハウを蓄積した立地自治体が国策としての原子力政策全体に疑問を投げかけたもので，国があるべき権限と責任を果たすよう自治体が自らの役割を越えて国に求めるようになったのである．すなわち，立地自治体が原子力安全協定のように制度の枠外で実質的に国策の一部を担うだけでなく，国の役割そのものにまで関与したことになる．

　原子力政策が国策であることに変わりはないけれども，自治体は国策に協力するだけでなく自らの役割を強化しながら協力しうる国策の形成にも寄与したと言える．この点について，来馬は次のように述べる[28]．

> 各官庁や民間がバラバラに原子力を推進している限り，国民から原子力推進への合意は得られない．だからこそ，政策決定において国民的合意を得る努力をしているのか，政府のトップに問う必要があった．そもそも原子力推進は，国民的合意に基づく国家政策である．そしてに国民的合意であるから，立地自治体も協力できるのである［来馬 2010：158］．

逆に言えば「国民的合意のない政策には協力できない」という姿勢を立地自治体がとり，国民的合意に基づく国策の形成を国に要請するまでになったのである[29]．

(4) 大飯3・4号機の再稼働に向けた福井県の要請

次に，国策としての原子力政策の根幹に原子力発電所立地自治体が具体的な影響を与えた事例として，2012（平成24）年6月に決定された大飯3・4号機の再稼働をめぐる福井県の対応を取りあげる．

東日本大震災とそれにともなう東京電力福島第一原子力発電所の事故の後に国内の原子力発電所が次々と定期検査に入るなかで，再稼働の問題が注目されるようになった．2011（平成23）年6月に海江田万里経済産業大臣が原子力発電所の安全宣言を発表する一方，7月には菅直人総理大臣がストレステストの実施を再稼働の条件にするなど，原子力発電所の再稼働をめぐる政府内での対立が表面化した．また，立地地域でも原発事故後初の再稼働決定に向けた手続きが九州電力玄海原子力発電所で進められていたが，いわゆる「やらせメール問題」が発覚して，再稼働が困難となった．こうして国内の原子力発電所は再稼働の見通しが立たなくなり，2012（平成24）年5月にはすべての原子力発電所が停止に至った．これは1970（昭和45）年以来42年ぶりであり，原子力発電所が運転を開始してからは初めての事態である．

国と地方の間にも原子力発電所の再稼働をめぐる認識のずれがあった．橘川武郎は2011（平成23）年6月5日に緊急提言『定期検査中の原子力発電所のドミノ倒し的停止を回避し，今夏の電力供給不安を取り除くために——福井県の4月19日付「要請書」と原子力安全・保安院の5月6日付発表の比較検討——』を発表し，国と地域の間にも再稼働問題をめぐる対立があることを指摘している[30]．

福井県は2011（平成23）年4月19日に海江田経済産業大臣に対して要請書を提出した．橘川によると，震災と原発事故の後，国に対して原子力発電所の新たな安全基準を明確化するよういち早く求めた立地自治体が福井県であったという．5月6日には原子力安全・保安院が『福島第一原子力発電所事故を踏まえた他の発電所の緊急安全対策の実施状況の確認結果について』を発表した．これは福井県の要請に対する回答の意味合いを持つものであったが，橘川は両者の間に7点の齟齬が存在することを指摘した．これを解消するためには「原子力発電に関する厳格でわかりやすい安全基準を明示することが喫緊の課題である」［橘川 2011：98］として，具体的には7点の齟齬を解消する作業を通じて導くことができると主張した．つまり，国策を地域の要請に見合う形にしなければならない，ということである．

福井県の要請は実現した．当初は安全宣言とストレステストの導入をめぐる

政府内の対立や原子力規制体制の見直し等により，原子力発電所の再稼働に見通しが立たなくなっていた．しかし，原子力安全・保安院が福島原発事故の技術的知見に関する意見聴取会を2011（平成23）年10月から開催し，翌2012（平成24）年3月28日に発表した『東京電力株式会社福島第一原子力発電所事故の技術的知見について』のなかで「今後の規制に反映すべきと考えられる事項」として30項目を掲げた．これが新たな安全基準とされ，4月6日には『原子力発電所の再起動にあたっての安全性に関する判断基準』が野田佳彦総理大臣・内閣官房長官・経済産業大臣・内閣府特命担当大臣の連名で発表された．

　原子力安全規制にかかる権限と責任は一元的に国にあり，その根幹となるのが原子力発電所の安全確認の方法である．ここに福井県の要請が反映されたことは，これまで述べた事例と次元が異なる．原子力安全協定の締結・改定や独自の安全確保策の要請は国の役割が十分に及ばなかった部分に自治体の役割を見出したものであり，原子力政策円卓会議の設置は国策としての原子力政策を対象としているが，全般的・抽象的な議論の場であるため会議からの提言が国策に具体化されるとは限らない．これに対して，新たな安全基準の策定は国の一元的な権限と責任の核心に関わる部分であり，しかも具体的な対応を要する．自治体の提言が国策の中心に反映されたことは，国策としての原子力政策に対する自治体の役割がきわめて強くなってきたことの象徴的事例と言えるだろう．

　さらに，2012（平成24）年4月14日に西川一誠福井県知事が枝野幸男経済産業大臣と面談した際に提出した『福井県の原子力安全の軌跡──原発立地の福井に「安全神話」はない──』（図4-1参照）では，本章で述べた福井県独自の取り組みが原子力発電所の安全確保に実際に寄与してきたことを端的に示している．このような実績を踏まえ，5月15日には経済産業副大臣に対して，①原発の安全性・必要性について首相が先頭に立って対応すること，②大飯原発の特別な安全監視体制の現地での構築，を要請した．いずれも原子力政策の根幹に関わっており，やはり自治体が国策に深く踏み込んだものと言える．

　この要請も受け入れられた．野田総理大臣が6月8日に記者会見を開いて「全体の約3割の電力供給を担ってきた原子力発電を今，止めてしまっては，あるいは止めたままであっては，日本の社会は立ち行かない」「（引用者注：国の一元的な責任の下で，特別な監視体制を構築したうえで）国民の生活を守るために，大飯発電所3・4号機を再起動すべき」と表明し，6月16日の関係閣僚会議で再稼働を正式に決定したのである．[31]

福井県の原子力安全の軌跡
—— 原発立地の福井に「安全神話」はない ——

福井県

　福井県の原子力発電所は，これまで40年あまり，一瞬たりとも休まず関西地域の電力の4割（直近51％）を供給し，経済と社会の発展に大きく貢献してきました．

　福井県は，原発の安全を国や事業者任せにせず，県自らが，昼夜を問わず厳しく監視し，安全と安心を実現してきました．それにより，関西地域への放射性物質の放出などの事故は一度も発生していません．

福井県独自の組織・人員体制をつくり，国や電力事業者を厳格に監視

自らの技術的専門知識を蓄積．迅速な通報連絡・情報公開・立入調査などを実行
- ○全国に先駆けて原子力の専門職員を採用（昭和47年）
- ○全国初の「原子力安全対策課」を設置（昭和52年）．現在，全国最多22名の専門職を配置
- ○どのような軽微な事象についても，絶えず電力事業者から報告を求め，県が直接，住民に状況を説明
- ○原子力の課題を技術的観点からチェックする「福井県原子力安全専門委員会」を設置（平成16年）
- ○県議会では原子力に関する特別委員会を設置（昭和37年）し，様々な原子力課題を集中審議
- ○高経年化，もんじゅ，プルサーマルなどの課題に全国で最初に直面し，国民理解を得ながら課題を解決
- ○県，関係市町，各種団体等からなる「県原子力環境安全管理協議会」で，定期的に運転状況を確認し，課題を協議

独自の放射線モニタリング・情報ネットワークシステムにより，発電所周辺の環境を徹底監視
- ○原子力環境監視センターが空気中の放射線量を24時間監視（モニタリングポスト80か所は全国最多）
- ○発電所の運転状況や放射線情報を県民に公開する原子力専用のネットワークシステムを整備

福井県の提言が，電力事業者の安全対策や国の安全規制に反映

様々な事故やトラブルを経験．これを安全対策の充実強化に反映
（初動対応）
- ・県衛生研究所の環境モニタリングにより漏えいを発見（敦賀1号機放射性廃液漏えい事故　昭和56年4月）
- ・事故映像を県の立入調査により最初に公表，事故の実態を明らかにした．（もんじゅナトリウム漏えい事故　平成7年12月）

（安全対策）
- ・漏えい防止堰等の設備改善（敦賀1号機放射性廃液漏えい事故　昭和56年4月）
- ・新型蒸気発生器への取替え（美浜2号機蒸気発生器細管破断事故　平成3年2月）
- ・ナトリウム漏えい監視システム等の改造工事（もんじゅナトリウム漏えい事故　平成7年12月）
- ・原子力事業本部を現地に移転させ，再発防止を強化（美浜3号機2次系配管破損事故　平成16年8月）

福井県の提言により強化された安全ルール
- ○事故やトラブル情報を地元自治体に通報・連絡するルールを確立
- ○運転年数が30年を超えた原子炉の安全対策（高経年化対策）の充実強化
- ○発電所ごとの国の保安検査官の常駐　など

「福井では福島原発のような事故は決して起こさせない」覚悟で迅速に対処

発電所の安全性を徹底的に高めるよう国や電力事業者に強く要請し，これを実現
- ○福島事故の直後から，原因究明と新たな安全基準を要請し，国は，福島の知見を活かした再稼働の判断基準を策定
- ○国に先駆け，電力事業者に電源車・消防ポンプ・ホース等の緊急安全対策，配管の耐震設備の総点検を要請し，実現
- ○電力事業者に，休日夜間の常駐人員の増員，協力会社の支援体制，プラントメーカーの現地常駐などを要請し，実現

図4-1　2012（平成24）年4月14日に福井県知事が枝野経済産業大臣に提出した資料

このように，震災と原発事故を受けて国策としての原子力政策の根幹部分にも自治体の要請が具体的に反映されるようになった．大飯3・4号機の再稼働が要請されたのは夏の電力需給が最も逼迫するのが関西電力管内であると予想されたためである．しかしながら，重大な原発事故後初めての再稼働であるから，やはり事故の教訓が活かされていなければならない．大飯3・4号機の再稼働は原子力安全規制にかかる制度上の権限と責任を一元的に有する国が事故の教訓を踏まえて判断すべき重要な問題であるが，同時に制度の枠外で実質的な権限を有する立地自治体の側から国策のあるべき姿が具体的に示され，国がそれに対応した形で再稼働が実現したのである．

以上，原子力安全規制に関する立地自治体の独自の取り組みについて，4つの事例を取りあげた．原子力政策をめぐる国と自治体の齟齬は今後も生じると思われるが，原子力発電所の集積とともに立地自治体が「国策への協力」という立場だけでは済まされなくなり，国策としての原子力政策を前提としつつ自らも原子力安全規制に乗り出すことになった．そして，試行錯誤を積み重ねながらから実質的な権限の拡大と独自のノウハウの蓄積を進め，それが原子力発電所の安全確保に寄与するだけでなく「国策への影響力」を徐々に強めることにもなったのである．

第2節　自治の視点から立地自治体の原子力安全規制をどうみるか

本章で繰り返し述べたように，現行法体系では原子力発電所の安全確保等の権限と責任は一元的に国にあるが，立地自治体としては県民の健康と安全を守る立場がある．そこで，自治体は制度の枠外であるが実質的な権限として原子力安全協定の締結・更新や独自の安全確保策の要請といった取り組みを進め，さらに原子力政策円卓会議の設置による国民的議論の喚起や大飯3・4号機の再稼働に向けた要請などを行うことによって，原子力安全規制にかかる独自のノウハウを活かして自治体が国策としての原子力政策の根幹にも具体的な関与をする状況となった．

本節では，これらの点を自治の視点から論じることにする．

(1)　「自治の実践」としての公害防止協定と原子力安全協定

まず，原子力安全協定の締結と改定については同時期に各地で締結された公

害防止協定との共通性が連想される．実際，原子力安全協定は「自治の実践」として高く評価されている公害防止協定の一種と捉えられていた［菅原・田邉・木村 2011：121］．

公害防止協定が締結された背景には，企業誘致による高度経済成長の負の側面として公害が各地で発生し，生活環境の悪化が懸念されるようになったことがある．地域住民は反公害運動や開発反対運動という形で企業の立地に抵抗した．そこで，自治体は当初こそ公害防止に消極的であったが徐々に対応が必要となったのである．

公害防止協定の事例として多く取りあげられるのは，横浜市である．1963(昭和38)年に横浜市長に就任した飛鳥田一雄は，根岸・磯子の埋め立てにより立地する工場からの公害発生を防止するため，電源開発株式会社に対して硫黄酸化物の発生量を抑えるよう要請した．要請の権限を市が持っているわけではないが，市長は「法令ではなく，自分は横浜市民の生活を守る立場で，市民の代表としてきたのだ」［田村 2006：217］と述べたという．

法令に権限が定められていなくても自治体が「住民の生活を守る立場」を持っていることが公害防止協定の締結を求める背景であり，これは原子力安全協定で立地自治体が「住民の健康と安全を守る立場」を持っていることと同じである．

そして，協定にかかる体制づくりの形でも両者は共通している．横浜市では「当時の状況では，通産省の特殊会社である電源開発にとって，県や他の官庁は相手にしないし，まして地元の市長などは眼中になかった」［田村 2006：217-218］という状況から，何とか電源開発を協定締結交渉の土俵に登らせる必要があった．そこで，横浜市は衛生局のなかに公害センターという部相当の組織を設置し，専門職員を配置して粘り強く交渉したのである．福井県が原子力安全対策課を設置したのも横浜市と同様に自治体の立場を協定に盛り込むことが１つの目的であった．

交渉の結果，横浜市は1964（昭和39）年12月に公害防止協定を締結した．これは「横浜方式」と呼ばれ，その後も東京電力や日本石油などの有力企業と次々に協定を締結している．

横浜市の事例は法令がなくても自治体が協定によって実質的に一定の役割を果たせることを示し，「同じような悩みを抱える全国自治体に大きな希望と勇気を与えた．自治体は法令の下請け機関でなく，自ら政策を立て，実行できる

ことを証明した」[田村 2006：219-220] と評価されている．横浜方式は他の地域にも波及して全国的な動きになり，1969（昭和44）年には公害防止協定を締結している自治体の数が都道府県で16（180事業所），市町村では55（359事業所）に達した．そして，国でも1970（昭和45）年のいわゆる「公害国会」を機に公害関係法令の整備や環境庁の設置が実現した．公害防止協定の普及もさらに進み，1974（昭和49）年には都道府県で40（635事業所），市町村では1292（6704事業所）へと拡大している．

　公害白書によると，公害関係法制の整備後にも公害防止協定の締結件数が増加した理由として主に次の点が挙げられている[環境庁 1975：389]．

① 公害防止協定により公害規制法規を補完することができる．
② 公害防止協定により，当該地域社会の地理的，社会的状況に応じたきめの細かい公害防止対策を適切に行うことができる．
③ 公害防止協定は将来の具体的な公害対策又は公害予防技術の開発を促進させる効果をもっている．
④ 企業側から見ても，立地するに際して地域住民の同意を得なければ操業が困難となっている．

　これらは公害防止協定の意義とみることができる．しかも，これらの多くは原子力安全協定の意義とも共通している．公害防止協定とほぼ同時期に，またその一種として原子力安全協定が締結されたのは，有力企業や原子力発電所が立地した時期が共通していただけでなく，立地に対する生活環境への懸念や国にはない自治体の立場，自治体に権限がないこと，そして協定締結の効果などで多くの共通点があったからであろう．また，いずれの場合も当該分野に精通した専門職員による体制が整えられたことで，協定の締結が可能となった．したがって，公害防止協定の締結が自治の実践事例として高く評価されることと同様に，原子力安全協定も「自治の実践」として評価しうるのではないだろうか．

(2) 公害防止協定との違いからみた原子力安全協定のあり方

　ただし，両者の内容や背景・効果に何ら相違点がないわけではない．むしろ，その違いが立地自治体における今後の原子力安全規制のあり方を検討するうえ

で重要になると考えられる．

　第1の違いは，協定が事業者に求める内容である．公害防止協定は亜硫酸ガスの排出濃度や騒音の程度などを具体的な水準以下にすること，つまり結果を事業者に要請している．そのため，公害防止協定では国が求める水準よりも厳しい結果が求められることになる．また，協定には結果を実現するための手段も規定され，工場への立ち入り調査や必要な措置を自治体が事業者に指示することなどの具体策が掲げられている．自治体の公害防止協定は具体的な結果の水準とそのための手段の両方で国の規制と異なっている．

　これに対して，原子力安全協定の目的は周辺環境の保持や発電所従事者の安全確保という結果であるけれども，協定のなかで電力事業者に求められているのは周辺環境への影響の水準や事故の件数・規模といった具体的なものではなく，基本的には手段である．国の原子力安全規制も手段に関するものだから，原子力安全協定に盛り込まれる手段の内容が国の原子力安全規制と異なることになる．

　したがって，公害防止協定における自治体の独自性が結果と手段の双方にあるのに対して，原子力安全協定の場合は手段にあると言える．このような違いの背景には，次に述べるような求められる結果の水準に対する両者の違いがあると考えられる．

　すなわち，第2の違いは法規制がナショナル・ミニマムの水準を定めたものかどうかである．公害防止の分野では法規制の多くが結果としてのナショナル・ミニマムの水準を定めたものである．だから，公害防止協定では自治体が地域の実情に応じた独自の厳しい基準を定めることも許容される．これに対して，原子力安全規制は「重大事故を起こしてはならない」という結果が求められるとしても，それは基準というより目標である．そして，原子力発電に絶対安全がないとすれば，求められる規制の水準はナショナル・ミニマムではなくナショナル・マキシマムを志向しなければならない[32]．したがって，ナショナル・マキシマムをめざした原子力安全規制で国が一元的な権限と責任を持つのであれば，地域独自の基準は本来なくてもよいことになる．仮にありうるとしても，瑣末な範囲で地域の特性を反映したものか，国の権限と責任が十分に果たされない部分に限られるだろう．

　このことと関連して，第3に関係条例が存在したかどうかの違いがある．公害防止の分野では公害防止協定よりも以前に自治体独自の条例が制定されてい

た．その端緒となったのが1949（昭和24）年に制定された東京都公害防止条例である．[33] 公害防止条例は，公害の発生を防止するために工場や事業所の事業活動等について規制等の措置を定めるものである．そして，条例の制定は自治体の自主立法権に基づき，国の法規制がないなかで市民の生活を守る立場を持つ自治体が国に先んじて行った．したがって，自治体による公害防止の取り組みは法規制としての公害防止条例と紳士協定としての公害防止協定の組み合わせによって推進されたと言える．[34]

これに対して，原子力安全協定の場合は法規制における国の一元的な原子力安全規制の権限と責任によってナショナル・マキシマムの水準を志向するため，立地自治体は条例を制定することなく紳士協定としての原子力安全協定を締結した．国の法規制があった原子力安全規制の分野では，条例の制定による二重規制が懸念されたことや原子力発電所の事業者が限られていたことが原子力安全協定による実質的な権限の獲得に至る一因になったと考えられる．

そのため，第4に国と地方の関係が制度化されたかどうかで両者の展開に違いが生じた．自治体が国に先行する形で進められた公害防止の分野では，自治体による公害防止条例や公害防止協定の普及を受けて1967（昭和42）年に公害対策基本法が制定された．法では事業者・国・地方自治体・住民の公害対策にかかる責務が定められている．こうして，公害防止の分野では国の後追いであったものの，公害防止の分野では自治体の役割が制度のうえでも明確に位置づけられた．さらに，その後は「法律の範囲内で」（憲法第94条）あるいは「法令に違反しない限りにおいて」（地方自治法第14条1項）条例が定められる規定をめぐって，法令との関係で条例が規制できる範囲がどこまであるかが公害防止や環境保全の分野を中心に議論された．その結果，法令よりも厳しい規制を条例で定めること（上乗せ条例）や法令で規制されていない事項を条例に加えること（横出し条例）が可能になると同時に，その場合は法令に定める規制水準が全国一律に適用される必要最小限の基準（ナショナル・ミニマム）であると位置づけられた．このような過程を経て，自治体の公害防止は地域の実情に応じた独自の規制を制度的にも行えるようになったのである．

これに対して，原子力安全協定は法規制による国の一元的な原子力安全規制の権限と責任のなかで国と自治体の関係が想定されてこなかったために自治体の実質的な権限として生まれ，改定を重ねて権限を拡大させてきた．国策としての原子力政策のなかで原子力安全規制に関する条例の制定権を自治体に付与

するかどうかは，実質的な権限を越えた制度の根幹に関わる問題となる．そこで，制度の枠外で紳士協定としての原子力安全協定が締結・改定されてきた．

このように，公害防止協定と原子力安全協定には共通点もあるが相違点もある．共通点は原子力安全協定が「自治の実践」として評価される要素になる一方で，相違点は原子力安全協定の課題を論じるうえで考慮しなければならないだろう．その際，ナショナル・マキシマムを志向すべき国の一元的な権限と責任が十分に遂行されるかどうかが最も重要である．震災と原発事故によって原子力安全規制における国の権限と責任が十分に果たされていなかったことが露呈した．事故の教訓から「世界最高水準の安全を確保する」という理念を掲げる原子力規制委員会と原子力規制庁が設置され，新規制基準が策定されるなど国の新たな取り組みも進められている．自治体が原子力安全協定という制度的裏づけのない紳士協定だけでよいのかどうかは，まず国の実態を踏まえて判断する必要があるだろう．この問題については第8章で詳しく述べる．

本章では，福井県の事例を中心に原子力発電所立地自治体における原子力安全規制の取り組みとして，原子力安全協定の締結と改定，福井県における独自の安全確保策の要請，原子力政策に関する国民的議論の喚起，大飯3・4号機の再稼働に向けた福井県の要請，の4つを取りあげた．原子力発電所の集積や国の原子力安全規制との乖離によって立地自治体が自ら原子力安全規制を行う必要性が高まり，原子力安全対策課の創設などによる体制の整備や反対運動の高揚などを背景として原子力安全協定が機能してきた．そして，立地自治体が原子力発電所の事故・トラブルという厳しい試練に直面し，その対応にともなう試行錯誤を経て独自のノウハウを蓄積することによって，実質的な原子力安全規制の機能を強化するとともに国策としての原子力政策の根幹に対しても具体的な関与をする状況になってきた．

原子力安全協定が公害防止協定と同様に「自治の実践」として評価されるとともに，国策としての原子力政策を前提としながら自治体独自の対応を行ってきた他の事例も「国策への協力」だけではない「自治の実践」の結果であり，さらに言えば「自治の実践」を通じて「国策の強化」をもたらすものでもあったと言える．

第4章　原子力安全規制における「自治の実践」　　115

注

1) 本来は「原子力安全規制」ではなく「原子力安全対策」と表記すべきかもしれない．本書では，原子力安全対策の定義を原子力発電所の安全確保を図るためのあらゆる対応とする．したがって，その主体は国や電力事業者，地方自治体，立地地域の住民など関与の強・弱や直接的・間接的といった違いはあるものの多様になる．一方，原子力安全規制は原子力安全対策の1つの手段としての規制であり，その権限が与えられた主体のみ行うことができるものである．その意味では，自治体が原子力安全対策を行うことはできるが，原子力安全規制の場合は国に一元的な権限と責任があるので自治体にはできない．それでも本章で紹介するのは立地自治体の実質的な権限に基づく国策の補完や国策への関与であるから，「国策への協力」だけでなく「自治の実践」が存在したことを明らかにするために，立地自治体における原子力安全対策の取り組みを「原子力安全規制」とした．
2) 協定の名称は自治体ごとにさまざまであるが，本書では「原子力安全協定」に統一した．
3) 福井県だけでなく立地市町も協定に加わっているが，実質的には県の主導で進められてきたので，本書では県の取り組みとして紹介する．
4) 来馬克美は大阪大学工学部原子力工学科を卒業後，1972（昭和47）年に地方自治体では初の原子力専門技師として福井県に採用された．以来40年近くにわたり，主に原子力安全対策課のスタッフとして原子力安全対策組織で中心的役割を果たしている．2009（平成21）年3月に定年退職し，『君は原子力を考えたことがあるか──福井県原子力行政40年私史──』（ナショナルピーアール）を刊行した．本章の記述は同書に負うところが大きい．現在は福井工業大学教授．

   なお，原子力安全規制に関する立地自治体の姿勢は，原子力発電をめぐる「推進か反対か」の二項対立から捉えることは難しい．それは，次のような来馬の述懐から窺うことができる．

   > 地方自治体の立場から原子力の安全を監視するという仕事柄，原子力に批判的な人々から強く追及されたり，原子力を推進する人々から反対派と思われたりと，いろいろとややっこしい評価をされてきた［来馬 2010：18］．

5) 1954（昭和29）年のビキニ環礁における核爆発実験で日本の第五福竜丸が被爆したが，この実験を契機に始まった放射性降下物の監視調査がフォールアウト調査である．
6) ほぼ同時期に「福井県原子力環境安全管理協議会」が設立され，環境放射能の測定結果の確認やその周知方法などを協議する体制も整った．
7) 同様の状況は福島県でもあり，前福島県知事の佐藤栄佐久は次のように述べている．

   > 「私が痛感したのは，原発の安全問題から地元が疎外されている事実である．事故（引用者注－1989（平成元）年1月に発生した福島第二原子力発電所3号機の原子炉冷却水再循環ポンプの損傷で，原子力事故の危険度を表す国際原子力事象評価尺度（INES）ではレベル2の「異常事象」と評価された）の情報は福島第二原発から東京・内幸町の東京電力本社に，そこから通産省に，さらに資源エネルギー庁に伝わった後，福島県にもたらされた．第二原発が立地している富岡町・楢葉町には，

最後に福島県庁から情報が伝えられたのである．事故の影響が一番最初にあり，場合によっては避難などの対応をとらなければならない地元自治体には，真っ先に情報伝達されるべきだ．しかし，実際には一番後回しにされている．当時の山田荘一郎富岡町長は『隔靴掻痒（かっかそうよう）な感じ』といらだちを表現し，県民世論は，原発の安全性への不安で沸騰した」［佐藤 2011：27-28］．

8）当時の原子炉等規制法に定める事故は本当に危機的な事態だけに限られていたため，これを通報基準にしてしまうと通報があろうがなかろうが福井県は大変なことになると考えられていた．通報基準をめぐる国と電力事業者，そして県との食い違いが県の立場を明確にしたのである［来馬 2010：75-76］．

9）全国の立地自治体における原子力安全協定の改定経過については，菅原・稲村・木村ほか［2009］参照．原子力安全協定の改定頻度は自治体によって多様であり，福井県や福島県・茨城県・新潟県などではかなり頻繁に協定が改定されてきたのに対し，愛媛県や静岡県ではほとんど改定が行われていない．また，改定の主な要因は法令改正や規定の整理等のほか，原子力発電所の増設や事故・トラブル，市町村合併などがあり，時期によって協定に盛り込まれる項目にも変遷があったことが指摘されている．

10）来馬［2010］の「出版に寄せて」では，元原子力安全・保安院長の佐々木宜彦が原子力安全協定における県の立場について，次のように述べている．

　　　　わが国では，自治体と事業者間で安全協定が締結されていますが，これまでに改定などの歴史的変遷を重ねて現在に至っています．県の立場は法規制権限ではなく，県民の安全と福祉を確保するとの立場を国が尊重して協力し合う姿勢に変化してきましたが，これは歴史的事実が積み重ねられてきた結果，お互いの知恵によるところだと考えています．
　　　　私は，自治体が二重規制者となるような権限行為は，厳に戒めるべきものと考えます．国と自治体が相互の信頼関係を構築するなかで，それぞれの立場を尊重し合うような成熟した大人の対応が求められるところです．

11）1971（昭和46）年に最初の協定（覚書）が締結された際，県側に事業者を技術的に評価したり判断するなど，やりとりできる専門家がいないという問題が生じていた．県はすでに3名の学識経験者を技術顧問として委嘱していたが，9基の原子力発電所の立地が決まりかけていたこともあり，自前で原子力の専門家を育てる必要があったという［来馬 2010：27］．

12）福島県では1972（昭和47）年6月に環境保全課が原子力安全対策を所掌することとし，1974（昭和49）年度には環境保全課に原子力対策係が設置された．また，1978（昭和53）年度には原子力対策係が同課の課内室として原子力対策室となり，さらに1989（平成元）年度より同室は原子力安全対策課となった．茨城県も1963（昭和38）年に企画開発部原子力課を設置した．その後1972年には環境局原子力課に改組され，1979（昭和54）年に原子力安全対策課となった．福島県［2009］および茨城県［2013］参照．

13）国は福井県に対して「蒸気発生器伝熱管の漏えい事故は起こったが，燃料棒折損事故にかかわりなく，原子炉はまったく問題なく運転されている」と説明していた．このことを機に，県は運転に関する決定権を重視するようになったという．隠ぺいを起こさせず自治体が積極的に情報を要求するために，事故後の運転再開についての事前協議を福

第4章　原子力安全規制における「自治の実践」　*117*

井県が全国で初めて原子力安全協定に盛り込み，国の了解があっても運転再開ができないようにした［来馬 2010：80-81］．

　また，同様の事例は福島県でもあった．先に述べた福島第二原子力発電所3号機の事故では，原子炉冷却水再循環ポンプの損傷で脱落した部品が見つからなくても安全性が確認されれば運転再開がありうる，と東京電力が記者会見で述べた．この発言は，謝罪に県庁を訪れた東京電力に対して佐藤知事が「原因を徹底究明し，安全性が確認されてから運転を再開してほしい」と述べた直後であったという［佐藤 2011：29］．

14）なお，福井県は原子力発電所で何か事故が起これば独自の調査を行い，電力事業者とは別にプレスに情報を提供するようになった［来馬 2010：81］．
15）先に述べたように協定の改定頻度は自治体によって多様であるが，菅原・稲村・木村ほか［2009］によると，これは自治体の考え方から生じるという．過去の運転実績や実質的な信頼関係を重視する自治体は安全協定を事業者との関係の表現の一部にすぎないと捉えるので，改定頻度は比較的少ない．これに対して，協定を頻繁に改定してきた自治体は，原子力発電所の事故・トラブルなどが起きるとすぐにそれへの対応を安全協定上に明文化して反映させることで，事業者との関係を常に見直していこうとする姿勢を持っている．ただし，前者の場合でも協定による明文化を求められることがあり，また後者の場合でも安全協定のみを根拠に自治体と電力事業者の関係が作られているわけではない．
16）来馬［2010：95］参照．その結果，「おかげで今では国や事業者にも，県の判断が信用されるようになってきた．実際，国の原子力安全・保安院と，福井県の原安課で意見交換をすることは多い．そして，国が事業者に対して『福井県の考え方をまず聞け』と指導することもあるようだ」［来馬 2010：198］という状況にまでなったという．
17）『福井新聞』1975（昭和50）年6月14日付．
18）大村［2013］によると，当時，大島半島の各漁村に渡るには町の中心（本土側）にある本郷の桟橋から1日4往復の町営定期船に頼るしかなかったという．半島に住む小学生たちはシケなどで町営定期船が欠航すると学校へ行けないので，「目の前に本土が見えても学校に通えない」状況になることもあった（pp.19-20）．
19）町議会の誘致決議文は以下のとおりである．

　　　最近，原子力平和利用の研究が急速に軌道に乗り，特に原子力発電が画期的な進歩をとげつつあるとき，たまたま若狭湾一帯がその基地として脚光を浴び，我が国の産業と地域開発に大きく貢献しようとしていることは，誠に喜ばしい限りである．このときにあたり，本町大島地区は，地形，地質とも原子力発電所の設置に適していると考えられるので，本町としては，当地域の辺地性に鑑み，この施設の誘致に伴う道路の整備等により，その辺地性の解消に地域開発を図るため，挙町一致万全の協力態勢をととのえて，本町への誘致を決議するものである．

　すなわち，敦賀半島における原子力発電所の立地と地域の変化を目の当たりにして，大飯町も同様の期待を持って誘致に乗り出したと言える．
20）仮協定では，問題発生時に町が肩代わりすることや住民の生活用水を発電所が取水できることなど，町の全面的な協力が約束されていたという［来馬 2010：57］．このことは，反対運動の町民から「町を売り物にした屈辱的な協定」として認識されたという［大村 2010：22］．

21) 大飯町は1972（昭和47）年6月に『健康で豊かなうるおいのある町づくり計画』を策定し，県や関西電力に協力を求めた．関西電力［1978］によると，要請に対して関西電力は診療所や体育館建設など具体的なプロジェクトのうち可能なものから側面的に協力することとし，地域振興協定の締結に至っている．主な内容は以下のとおりである．

　　福井県と大飯町と関西電力株式会社は，大飯町の『健康で豊かなうるおいのある大飯町』を建設するための振興計画ならびに関西電力の大飯原子力発電所の建設に関する協力について次の通り協定する．
　　関西電力は大飯町の振興計画事業のうち次の事業を実施する．
　　　(1) 交通通信施設事業
　　　　①県道赤礁崎公園線および地区間取付町道を設置する．
　　　　②町道大島1・2号線の舗装（局部改良を含む）を実施する．
　　　(2) 保健衛生施設事業として診療所を設置し，一般に開放する．
　　　(3) 教育文化施設事業として総合体育館およびテニスコート，バレーコート各1面を設置し地元に開放する．
　　　(4) 防犯施設事業として防犯灯を設置する．
　　関西電力は大飯町の上記以外の振興計画事業について，主に生活環境施設，産業基盤の整備および教育文化施設にかかる事業について協力する．
　　県と大飯町は，関西電力の大飯原子力発電所の建設に協力する．

　このように，大飯町でも道路整備が地域開発の最重点事項に挙げられており，第2章第3節で述べた敦賀市・美浜町の場合と共通している．また，大飯町の特徴としては教育文化施設などの整備に及んでいる点や，反対運動を受けて県を含めた三者協定の形になっている点が挙げられる．
22) 原子力安全協定の改定により県の立場は非常に強くなったが逆に反対運動のターゲットにもなり，県も説明責任を負うことになったという［来馬 2010：82］．
23) 原子力発電所11基の平均値．
24) 同様の取り組みは地方交付税の充実や交通体系の整備促進を自治体が国に求める場合などにもみられる．しかし，これらの「陳情」は地域経済や地方財政に対する具体的な便益をともなうのに対して，原子力政策に関する国民的議論の喚起は立地地域の経済的便益に直結するものではない．
25) 当時福島県知事であった佐藤栄佐久は，もんじゅの事故に関する情報秘匿等を受けて「1989年の福島第二原発の事故と同様，原発のガバナンスにはどうも無理があるのではないか」と考えたという．そこで，国に原発政策が適切に行われるよう「日本の原子力発電を支える3県」が申し入れを行った．佐藤［2011：38, 42］参照．
26) 情報秘匿が発覚した契機は，福井県が原子力安全協定に基づいて現場に立ち入り，調査状況として公表した映像にナトリウム漏えい火災現場が映っていたことである．動燃がすでに公表していたビデオに火災現場の映像がなく，動燃は「撮影していない」としていたが後に編集でカットされていたことが発覚した［来馬 2010：142-145］．また，吉岡前掲書によると，自治体の立ち入りによる情報秘匿の発覚は住民パワーを背景にした地方自治体の意向を無視した原子力政策の推進がもはや不可能となったことを印象づける1つのエピソードでもあり，地方自治体の国策に対する異議申し立てを活発化させる触媒効果を日本社会全体に与えたという．さらに，1996（平成8）年に実施された新

潟県巻町での原子力発電所建設の賛否を問う住民投票も，住民パワーの高まりを背景として住民投票の是非とともに「国策のあり方」などについて幅広い議論を巻き起こした（ただし，翌1997（平成9）年は核燃料サイクル政策の原状復帰に向けての「逆コース」の始まりを画する年となった，とも述べている［来馬 2010：264-278］）．
27) 開催地は第3回の京都，第8回の横浜，第10回の敦賀を除き，いずれも東京であった．
28) また，「そもそも福井県が国策に協力しているのは，国策に合理性があるからである．国が信用されるためには，政策の合理性が欠かせない．また，国民が政策の合理性を理解すれば，国を信じることにつながる」として，「国策だからとにかく信じてくれ」というのは甘えである，と述べている［来馬 2010：148］．
29) しかしながら，必ずしも立地自治体の要請がすべて国策に反映されるとは限らない．福島県では2001（平成13）年5月に，プルサーマルの実施や新規電源開発の凍結などを受けて，エネルギー政策全般の見直しのための庁内組織として「福島県エネルギー政策検討会」を設置した．これは電源立地県の立場でエネルギー政策全般の検討を行うもので，電力の需給構造の変化や新エネルギーの可能性，原子力政策の決定プロセス，エネルギー政策における原子力発電の位置づけ，核燃料サイクルなど，国策の根幹にかかるテーマが議論の中心になっている．県民や学識経験者との意見交換等による24回の検討を経て，2002（平成14）年9月19日に『中間とりまとめ』が発表された．これは国（原子力委員会）が設置した原子力政策円卓会議とは異なり立地自治体が自ら国策に関する議論の場を用意したものであり，立地自治体の強い積極性が窺える．しかしながら，『中間とりまとめ』が発表されたのと同じ日に原子力委員会は『核燃料サイクルの推進について』と題する声明を発表し，エネルギー政策検討会の問題提起は活かされなかった．この経緯については，福島県エネルギー政策検討会［2002］および佐藤［2011］を参照．
30) 詳しい内容は，橘川［2011：86-103］を参照．
31) 橘川武郎は，大飯3・4号機の再稼働をめぐって「福井目線」が局面を動かしたという事実が持つ意味の大きさを重視している．困難な問題に対する真の解決策は問題に最も近いところで向き合っている当事者によって見出されることが多く，その意味で当事者能力を持つ「福井目線」が根本的な意味での説得力を持ちえるからである．再稼働をめぐる世論は賛成と反対に二分されたが，「福井目線」への理解が今後徐々に広がってゆくに違いない，と橘川は述べている．橘川［2013：213］参照．
なお，1979（昭和54）年3月に発生したアメリカ　スリーマイル島原子力発電所（加圧水型軽水炉）の事故を受けて国内の同型の原子力発電所に対する安全解析が行われたが，その後最初に再稼働したのも大飯1号機であった．
32) 菅原・田邉・木村前掲書では，公害防止協定と原子力安全協定の運用面における比較を行っている．公害防止協定では，自治体と事業者の交渉・合意の下に設定された具体的な排出基準値が運用上のクライテリアとして機能している．これに対して，原子力安全協定では案件に応じてさまざまな社会的事情が斟酌され，クライテリアが明確でないという．
33) 日本の公害防止対策が「まず，地方公共団体の手によって始められた」と言われたのも，公害防止条例が国の法規制に先駆けて制定されたからである．自治大学校［1978：280］参照．
34) 公害防止条例のなかに公害防止協定の締結を定める場合もある．

第5章

原子力産業政策における「自治の実践」(1)
——アトムポリス構想——

　原子力発電所立地地域における「自治の実践」の2つめの分野は，原子力産業政策である．これは原子力安全規制のように原子力発電所の立地当初から多くの自治体で行われたのではなく，一定の集積が進んだ段階で福井県が他の自治体に率先して実施したものである．そのため原子力安全規制における「自治の実践」と比較すれば歴史が浅く，地域への広がりも限られている．しかしながら，地域開発のあり方やエネルギー政策の展望を踏まえるならば，原子力産業政策における「自治の実践」は今後ますます重要な取り組みとなるだろう．
　原子力発電所の集積と運転によって立地地域の経済や財政は「多くの効果が一過性に終わる」のではなく「大きな効果が持続する」状況となった．これは，地域における原子力発電所立地のメリットが拡大し，経済面での重要性が高まったことを意味する．すなわち，立地自治体が原子力発電を産業政策の要素として捉え，主体的な取り組みによってメリットを拡大することが不可欠となる．そこで，前章でみた原子力安全規制に加えて原子力産業政策の分野でも「自治の実践」が要請されることになった．その端緒となったのが，福井県の「アトムポリス構想」である．
　高度経済成長期には経済計画と全国総合開発計画を車の両輪として，各地で産業基盤の整備と企業誘致による地域開発が進んだ．原子力発電所も誘致企業の1つであった．しかし，地域開発の動向が1970年代から変化してくる．高度経済成長期から安定成長期への移行を受けて，全国総合開発計画の重点が変わってきたのである．新しい地域開発は生活環境や地域の産業構造に配慮したものになり，その意味では地域開発における「自治の実践」の余地が広がったと言える．
　このように，地域開発でも原子力産業政策でも「自治の実践」が重視される

ようになった．しかし，地域開発では全国総合開発計画という国策の変更によって自治の可能性が高まったとしても，自治体がその枠組みにとどまって政策を遂行する限り，やはりそれは「自治の実践」とは言えない部分が残る．

これに対して，アトムポリス構想の場合は原子力発電の推進という国策は変わらないものの，地域開発の変化を踏まえつつ地域の側から原子力発電に新たな役割を求めたものとなっている．つまり，アトムポリス構想は地域開発における国策の変化の影響よりも地域の独自性が強いと言える．アトムポリス構想が「自治の実践」であったかどうかは依然として議論の余地があるが，次章以降で述べる原子力産業政策の展開をみればアトムポリス構想が「自治の実践」を着実に進める役割を果たしたことは間違いないだろう．

第1節　1970年代以降における地域開発の潮流変化とアトムポリス構想

第2章では1950年代から各地で進められた地域開発や原子力発電の実用化の経緯について整理した．高度経済成長期の地域開発は道路・港湾などの産業基盤の整備や重化学工業の企業誘致が中心であり，福井県でも「後進県からの脱却」をスローガンに同様の地域開発が行われてきた．同じ時期に進められた原子力発電所の誘致もまた地域開発の一環と認識されている．

その後は全国総合開発計画が改定され，地域開発の内容が変化してきた．

(1)　第三次全国総合開発計画とテクノポリス構想

全国総合開発計画の改定の経過とそれぞれの特徴を整理したのが，**表5-1**である．

ここで，福井県における原子力発電所立地までの経緯と全国総合開発計画の改定経過を比較してみよう．最初の全国総合開発計画（全総）が策定された1962（昭和37）年は，川西町への原子力発電所の誘致が断念されて敦賀半島への立地が決まった年である．そして，次の新全国総合開発計画（新全総）が策定された1969（昭和44）年は敦賀1号機の燃料初装荷が行われた年であり，翌1970（昭和45）年に敦賀1号機と美浜1号機が運転を開始している．その後1977（昭和52）年に第三次全国総合開発計画（三全総）が策定されたが，その年には美浜2・3号機や高浜1・2号機もすでに運転を始め，大飯1・2号機も着工を迎

えている．福井県における原子力発電所の集積は主に全総と新全総の時期に急速に進んだことが分かる．

累次の全国総合開発計画に対する評価には批判的なものが多い．以下，岡田・川瀬・鈴木ほか［2007］の第3章「地域開発政策の検証」による記述を整理して，このことを述べる．

全総は「拠点開発方式」により重化学工業を誘致する拠点都市（新産業都市・工業整備特別地域など）を配置することを通じて，地域の均衡ある発展をめざした．ところが，現実には三大都市圏への富と人口の集中がいっそう進み，一部の新産業都市を除いて重化学工業の立地が進まず，むしろ先行投資として産業基盤中心の公共事業を集中的に行った結果，公債費の増大による自治体財政の硬直化が進み，財政危機と住民福祉の低下などを招くことになった．また，地域開発で期待されていた農産物需要の急増や商業・サービス業の売上増，不動産価値の上昇，進出企業による地元雇用の拡大なども実現しなかった．さらに，企業誘致に成功した一部の地域でも公害や労働災害の犠牲者を生み，重大な課題が残されることになった．「結局，拠点開発方式は失敗に終わった」［岡田・川瀬・鈴木ほか 2007：148］のである．

続く新全総では「大規模プロジェクト構想」を打ち出し，従来の輸出主導型の経済大国化をいっそう強めていった．すなわち，全国を中央地帯（三大都市圏と瀬戸内地区を結ぶ一帯）・北東地帯・南西地帯の3つに区分して，中央地帯には中枢管理機能や文化機能の集積した巨大都市地帯を整備し，北東地帯と南西地帯には大規模工業基地（むつ小川原・苫小牧東・周防灘・志布志），巨大農業基地，巨大観光基地を配置する．そのうえで，各地帯間を交通通信ネットワークで結んで地域間に分業関係を構築するネットワーク型開発を行う，という構想である．しかしながら，公害や環境破壊に対する厳しい世論が沸き起こり，生活環境の優先整備を主張する革新自治体の誕生などにより構想の見直しが求められるようになった．さらに，1972（昭和47）年7月に発足した田中角栄首相の提唱による「日本列島改造論」を機に土地投機や地価高騰が全国に巻き起こった．地域開発の深刻な弊害が顕在化しはじめ，国民の支持が得られなくなったのである．

全総の拠点開発方式と新全総の大規模プロジェクト構想は，重化学工業の分散という基本的手段が共通していた．したがって，いずれも産業基盤の整備と企業誘致を手段とした地域開発であったと言える．

表5-1 全国総合開発計画の改定経過と特徴

	全国総合開発計画（全総）	新全国総合開発計画（新全総）	第三次全国総合開発計画（三全総）	第四次全国総合開発計画（四全総）	21世紀の国土のグランドデザイン
閣議決定	1962(昭和37)年10月5日	1969(昭和44)年5月30日	1977(昭和52)年11月4日	1987(昭和62)年6月30日	1998(平成10)年3月31日
策定時の内閣	池田内閣	佐藤内閣	福田内閣	中曽根内閣	橋本内閣
背景	1 高度成長経済への移行 2 過大都市問題、所得格差の拡大 3 所得倍増計画（太平洋ベルト地帯構想）	1 高度成長経済 2 人口、産業の大都市集中 3 情報化、国際化、技術革新の進展	1 安定成長経済 2 人口、産業の地方分散の兆し 3 国土資源、エネルギー等の有限性の顕在化	1 人口、諸機能の東京一極集中 2 産業構造の急速な変化等により、地方圏での雇用問題の深刻化 3 本格的国際化の進展	1 地球時代（地球環境問題、大競争、アジア諸国との交流） 2 人口減少・高齢化時代 3 高度情報化時代
長期構想	—	—	—	—	「21世紀の国土のグランドデザイン」一極一軸型から多極型国土構造へ
目標年次	1970(昭和45)年	1985(昭和60)年	1977(昭和52)年からおおむね10年間	おおむね2000(平成12)年	2010(平成22)年から2015(平成27)年
基本目標	<地域間の均衡ある発展> 都市の過大化による諸問題、生活面での地域差について、国民経済的視点からの総合的解決を図る。	<豊かな環境の創造> 基本的課題を調和しつつ、高福祉社会を目ざして、人間のための豊かな環境を創造する。	<人間居住の総合的環境の整備> 限られた国土資源を前提として、地域特性を生かしつつ、歴史的、伝統的文化に根ざし、人間と自然との調和のとれた安定感のある健康で文化的な人間居住の総合的環境を計画的に整備する。	<多極分散型国土の構築> 安全でうるおいのある国土の上に、特色ある機能を有する多くの極が成立し、特定の地域への人口や経済機能、行政機能等諸機能の過度の集中がなく地域間、国際間で相互に補完、触発しあいながら交流している国土を形成する。	<多軸型国土構造形成の基礎づくり> 多軸型国土構造の形成を目指す「21世紀の国土のグランドデザイン」実現の基礎を築く。地域の選択と責任に基づく地域づくりの重視。

第5章　原子力産業政策における「自治の実践」(1)　125

	一全総	新全総	三全総	四全総	五全総
基本的課題	1 都市の過大化の防止と地域格差の是正 2 自然資源の有効利用 3 資本、労働、技術等の諸資源の適切な地域配分	1 長期にわたる人間と自然との調和、自然の恒久的保護、保存 2 開発の基礎条件整備による開発可能性の全国土への拡大均衡化 3 地域特性を活かした開発整備による国土利用の再編成と効率化 4 安全、快適、文化的環境条件の整備保全	1 居住環境の総合的整備 2 国土の保全と利用 3 経済社会の新しい変化への対応	1 定住と交流による地域の活性化 2 国際化と世界都市機能の再編成 3 安全で質の高い国土環境の整備	1 自立の促進と誇りの持てる地域の創造 2 国土の安全と暮らしの安心の確保 3 恵み豊かな自然の享受と継承 4 活力ある経済社会の構築 5 世界に開かれた国土の形成
開発方式等	<拠点開発構想> 目標達成のための工業の分散を図ることが必要であり、東京等の既成大集積と関連させつつ開発拠点を配置し、交通通信施設によりこれを有機的に連絡させ相互に影響させると同時に、周辺地域の特性を活かしながら連鎖反応的に開発をすすめ、地域間の均衡ある発展を実現する。	<大規模プロジェクト構想> 新幹線、高速道路等のネットワークを整備し、大規模プロジェクトを推進することにより、国土利用の偏在を是正し、過密過疎、地域格差を解消する。	<定住構想> 大都市への人口と産業の集中を抑制する一方、地方を振興し、過密過疎問題に対処しながら、全国土の利用の均衡を図りつつ人間居住の総合的環境の形成を図る。	<交流ネットワーク構想> 多極分散型国土を構築するため、①地域の特性を生かしつつ、創意と工夫により地域整備を推進、②基幹的交通、情報・通信体系の整備を国自らあるいは国の先導的な指針に基づき全国にわたって推進、③多様な交流の機会を国、地方、民間諸団体の連携により形成。	<参加と連携> 一多様な主体の参加と地域連携による国土づくり一 (4つの戦略) 1 多自然居住地域(小都市、農山漁村、中山間地域等)の創造 2 大都市のリノベーション(大都市空間の修復、更新、有効活用) 3 地域連携軸(軸状に連なる地域連携のまとまり)の展開 4 広域国際交流圏(世界的な交流機能を有する圏域)の形成
投資規模		1966(昭和41)年から1985(昭和60)年 約130〜170兆円 累積政府固定資本形成(1965(昭和40)年価格)	1975(昭和50)年から1990(平成2)年 約370兆円 累積政府固定資本形成(1975(昭和50)年価格)	1986(昭和61)年度から2000(平成12)年度 1,000兆円程度 公、民による累積国土基盤投資(1980(昭和55)年価格)	投資総額を示さず、投資の重点化、効率化の方向を提示

(資料)　国土庁 [2000].

しかし，第三次全国総合開発計画（三全総）では大きな変化がみられた．オイルショックなどを機に従来の地域開発をけん引してきた鉄鋼・化学・アルミ・石油精製などの重化学工業が輸出の激減や生産稼働率の低下に見舞われ，深刻な設備の過剰状態を招いた．そのうえ，政府の総需要抑制政策が加わってこれらは構造不況業種に陥り，リーディング・インダストリーとしての地位を失うことになる．重厚長大型産業の時代が終わったのである．また，政府も財政支出の大幅な削減と民間活力の活用を進めるとともに自治体を事業主体とした地域開発を求めるようになり，「地方の時代」の幕開けとなった．

このような変化を背景として，三全総では「定住圏構想」が打ち出された．すなわち，地方における定住環境の総合的整備を基本目標に掲げたのである．雇用の場としての生産環境のみでなく，豊かな自然環境と質の高い生活環境をともに備えた総合的な居住条件を地方に整備し，若年層を中心として人口の地方定住を促した．これは地域開発の内容を従来の産業優先から生活重視へと大きく転換させると同時に，その手段も国主導ではなく地域の主体性によるものとなり，新しい地域開発の到来を予感させた．

しかしながら，実際には国の主導が強く残り，地域の主体性は形骸化した．しかも，定住圏構想は従来のような国の公共事業が中心であり，自治体が補助金の獲得競争に奔走した．そのため，自治体が中央政府の縦割り行政の枠にはめ込まれ，総合的な居住環境の整備に至らなかったのである．また，全総や新全総のように具体的な工業分散政策を持たなかったため，企業誘致を求める自治体からも不満の声があがった．そこで，新たな地域産業政策が強く求められるようになり，その1つとして「テクノポリス構想」が提起された．

テクノポリス構想は産業構造審議会の答申『80年代の通産政策ビジョン』によって提唱され，テクノポリスを「産」（先端技術産業）・「学」（学術研究機関・試験研究機関）・「住」（潤いのある快適な生活環境）が調和した都市と位置づけ，産業構造の知識集約化と高付加価値化の目標（創造的技術立国）および21世紀に向けた地域開発の目標（定住構想）を同時に達成することをめざした．1983（昭和58）年4月には高度技術工業集積地域開発促進法（テクノポリス法）として法制化され，拠点開発方式と同様の指定獲得競争が展開された末に全国で26カ所の地域が指定されている．ただし，テクノポリスに指定されても補助率のかさ上げといった財政支援はなく，地域の自主性・主体性と民間活力の活用によって事業を推進するものであった．また，その内容はハード面だけでなくソフト

面にも向けられていた．すなわち「工業用地・工業用水等のハードなインフラ整備に留まらず，研究開発機能や人材育成機能等のソフトなインフラ整備や，地域企業の技術高度化のための支援事業が併せて行われており，この点は新産業都市など従前の開発政策に比べ評価すべきところといえよう」[伊東 1998：v]とされている．

このように，テクノポリス構想が国の主導ではなく地域の主体性により生活環境やソフト面を含めて整備されるものであり，従来とは異なる特徴の産業政策として注目された．しかしながら，それは同時に新しい政策の弱みともなった．すなわち「『技術立国日本のシンボル事業』から『地域主導のローカル事業』へとトーンダウン」[岡田・川瀬・鈴木ほか 2007：153]し，顕著な成果をあげられなかったのである．

まず，テクノポリス構想は経済情勢の影響を受けた．1980年代半ばから急激な円高が進み，先端技術産業がグローバルな立地戦略をとった．そのため，国内でテクノポリスに指定されても新規企業の立地が進まなかったのである．また，テクノポリス構想自体にも次のような問題点があった [伊東 1998：v‐vi]．

①総じて国の助成措置が手薄で，国にとって安上がりのものとなっていること．
②テクノポリス法をはじめ主務官庁の行政指導を含む国の一連のテクノポリス政策が各地域のテクノポリス建設を，相互に類似した画一的なものに導いていること．
③国や地方自治体，テクノポリス開発機構等によって講じられている関連施策が必ずしも地域の実態，地域企業のニーズにマッチしていないこと．
④テクノポリスの全国的な分散配置によって，テクノポリス地域の中には先端技術産業の誘致や内発的開発が容易でないところが相当数含まれていること．

これらの要因のため，伊東維年は「いずれの地域もテクノポリスの産業開発は順調に進んでおらず，テクノポリス指定地域のうちで，予定どおり『産』『学』『住』の調和した『まちづくり』が進んだところは，現在まで1カ所も見当たらない」[伊東 1998：vi]と述べている．

以上のように，三全総とテクノポリス構想は産業構造の転換や国民の意識変

化，地方の時代の到来といった当時の多様な経済・社会の情勢変化を背景として，地域開発の新しい姿を打ち出したものである．しかし，実際には公共事業や企業誘致の重視など従来の地域開発手法も色濃く残された過渡期の政策であるとともに，情勢変化に対応しきれず期待どおりの成果をあげることができなかった．

こうしたなかで，主に全総と新全総の時期に原子力発電所の立地が進んだ福井県でも新たな地域開発の政策が展開されていった．それが「アトムポリス構想」である．

(2) 福井県におけるアトムポリス構想の提起と具体化

福井県がテクノポリスの指定を受けることはなかったが，指定を受けられるよう努力することが先端産業を誘致するうえでも有効であると考えられ，1983（昭和58）年10月に策定された『第四次福井県長期構想』では嶺南地域の地域別整備構想のなかに「アトムポリス建設構想の推進」が掲げられた．

その内容は次のとおりである．

> 原子力発電所の特性を企業立地，地域産業の振興，地域コミュニティーの形式等に多目的に活用し，原子力発電所と産業，地域社会が一体となった地域振興を図るアトムポリス建設構想の実現を促進する［福井県 1983：280］．

その後，1987（昭和62）年3月に策定された『新しい近畿の創生計画（すばるプラン）——双眼型国土構造の確立に向けて——』では，「第6章　新しい近畿創生のための主要整備構想——高度分積都市ネットワークの形成」の「2　近畿リサーチ・コンプレックス構想」のなかに，アトムポリス構想が位置づけられた．

近畿リサーチ・コンプレックス構想とは，既存の大学や試験研究機関などの学術・研究開発機能の拡充を図るとともに，近畿圏一円に新しい学術・研究開発拠点を整備し，これらを世界の文化・学術研究センターとなる関西文化学術研究都市を中核としてネットワークで結ぶ構想である．関西文化学術研究都市は京阪奈丘陵において国際高等研究所，国際電気通信基礎技術研究所などの整備を推進するとともに，大学院大学，第二理化学研究所，ヒューマンサイエンス・プログラムセンター，宗教哲学センターなどの整備を図るものである．そ

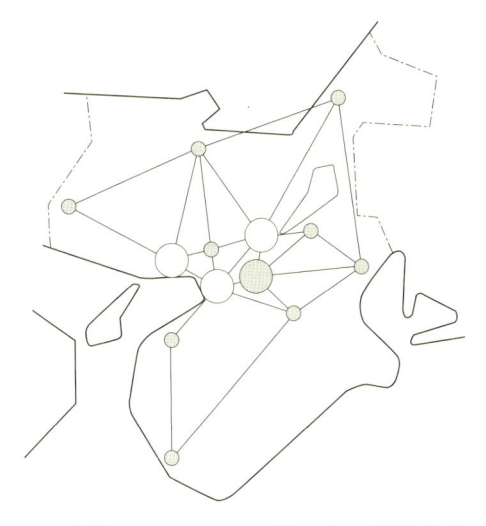

図5-1　近畿リサーチ・コンプレックス構想のイメージ
(資料) 国土庁大都市圏整備局・近畿開発促進協議会 [1987：50]，新近畿創生推進委員会 (すばる推進委員会) [1987：90] より作成．

して，近畿圏の各地域における産業の蓄積や近畿リサーチ・コンプレックスから生み出される研究開発成果を活かして，宇宙・海洋開発やエレクトロニクスなどの新しい産業を展開することをめざしている．構想のイメージは**図5-1**のとおりである．

アトムポリス構想は近畿リサーチ・コンプレックス構想における新しい学術・研究開発拠点として，次のような機能を整備することが示されている．

> アトムポリス (福井) においては，原子力大学院大学，原子力研究所，エネルギーに関する総合的な研究所，原子力関連産業の立地を図り，エネルギー関連学術研究拠点を形成する [国土庁大都市圏整備局・近畿開発促進協議会 1987：49；新近畿創生推進委員会 (すばる推進委員会) 1987：89]．

また，すばるプランの「第7章　地域別整備構想」の「2　北近畿地域」では，若狭の整備構想として**図5-2**に示すようなアトムポリスの整備が含まれ，次のように述べられている．

> 敦賀市及び小浜市を中核に，環日本海国際交流都市圏の形成をめざし，

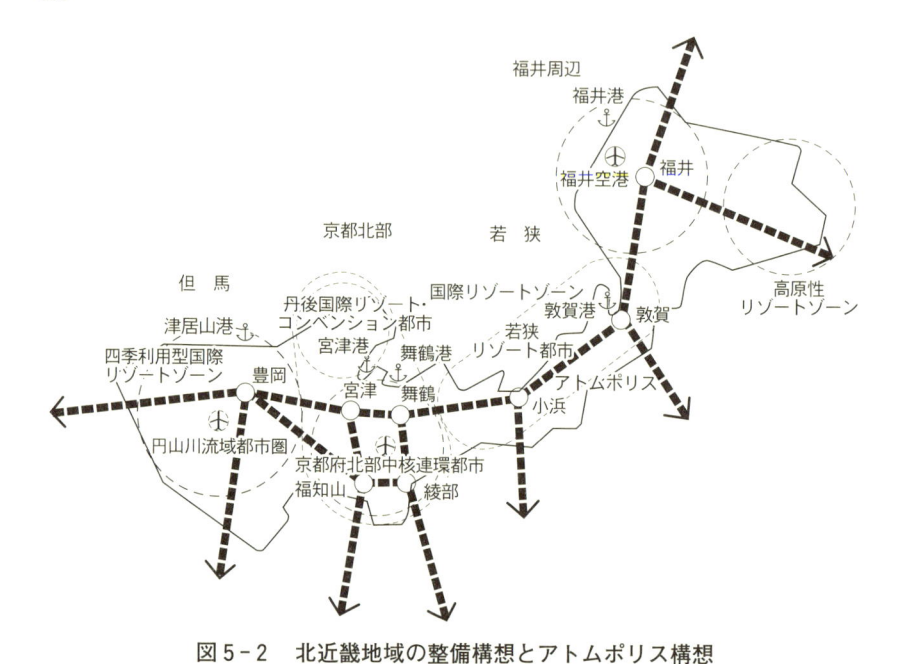

図 5-2　北近畿地域の整備構想とアトムポリス構想

（資料）国土庁大都市圏整備局・近畿開発促進協議会［1987：90］，新近畿創生推進委員会（すばる推進委員会）［1987：133］より作成．

　国際交流機能や文化，学術研究機能を中心に，高次都市機能の集積を図るとともに，若狭中核工業団地などの整備を進め，先端技術産業の導入を図り，地場産業のハイテク化，ハイタッチ化を促進する．

　また，原子力発電所が集積しているという地域特性を生かし，原子力大学院大学，原子力研究所，エネルギーの総合的研究所などの立地や原子力関連産業，エネルギー関連産業，人工知能（AI）をはじめとするソフトウェア産業などの集積を図り，原子力発電所と産業，地域社会が一体となったアトムポリスを建設する［国土庁大都市圏整備局・近畿開発促進協議会　1987：89；新近畿創生推進委員会（すばる推進委員会）　1987：132］．

　そして，福井県では1989（平成元）年１月に策定した『福井県新長期構想──福井21世紀へのビジョン──』のなかで，「アトムポリス構想の推進」として次の３点が提起された［福井県　1989a：168］．

・原子力発電所が集中立地している特性を活用し，原子力やエネルギーに関する国際的な研究機関や国際協力を図るための施設を整備，誘致することにより，国際的なエネルギー関連の研究拠点を整備します．
・原子力発電所のエネルギーや温排水を活用した工業，農業，水産業等の拠点を整備し，産業の新たな展開をめざします．
・世界的な研究者や技術者が集まる原子力平和利用会議等の開催を促進します．

さらに，アトムポリス構想を実現するための具体策として，新長期構想の第1次・2次事業実施計画に「アトムポリス構想推進事業　エネルギーに関する研究開発，技術教育，国際交流等の拠点施設の整備」が位置づけられ，また第3次事業実施計画では「エネルギー研究センター整備事業　原子力やエネルギーに関する研究，研修，交流の拠点施設の整備」として，以下の全体計画が示された［福井県　1996b：68］．

・研修部門　研修室，実習室等
・交流部門　ホール，体験コーナー，交流室等
・研究部門　研究室，情報処理室，実験室等

その後，エネルギー研究センターの整備は1993（平成5）年3月の基本構想と1994（平成6）年3月の基本計画の策定を経て，財団法人若狭湾エネルギー

写真5-1　若狭湾エネルギー研究センター
(資料) 若狭湾エネルギー研究センター．

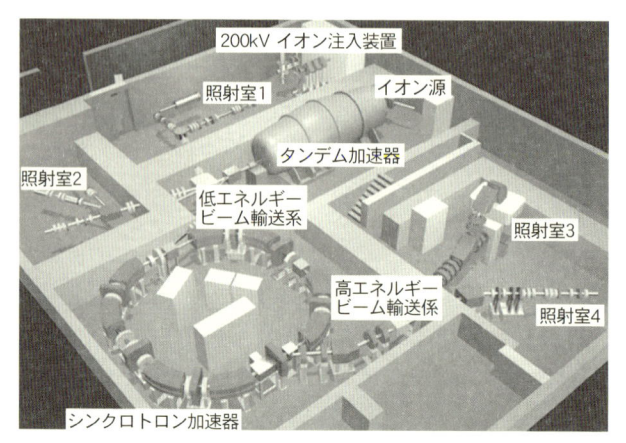

図5-3　若狭湾エネルギー研究センターの多目的シンクロトロン・タンデム加速器
(資料) 若狭湾エネルギー研究センター.

研究センターの設立総会が同年8月に開催された．そのなかで栗田幸雄福井県知事は「若狭湾地域に原子力発電施設が集積しており，これにより同地域には総合科学技術である原子力・エネルギー関連事業を支える人材も蓄積しているとし，これを1つの地域特性と捉え活用し地域振興に結びつけることがアトムポリス構想の理念であり県にとっての10年来の懸案であったとした」[若狭湾エネルギー研究センター 2008:17]という．

センターは1996 (平成8) 年度より建設が開始され，1998 (平成10) 年11月11日に若狭湾エネルギー研究センターとして開所した．建物は交流棟・研修棟・一般研究棟・放射線研究棟の4つに大きく分かれている．交流棟にはホール，交流室2室など，研修棟には研修室4室，実習室2室など，一般研究棟には研究室18室，実験室14室など，放射線研究棟には加速器室，照射室4室などが配置されている．また，科学やエネルギーに関する図書・無料インターネットコーナーを備え来館者が常時閲覧できる科学情報コーナーや児童が遊びながらエネルギーに関する知識を学べる科学体験コーナー，地元向け開放施設としての多目的広場などが整備された (写真5-1, 図5-3参照)[3]．

第2節 自治の視点からアトムポリス構想をどうみるか

1970年代以降における地域開発は，オイルショックを契機とした高度経済成長から安定成長への移行，産業構造の変化，地方の時代の到来などを背景として，その内容を従来の産業優先から生活重視へと転換したことが大きな特徴であった．また，手段の面でも国の主導ではなく地域の主体性が求められた．このような転換の象徴となったのが三全総の定住圏構想とテクノポリス構想である．しかし，現実は依然として国からの補助金や指定の獲得をめぐる地域間競争が行われ，工業分散のための具体的な地域産業政策としてテクノポリス構想が提起されたものの目立った成果をあげるには至らなかった．

このように，当時の地域開発は転換の過渡期にあり，内容と手段の両面で地域の主体性を発揮する余地が広がったけれども実際には十分に発揮することができなかった．したがって，「自治の実践」はそれほど行われなかったと考えられる．

このような情勢のなかで福井県はアトムポリス構想を提起し，若狭湾エネルギー研究センターが設立された．これは原子力発電所の誘致・増設という従来の路線に新たな一面を加えたものである．原子力発電所の誘致と増設は原子力発電の実用化と企業誘致による地域開発の推進という2つの国策の下で進められ，地域にとっても原子力発電所の立地が企業誘致による地域開発の一環と捉えられた．そのため，原子力発電所の誘致と増設は「自治の実践」であったとは言いがたい．これに対して，アトムポリス構想は地域開発の転換と同時期に提起されたが，「自治の実践」としての性格を強める取り組みであったと考えられる．

福井臨海工業地帯の経過とアトムポリス構想の比較を通じて，このことを明らかにしよう．福井臨海工業地帯は全総の時代に進められた拠点開発方式による新産の指定や工特の承認を受けられなかった．そこで自ら整備を進めたのである．また，テクノポリスの指定も視野に入っていた．福井県議会でテクノポリスの指定を受けるよう努力を要望する発言があり，これは直接的にはアトムポリス構想が想定されていたのだが実際には「テクノポート福井」と改称された福井臨海工業地帯の構想に受け継がれたという[福井県議会史編さん委員会 1996：492-493]．1988（昭和63）年12月に福井臨海工業地帯のマスタープランが改定さ

れ，事業内容に「都市的機能用地」「レジャー関連を含む産業用地」が加わることによってテクノポリス構想における「住」（潤いのある快適な生活環境）の要素が福井臨海工業地帯に組み込まれたのである．こうして，福井臨海工業地帯は国の指定や承認を受けなくても国策としての地域開発の展開に沿って形を変えていったと言える．

　アトムポリス構想にも確かに国策の影響がある．テクノポリスの指定を受けるよう要望されたのはアトムポリス構想の方であり，その後も指定にかかわらず整備が進められた点は福井臨海工業地帯と同じだからである．文字通りアトムポリス構想がテクノポリスの影響を受けているため，やはり「自治の実践」とは言い切れない面もあるだろう．

　しかしながら，アトムポリス構想にはテクノポリスにはない独自性もあり，それが「自治の実践」の性格を持っていたことも確かである．逆に言えば，迫力に欠けていたために拠点開発方式の推進に遅れをとった福井臨海工業地帯[4]とは異なり，アトムポリス構想には独自性があったからこそテクノポリスの指定を受けられなかった，もしくは指定の獲得よりも独自の構想を実現することを優先したと考えられる．その意味で，アトムポリス構想はテクノポリスよりも「自治の実践」としての性格がより強いのではないだろうか．

　アトムポリス構想の独自性とは，第1に，新たな誘致対象企業の設定手法である．テクノポリスの問題点として伊東維年が指摘した「国や地方自治体，テクノポリス開発機構等によって講じられている関連施策が必ずしも地域の実態，地域企業のニーズにマッチしていないこと」とは，端的に言えば「誘致できる企業」あるいは「誘致したい企業」よりも「誘致すればテクノポリスの指定を受けられる企業」を対象にした，ということであろう．鈴木茂も「通産省はハイテク型産業として，医薬品，通信・同関連機器，電子計算機・同附属装置，電子応用装置，電子計測器，電子通信機器用部品，医療用機器医療用品，光学機械・レンズの8業種を挙げたから，これらのハイテク型産業の集積が地域指定（計画承認）の要件であると理解され，地方自治体はテクノポリス開発計画の中でハイテク型産業の誘致政策を重視することになった」[鈴木 2001：51]と述べている．

　これに対して，アトムポリス構想はすでに原子力発電所が集積していることを前提にして，原子力関連産業の誘致を提起している．すなわち，地域の実態を踏まえた「誘致できる企業」「誘致したい企業」を対象にしたのである．そ

の意味で，アトムポリス構想はテクノポリスの実質的な制約を乗り越え，誘致対象企業の設定手法に地域の主体性が強く表れていると言える．

第2に，既存の企業や機関の集積状況である．鈴木茂によると，テクノポリスは工場再配置政策の一形態であることに特徴があるという．すなわち，テクノポリスは「ハイテク型産業が過度に集積している大都市圏（移転促進地域）から工業集積の程度が低い地方圏（誘導地域）に再配置することを基本にしている」［鈴木 2001：51-52］のである．新産の指定や工特の承認も工業の分散配置を目的としていたが，テクノポリス構想では工業集積の遅れた未開発地域ではなく「地方中核都市やその周辺地域等の相対的に既存の工業集積や都市機能の高い地域が選定されたこと」［鈴木 2001：52］に特徴がある．すなわち，テクノポリス構想は大規模ではないが一定の企業や機関が集積していることを基盤にして大都市圏のハイテク型産業を再配置する政策であった．

これに対して，アトムポリス構想には「原子力発電所が集中立地している特性を活用する」という趣旨があった．『第四次福井県長期構想』が策定された1983（昭和58）年10月の時点では，福井県における原子力発電所の集積はすでに国内最大規模となっている[5]．そして，学術研究機能はテクノポリスのように既存の集積がなかったため，アトムポリス構想で新たな整備対象となった．したがって，テクノポリス構想は企業や機関が一定の規模で集積していることを前提に工場再配置を進める政策であったのに対して，アトムポリス構想は国内有数の大規模な企業集積を活かして関連産業や研究機関の立地を進めるものであった[6]．

第3に，政策の背景となった産業構造の変化である．テクノポリス構想の場合は，重化学工業の衰退とハイテク型産業への期待が誘致企業の対象を全総と異なるものにした．これに対して，アトムポリス構想では原子力発電が衰退したのではなく，むしろ増設が各地で進められ，既存の発電所とあわせて電源構成のなかで原子力の割合が高まっていた．すなわち，テクノポリス構想は産業の衰退と発展に対応した地域開発の転換であったのに対して，アトムポリス構想の場合は既存産業の発展に新たな発展要素を加える形の地域開発であったと言える．

このように，誘致対象企業の設定や既存の企業・機関の集積状況，構想の背景となった産業構造の変化という点でアトムポリス構想にはテクノポリス構想にない独自性がある．これはテクノポリス構想の根幹に関わる部分であるから，

アトムポリス構想がテクノポリスに指定される可能性を低下させるものとなる．アトムポリス構想は当初こそテクノポリスの指定を受けるよう要望されたけれども，結局は指定を受けられるような形にならなかった．アトムポリス構想がテクノポリスという国策に誘導されれば限界に直面せざるをえないので，自治体独自の政策として進むことを選択したのではないだろうか．その意味で，アトムポリス構想はテクノポリスよりも「自治の実践」としての性格がより強かったと考えられる[7]．

原子力発電所の立地と増設によって地域経済や地方財政における原子力発電の重要性が高まるとともに，地域開発の変化を踏まえて地域における原子力産業政策が独自性の強いアトムポリス構想へと展開していった．三全総とテクノポリス構想による地域開発の過渡期のなかで原子力発電所の誘致と増設に地域主体の原子力産業政策が加わったことは，立地自治体における「自治の実践」の端緒になったと言えるだろう．原子力発電の推進という国策は前提として変わらないものの，だからこそ国策にはないアトムポリス構想が提起されたのであり，国策を前提とした「自治の実践」が原子力産業政策の分野でも動きはじめたと言える．

注

1) 一方で，田中利彦はテクノポリスの建設が順調に進まなかったことを認識しながらも「独自性の芽が吹き出しつつある」ことを指摘しており，「前向きに評価するなら，地方に自己努力により自信を持たせるきっかけを作ったとも考えられる」と述べ，過渡期の政策としての意義を見出している［田中 1996：ii］．
2) この計画は，国土庁大都市圏整備局および近畿2府6県3政令指定都市で構成される近畿開発促進協議会が中心となり，官公民が共同して策定した．当時の近畿圏は，中枢管理機能をはじめとする諸機能の首都圏への一極集中にともない相対的地位が低下している一方で，国際化・情報化・高度技術化・高齢化などのうねりが押し寄せつつあった．そのなかで，関西国際空港・関西文化学術研究都市・明石海峡大橋などの大規模プロジェクトが推進され，新たな発展を図ろうとする機運が盛り上がっていた．そこで，新しい近畿の創生をめざして長期的かつグローバルな視点から近畿圏発展の考え方を明らかにしようとしたのが『新しい近畿の創生計画（すばるプラン）』である．国土庁大都市圏整備局・近畿開発促進協議会［1987］，新近畿創生推進委員会（すばる推進委員会）［1987］参照．
3) 建物概要は若狭湾エネルギー研究センター［2008：17］を引用した．また写真と図は公益財団法人若狭湾エネルギー研究センターより提供を受けた．
4) 第2章第2節参照．
5) 1983（昭和58）年10月時点で原子炉設置が許可されていたのは福井県が11基，総出力

892.5万kWである．なお，福島県は10基，総出力909.6万kWと福井県よりも総出力が大きいが，福井県では1987（昭和62）年に大飯3・4号機の設置が許可されて13基，総出力1128.5万kWと基数・出力とも国内最大となり，その後新たな設置のない福島県を総出力でも上回った．

6）ただし原子力関連産業も原子炉製造業を始め多様な産業が各地にあり，福井県には原子力発電所が集積していたから，アトムポリス構想に掲げられた関連産業の立地に必ずしも工場再配置の性格がなかったわけではない．

7）なお，構想実現の可能性もアトムポリス構想の方がテクノポリス構想よりも高いのではないか．なぜならば，伊東が指摘したテクノポリスの問題点のうち③と④，すなわち地域の実態や地域企業のニーズにマッチしていないことと，全国的な分散配置のため先端技術産業の誘致や内発的開発が容易でないことは，アトムポリス構想にはそれほど該当しないと思われるからである．アトムポリス構想は原子力発電所という既存企業の大規模な集積と運転の継続という実態を前提とし，また原子力発電所の事業主体も電力会社（関西電力・日本原子力発電）や特殊法人（動力炉・核燃料開発事業団（現在の日本原子力研究開発機構））と多様であることから，実態に即した幅広いネットワークの構築が可能になると考えられる．

第6章

原子力発電所の立地と製造業

　テクノポリス構想は新たな地域開発として大きく期待されたが，現実にはハイテク型産業の誘致が思うように進まなかった．これに対して，福井県が打ち出したアトムポリス構想は若狭湾エネルギー研究センターの設立という形で具体化された．ただし，アトムポリス構想でも原子力関連産業の立地が大規模に進んだとは言いがたい．

　そこで，1つ明らかにしなければならない点がある．原子力発電所の立地と製造業の関係である．第3章では福井県における原子力発電所の立地から現在までの地域経済や地方財政の動向を分析したが，産業構造の変化には特に触れなかった．しかし，三全総とテクノポリス構想による地域開発の転換は産業構造とりわけ製造業の変化を背景としており，地域産業の実態やニーズを踏まえて地域内における産業連関の再構築をめざすものであった．アトムポリス構想で提起された原子力関連産業や機関の立地もまた，主に製造業と原子力発電との連関形成を想定していたと考えられる．だが，現状はまだそのようになっていない．

　製造業といっても多様であり，原子力発電と関係の深い業種もあれば，まったく関係ない業種もあるだろう．アトムポリス構想で想定されている原子力関連産業は前者であるから，原子力発電所の立地によって誘致が容易な業種と考えられる．この場合は原子力発電所が関連産業を発展させる基盤になる．

　テクノポリスもハイテク型産業と地域産業との関係が深ければ誘致の可能性は高まったであろうし，アトムポリス構想も原子力関連産業が原子力発電と関係があるのは当然であるが，現状は立地がそれほど進んでいない．そこで，アトムポリス構想における原子力関連産業の立地の可能性について考察するために，原子力発電と製造業の関係を明らかにする必要がある．

　この点については，「原子力発電所が製造業を衰退させた」あるいは「原発

以外になかなか新しい産業が生まれにくくなってしまう」という見解がある．例えば，金子勝と高端正幸は「もともとこれといった産業のない地域であったがゆえに，いったん原発が建設されると，財政も雇用もすべて原発に吸い寄せられる」［金子・高端 2008：114-115］と述べているし，清水修二も「福島県の電源地帯で『ものづくり』の基盤は育っていない」[1]［清水 2011：113］と指摘している．福井県嶺南地域でも現実に製造品等業出荷額の県内に占める割合が低下したため，原子力発電との関係が注目されている[2]．

仮に原子力発電所の立地が製造業を衰退させたり，原発以外になかなか新しい産業が生まれにくくなってしまうとすれば，アトムポリス構想は重大な矛盾に直面せざるをえない．原子力関連産業を誘致するために地域における原子力発電の比重を下げることが必要になるからである．原子力発電所が集中立地している特性を活用するのではなく一部放棄することが不可避であれば，アトムポリス構想の趣旨に反するだろう．

そこで，原子力発電所の立地が製造業を衰退させたかどうか，また原発以外になかなか新しい産業が生まれにくくなってしまうかどうかを検証することは，アトムポリス構想の実現可能性を考察するうえで，きわめて重要な意義がある．

本章ではこの問題について，福井県嶺南地域だけでなく県内の他の市町，そして全国の原子力発電所立地市町村の動向から検証する．結論を先に述べれば，「原子力発電所の立地が製造業を衰退させた」とい理解は誤りであり，「原発以外になかなか新しい産業が生まれにくくなってしまう」とも限らない．それは，次の3つのことから言える．第1に，嶺南地域における製造業の県内に占める割合の低下は人口規模の大きい敦賀市を中心に観察されるものの，他の立地市町村と比べれば近年の割合も依然として高いことである．第2に，全国の立地市町村では製造業の各県内に占める割合が必ずしも一様に低下しているわけではないことである．むしろ割合が上昇あるいは維持している地域もあり，全体の傾向としては三極化している．第3に，割合が変化した要因は多様であり，原子力発電所の立地というよりも製造業自体の業種の動向や経済情勢に大きな要因がある，ということである．これらを総括すれば，原子力発電所の立地と製造業の関係は相互に衰退と発展の要因となるような因果関係ではなく，原子力発電所は原子力発電所として，製造業は製造業として各々が変化した前後関係にすぎない．

したがって，アトムポリス構想における原子力関連産業の誘致は実現可能な

第6章　原子力発電所の立地と製造業

政策であると考えられる．

第1節　福井県における製造業の動向と嶺南地域

まず，福井県における製造業の動向をみることにしたい．福井県の産業構造は製造業の比重が高く，繊維や眼鏡枠などの地場産業と電気機械・化学等の先端産業など多様な業種によって「ものづくり県」としての特性を維持している[3]．ただし，嶺南・嶺北の地域別や市町村別にみると，動向は多様である．

(1) 嶺南地域の市町村別，立地・非立地別の動向

原子力発電所が集積する嶺南地域の製造業は，福井県に占める割合が低下傾向にある．例えば1980（昭和55）年と2007（平成19）年を比較すると，嶺南地域（主要市町）の製造品等出荷額の割合は18.2％から11.3％へ，また付加価値額は11.8％から9.6％へと低下した（表6-1参照）．逆に言えば，嶺北地域の割合が上昇したことになる．

原子力発電所は嶺南地域にのみ集積しており，嶺北地方にはない．また，第3章で述べたように既存の調査結果でも原子力発電所立地地域における産業構造の変化の特異性が指摘されていることから，嶺南地域における製造業の動向は原子力発電所の集積との因果関係で捉えられることが多い．そこで「原子力発電所の立地が製造業を衰退させた」という認識が生まれやすくなる．

しかしながら，こうした文脈で嶺南地域の製造業を理解することは正しくない．表6-2は，嶺南地域における市町村ごとの製造品等出荷額の県内に占める割合を1975（昭和50）年から2005（平成17）年まで5年おきにみたものである．平成の市町村合併より以前，嶺南地域では原子力発電所立地市町として敦賀市・

表6-1　福井県内に占める嶺南地域（主要市町）の製造品等出荷額と付加価値額の割合

(単位：％)

	1980(昭和55)年		2007(平成19)年	
	製造品出荷額等	付加価値額	製造品出荷額等	付加価値額
製造業	18.2	11.8	11.3	9.6
一般機械・電気機械	25.7	22.9	11.8	12.0

(資料)工業統計（各年度版）より作成．

表6-2 福井県嶺南地域の製造品等出荷額の県内に占める割合の推移

(単位:‰, %)

	1975 (昭和50)年	1980 (昭和55)年	1985 (昭和60)年	1990 (平成2)年	1995 (平成7)年	2000 (平成12)年	2005 (平成17)年	1975-2005 増減幅	1975-2005 増減率(%)
敦賀市	125.8	125.6	94.0	83.4	68.5	69.1	73.1	-52.7	-41.9
小浜市	37.8	35.9	34.3	35.3	30.2	26.0	25.9	-11.9	-31.5
美浜町	2.2	1.9	1.9	2.3	2.2	2.2	2.1	-0.1	-4.5
高浜町	12.0	14.2	5.0	5.2	5.7	2.6	1.9	-10.1	-84.2
名田庄村	1.0	0.8	1.4	1.0	1.2	0.4	0.2	-0.8	-80.0
大飯町		1.2	1.0	1.0	0.6	0.5	0.9	-0.3	-25.0
三方町	7.0	11.5	8.8	11.9	10.8	11.6	28.8	18.2	171.7
上中町	3.6	7.3	7.4	7.5	12.0	13.7			

(注)1:大飯町は1975(昭和50)年の数値がないため,増減は1980(昭和55)年比で算出した.
2:三方町と上中町は2005(平成17)年3月に合併して若狭町になったため,増減は若狭町と三方町・上中町合計との差で算出した.大飯町と名田庄村は2006(平成18)年3月に合併したので,合計していない.
(資料)工業統計(各年度版)より作成.

美浜町・高浜町・大飯町の1市3町が,そして非立地市町村として小浜市・三方町・上中町・名田庄村の1市2町1村があった.現在は三方町と上中町が合併して「若狭町」に,大飯町と名田庄村が合併して「おおい町」になっているが,**表6-2**は旧市町村の状況である.

　嶺南地域の動向は大きく3つに分けることができる.第1に,明らかに割合の低下が見られる市町村である.該当するのは敦賀市・小浜市・高浜町であろう.最も大きく低下したのは大きさで敦賀市,割合では高浜町であるから,いずれも原子力発電所立地地域である.ただし,非立地地域でも小浜市の割合は大きく低下している.第2に,もともと割合がきわめて小さく変動もほとんどない市町村である.美浜町・大飯町・名田庄村が挙げられる.市はないものの,やはり立地と非立地いずれも含まれている.第3は,割合が大きく上昇した市町村である.これは非立地の三方町と上中町のみであり,両町は合併して若狭町となってからも上昇が続いている.

　ここで,あらためて立地と非立地に分けてみると,第3の場合は非立地のみであるが,第1,第2の場合は立地と非立地のいずれも含まれる.つまり,嶺南地域全体の割合が低下しているとはいえ,市町村別にみれば原子力発電所の立地・非立地にかかわらず上昇・低下のいずれの傾向も観察されるのである.

「原子力発電所の立地が製造業の衰退させた」という関係を明確に見出すことはできない．

(2) 嶺北地域の市町村別動向

次に，すべての市町村が原子力発電所非立地地域である嶺北地域の動向をみる．嶺北地域は繊維や眼鏡枠などの伝統的な地場産業と電気機械・化学等の先端産業など多様な製造業が立地し，「ものづくり県」としての福井県の特性を担っている．嶺北地域で製造業の割合が高まったということは「ものづくり県」の特性がいっそう強まったことを意味する．

表6-3は，嶺北地域の主な状況をみたものである．**表6-2**と同様，1975 (昭和50) 年から2005 (平成17) 年まで5年おきに，平成の市町村合併以前の市町村別で示した．表から窺えることは，嶺北地域の割合は確かに上昇しているものの必ずしも一様ではなく二極化の様相を呈している，ということである．

まず，割合を大きく低下させたのが福井市と鯖江市である．いずれも1975 (昭和50) 年の3分の2と，急激に低下している．これに対して，武生市・三国町・春江町では大きく上昇した．とりわけ，三国町では5.3‰から63.8‰へと急上昇している．このように，嶺北地域の割合が上昇したといっても市町別にみれば一様ではなく，むしろ大幅な上昇と大幅な低下という明確な二極化傾向を示したのである．勝山市の変動が小さかったことを考慮すれば，嶺南地域と同じ三極化傾向ということもできる．

表6-3 福井県嶺北地域の製造品等出荷額の県内に占める割合の推移

(単位：‰, %)

	1975 (昭和50)年	1980 (昭和55)年	1985 (昭和60)年	1990 (平成2)年	1995 (平成7)年	2000 (平成12)年	2005 (平成17)年	1975-2005 増減幅	1975-2005 増減率(%)
武生市	145.3	142.3	205.4	202.6	209.7	218.8	199.7	54.4	37.4
福井市	258.4	228.7	217.6	201.1	203.9	183.6	169.7	-88.7	-34.3
三国町	5.3	5.5	23.2	49.1	51.5	58.7	63.8	58.5	1,103.8
春江町	34.4	43.0	46.1	41.7	47.5	56.2	67.3	32.9	95.6
鯖江市	127.8	130.3	126.2	124.4	112.0	106.2	84.8	-43.0	-33.6
勝山市	55.1	52.4	38.0	34.8	36.2	30.3	58.2	3.1	5.6

(注) 武生市は2005 (平成17) 年に合併して越前市となったため，2005年の欄は合併直前の2004 (平成16) 年の数値である．
(資料) 工業統計 (各年度版) より作成．

福井市と鯖江市は，繊維や眼鏡枠などの伝統的地場産業を主力産業としている．これらの産業は円高不況やバブル経済崩壊後の長期不況，さらに近年の東アジア諸国の経済成長と産地間競争の激化などによって，やや衰退傾向にある．両市の主力産業が経済情勢の変化のなかで生産の縮小を余儀なくされたことで，市全体でも製造業の割合が低下したと考えられる．

逆に割合が上昇した武生市では電子部品・デバイス製造業や電気機械器具製造業，輸送用機械器具製造業などの立地が進み，三国町では「テクノポート福井」等への企業誘致により電子部品・デバイス製造業や化学工業などが立地したため，製造品等出荷額の県内に占める割合が大きく伸びた．これらの産業は技術や付加価値の高さから将来性が高い分野と言える．

このように，嶺北地域の製造業も全体では県内に占める割合を高めているものの市町ごとにみれば必ずしも一様でなく，伝統的地場産業の衰退と新たな製造業の伸びが同時に進行することで二極化（もしくは三極化）が進んでいる状況である．南保［2013］では，「福井県の製造業の場合，繊維産業や眼鏡枠産業といった，いわゆる地場産業と呼ばれる分野の衰退を，地元を中心とする化学産業と外発型の電気機械産業がカバーしてきた」(p.24) と指摘されている．このことを市町別にみれば，主力産業の業種が異なることからそれぞれの業種の特性と経済情勢の変化から受ける影響も多様になる，と考えられる．

(3) なぜ敦賀市と高浜町で製造業の割合が低下したのか

次に，福井県の原子力発電所立地地域における製造業の動向を詳しくみる．**表6-2**から分かるように，立地地域で製造品等出荷額の県内に占める割合が低下したのは敦賀市と高浜町である．美浜町と大飯町は当初から割合がきわめて低いため，ここでは敦賀市と高浜町に焦点を当てて低下の要因を明らかにする．

敦賀市では1975（昭和50）年から2005（平成17）年までの推移のうち，1980（昭和55）年から1985（昭和60）年に最も大きく割合が低下した．そこで，この期間における製造品等出荷額の割合の増減に対する業種ごとの寄与度を算出して，敦賀市と福井県の比較を行う．その差が大きいほど敦賀市の割合低下に与えた影響が大きかった業種となる．

結果は**表6-4**のとおりである．まず注目されるのは，敦賀市における製造品等出荷額の県内に占める割合は低下したものの出荷額そのものが減少したわ

第6章　原子力発電所の立地と製造業　*145*

表6-4　敦賀市と福井県における製造品等出荷額の業種別寄与度
（1980（昭和55）-1985（昭和60）年）

(単位：%pt)

	敦賀市寄与度	福井県寄与度	差
製造品等出荷額総額	4.5	39.7	-35.2
電気機械器具製造業	11.1	20.6	-9.5
化学工業	-1.6	4.4	-6.0
非鉄金属製造業	-1.4	2.5	-3.9
プラスチック製品製造業	2.5	5.7	-3.2
一般機械器具製造業	0.3	3.5	-3.2

（資料）工業統計（各年度版）より作成．

けではなく，むしろ増加したことである．すなわち，敦賀市の割合低下は製造品等出荷額の増加が福井県全体よりも小さかったためである[4]．このことは業種ごとにみても同様である．敦賀市では化学工業と非鉄金属工業はやや減少しているもののわずかであり，電気機械器具製造業やプラスチック製品製造業では一定の増加がみられる．いずれの業種も福井県の伸びが敦賀市のそれを上回ったため，県内に占める割合でみれば敦賀市が低下したのである．

　なお，この期間における全国の製造品等出荷額の推移をみると，全国の伸び率はおおむね敦賀市と福井県の間にある．例えば，製造品等出荷額合計は全国で23.7%増加しているが，これは敦賀市の4.5%増加と福井県の39.7%増加のほぼ中間にある．また，主な業種ごとにみても化学工業の14.0%増加（敦賀市5.8%減少，福井県58.7%増加）や一般機械器具製造業の37.4%増加（同19.3%増加，84.6%増加）が両者の間にあり，電気機械器具製造業の85.2%増加（同126.6%増加，178.4%増加）と非鉄金属製造業の22.2%減少（同12.6%減少，87.8%増加）は敦賀市と福井県のいずれも全国の増加を上回る，あるいは全国の減少を下回る状況となっている．全体としては敦賀市における製造業の推移は全国と県の間にあると言えるだろう．したがって，敦賀市の県内に占める割合の低下は県の動向と比較すると大きくみえるが，全国と比べるならばそれほど大きくならない．

　そして，敦賀市で次に割合の低下が大きかった1990（平成2）年から1995（平成7）年でも同様の比較を行った．結果は**表6-5**のとおりであるが，1980（昭和55）年から1985（昭和60）年の状況と大きく異なっていることが注目される．福井県全体が減少傾向に転じるなかで，敦賀市の減少幅がさらに大きかったの

表6-5 敦賀市と福井県における製造品等出荷額の業種別寄与度比較
(1990 (平成2) -1995 (平成7) 年)

(単位:%pt)

	敦賀市寄与度	福井県寄与度	差
製造品等出荷額総額	-19.3	-1.8	-17.5
化学工業	-6.2	1.2	-7.4
窯業・土石製品製造業	-5.7	0.5	-6.2
非鉄金属製造業	-5.6	-1.1	-4.5
電気機械器具製造業	-5.8	-2.0	-3.8
衣服・その他の繊維製品製造業	0.5	2.9	-2.4

(資料) 工業統計 (各年度版) より作成.

である.すなわち,この間の製造品等出荷額は福井県で1.8%減少であったのに対し,敦賀市では19.3%の減少となった.1980年から1985年の敦賀市が伸び悩んでいた状況であったとすれば,この時期は顕著な減少傾向へと変化したことになる.

業種別でも変化がみられる.まず,敦賀市でも県全体でも寄与度の高い業種は1980 (昭和55) 年から1985 (昭和60) 年の場合と大きく変わっていないが,1980年から1985年で寄与度が最も高かった電気機械器具製造業は敦賀市と県全体のいずれも大きく低下してマイナスに転じた.また,特に寄与度の大きい業種がなくなっている.したがって,1990 (平成2) 年から1995 (平成7) 年に敦賀市の製造品等出荷額の県内に占める割合が低下したのは,多くの業種で出荷額が減少したのに対して福井県の減少は微増から微減にとどまったためである.

ただし,全国の製造品等出荷額の推移と比較すれば1980 (昭和55) 年から85 (昭和60) 年の場合と同様に敦賀市は福井県と全国の間にある.製造品等出荷額合計では全国が5.4%の減少で,敦賀市の19.3%減少よりも小さいが福井県の1.8%減少よりも大きい.業種別にみても化学工業の0.1%減少 (敦賀市19.5%減少,福井県15.9%増加),窯業・土石製品製造業の5.2%減少 (同41.4%減少,14.0%増加) も同様に,敦賀市は県と全国の間にある.非鉄金属製造業と電気機械器具製造業では全国が敦賀市と県のいずれも上回っており,福井県でも大きな減少傾向にあったことが窺える.

この時期は,バブル経済の崩壊や円高による製造業の海外移転など,経済情勢の大きな変化が製造業のあらゆる業種に及んでいた.したがって,製造業が

表6-6　敦賀市における主要な工場 (従業員数100人以上)

名称	従業員数(人)	主な製品名	設立年
若狭松下電器(株)敦賀工場	501-700	電子機器部品	1974
東洋紡績(株)敦賀工場	501-700	化学繊維	1940
永大産業(株)敦賀事業所	301-500	合板・パーティクルボード	1964
東洋紡績(株)敦賀ナイロン工場	301-500	化学繊維	1946
日本ピー・エス・コンクリート(株)	301-500	ピー・エス・コンクリート	1952
敦賀セメント(株)敦賀工場	201-300	セメント	1949
(株)高橋商店	201-300	昆布	1932
高槻電気工業(株)敦賀工場	151-200	半導体応用機器	1948
若越産業(株)	101-150	教育用品	1957
東洋紡・ペットコード(株)敦賀工場	101-150	化学繊維	1970
(株)小牧	101-150	練製品	1949

(資料) 敦賀市史編さん委員会 [1988：623] より作成.

　全体的に縮小傾向へと転じるなかで，敦賀市ではさらに減少が進んだものとみられる．ただし，全国と比較すれば敦賀市の減少はそれほど大きくなっていない．

　では，敦賀市における製造業の県内に占める割合の低下は，原子力発電所の立地と関係があるのだろうか．製造業のそれぞれの業種に内在する要因が大きく，原子力発電所の立地に関係する業種はごく限られていると考えられる．製造業の割合低下は原子力発電所の立地と無関係ではないだろうか．

　敦賀市における製造業の立地は，**表6-6**に示すように高度経済成長期における企業誘致によって進んだ．敦賀市は港湾を中心とする海陸交通の要衝として1000年以上の繁栄を築いてきたが，工業立地については用地が狭いこともあってそれほど進まなかった．1955 (昭和30) 年に行われた市町村合併に際しても，「新市建設の基本方針」の冒頭に「大工場の誘致を促進し，近代的臨海工業ならびに商業都市として経済的発展を図る」と掲げられたように，工業用地の確保が重視された．そして，合併により敦賀市の郊外となった地域では宅地開発に先行して企業誘致が進められたのである．

　敦賀市の製造業のうち化学工業を代表するのは，東洋紡績株式会社 (東洋紡) である．東洋紡は高度経済成長期の前から敦賀市に立地し，原子力発電所より

表6-7 高浜町と福井県における製造品等出荷額の業種別寄与度比較
(1980 (昭和55) -1985 (昭和60) 年)

(単位:%pt)

	高浜町寄与度	福井県寄与度	差
製造品等出荷額総額	-50.1	38.9	-89.0
木材・木製品	-45.8	-1.6	-44.2
電気機械器具	0.0	19.6	-19.6
プラスチック	0.0	5.7	-5.7
一般機械器具	-0.1	3.4	-3.5
繊維	-0.6	2.6	-3.2

(資料) 福井県『福井県の工業』(各年度版) より作成.

も長い歴史を有している.しかし,1980年代と90年代には円高による交易条件の悪化や日本経済の長期不況などにより,製造業にも構造転換が迫られていた.こうしたなかで,東洋紡も主力の敦賀工場では既存の製品出荷を縮小しながら新製品の開発が求められた.現在は液晶テレビに用いられるフィルムなどの新たな需要に対応するために大規模な設備投資が行われており,活発な動きもみられるようになっている.このような状況は原子力発電所の立地や運転の動向とは関係ない.

なお,セメントは建設資材として活用されるため原子力発電所の立地と関係が強いようにみえる.しかし,敦賀2号機の運転開始は1987 (昭和62) 年であり,1980年代前半には建設工事が行われていた.また,90年代以降も高速増殖原型炉もんじゅが1995 (平成7) 年に臨界を迎えたが,90年代前半は建設中である.したがって,セメントは原子力発電所の建設需要がある程度あったなかでも敦賀市の製造品等出荷額が伸び悩んでいたことになる.[5]

以上から,原子力発電所の立地が敦賀市における製造品等出荷額の県内に占める割合の低下を招いたのではなく,製造業の業種ごとの動向や経済情勢による影響が大きかったと考えられる.

次に,高浜町の場合をみる.1975 (昭和50) 年から2005 (平成17) 年までの推移のうち,製造品等出荷額の県内に占める割合が最も低下したのは1980 (昭和55) 年から1985 (昭和60) 年である.敦賀市と同様,この間における業種ごとの寄与度について高浜町と県の比較を表6-7に示した.先に福井県の製造品等出荷額が大きく伸びたことを述べたが,高浜町の製造業は敦賀市と異なり木材・

木製品が大半を占め，その大幅な減少が製造業全体の動向に大きく影響している．

木材の製造品等出荷額の減少は高浜町では63.2%であったが，県でも30.5%と急激に減少している．福井県中小企業情報センター［1985］によると，当時の木材産業は住宅建設の不振や木造率の低下傾向，代替品の進出等による木材需要の減退，木材価格の下落・低迷のなかで，長期にわたる深刻な不況にあったという．そのため，製材業および合板製造業では中小企業近代化促進法に基づく構造改善事業が実施され，また特定不況業種に指定されるなどの措置がとられた．また，家具工業も住宅着工の不振や婚姻の減少，家具の普及などにより市場が完全に飽和状態にあった．こうした状況で木材の製造品等出荷額の減少が顕著に進んだのであり，原子力発電所との関係は特に指摘されていない．

他の業種は高浜町に存在しないか，もしくはごく零細であるため，福井県の推移がそのまま高浜町との寄与度の差となっている．これも高浜町の割合低下の要因であるが，そもそも存在しない業種なので衰退したわけではない．したがって，1980（昭和55）年から1985（昭和60）年にかけての高浜町の製造品等出荷額の県内に占める割合の低下は，原子力発電所の立地とは無関係である．

以上，福井県嶺南地域の原子力発電所立地市町における製造業の動向について，製造品等出荷額の県内に占める割合が低下したことを中心にみてきた．これは就業人口でもほぼ同じ傾向である．すなわち，確かに嶺南地域の製造業は製造品等出荷額でも就業人口でも県内での割合を低下させた．しかし，その要因は原子力発電所の立地にあるのではなく，製造業自体の情勢が業種ごとに多様であり各市町村における主要な業種の動向が市町村全体の製造業の状況に影響を及ぼしたためである．また，大半の製造業の業種が大きな影響を受けた時期は，バブル経済の崩壊や円高による製造業の海外移転といった経済情勢によるものと考えられる．「原子力発電所の立地が製造業を衰退させた」という因果関係を見出すことはできない．

(4) **産業連関表からみた電力業と製造業の取引関係**

次に，産業連関表を用いて原子力発電の側から製造業との関係をみよう．産業連関表の取引基本表は，産業ごとの生産額とそれにともなう中間投入額や粗付加価値額などを示したものである．また，投入係数表は取引基本表に基づいて各産業で1単位の生産を行うときに必要な原材料の単位を示している．したがって，取引基本表と投入係数表を用いれば原子力発電による電力生産にどの

表6-8 産業連関表にみる電力と製造業との関係

順位	取引基本表			投入係数表	
	産業	中間投入額（万円）	製造業の中間投入総額に占める割合(%)	産業	投入係数
1	電子部品	16,040,065	13.0	事務用品	0.73121
2	プラスチック製品	6,090,145	4.9	乗用車	0.64529
3	非鉄金属加工製品	5,099,977	4.1	非鉄金属加工製品	0.59843
4	乗用車	4,874,823	4.0	合成樹脂	0.57675
5	公共事業	4,761,434	3.9	有機化学工業製品	0.54724
6	医療・保健	4,686,289	3.8	事務用・サービス用機器	0.54699
7	医薬品	4,019,132	3.3	その他の輸送機械・同修理	0.51752
8	その他の土木建設	3,464,361	2.8	織物	0.51703
9	自動車・機械修理	3,431,505	2.8	情報・通信機器	0.51599
10	特殊産業機械	3,291,223	2.7	プラスチック製品	0.49330
	電力(30位)	1,163,741	0.9	電力(95位)	0.01727

(資料) 福井県［2010］より作成.

　産業がどの程度関係するのかという取引構造を明らかにすることができる．そして，原子力発電が製造業とどの程度の関係を持っているかは，原子力発電による電力生産のうち製造業が中間投入にどれだけ含まれているかを測ることによって把握できる．他の産業と比較した原子力発電の取引構造の特徴もまた，取引基本表では金額によって，投入係数表では割合によって示すことができる．

　そこで，最新の産業連関表である2005（平成17）年[6]の状況をもとに，福井県における原子力発電と製造業の関係を明らかにする．産業分類は統合大分類（34部門）と統合中分類（102部門）があるが，ここでは統合中分類の「電力」の区分を用いる．これは火力発電所等も含んでいるが，2005年度における県内の発電電力量に占める原子力の割合は88.1％にのぼるので電力のほとんどが原子力発電とみて問題ないだろう．

　表6-8は，製造業との関係が深い10の業種と電力について，統合中分類の取引基本表と投入係数表の数値を示したものである．製造業との取引額が大きいのは製造業ばかりではない．現代の産業構造は第三次産業の割合が高いため，第三次産業でも製造業と取引額の大きい業種が多くなっている．ただし，投入

係数表では事務用品が最も大きいものの,その他はすべて製造業である.電力と製造業との関係は,取引基本表では102部門のなかで30位,投入係数表では95位と大きくない.製造業の中間投入総額に占める割合や投入係数の数値がきわめて小さいので,たとえ電力の生産額が巨額であっても製造業の中間投入額は大きくならない.このように,産業連関表から取引構造をみても原子力発電所の立地と製造業は関係をほとんど持たないと言える.

第2節　全国の原子力発電所立地地域における製造業の動向

前節では「原子力発電所の立地が製造業を衰退させた」という因果関係が特にないことを明らかにした.本節では,「原発以外になかなか新しい産業が生まれにくくなってしまう」という指摘について検証する.事実,敦賀市では高度経済成長期に企業誘致を進めて一定規模の製造業が立地したものの,その後は確かに伸び悩んでいる.また,高浜町でも木材・木製品以外の産業はほとんどないし,美浜町や大飯町にも特筆すべき製造業がない.原子力発電所の立地が地域の製造業を衰退させたわけではないとしても,新しい産業が生まれにくい状況となる可能性があるかどうかも検証しなければならない.

そこで,本節では全国の原子力発電所立地地域に分析の範囲を広げて,原子力発電所の立地と新たな製造業の動向に因果関係があるかどうかを明らかにする.

(1) 全国の原子力発電所立地地域における製造業の三極化傾向

全国の原子力発電所立地地域における製造業の動向については,平成の市町村合併以前の旧市町村別に数値のとれる2000（平成12）年まで,それぞれの県内に占める割合の推移をみた.結果は**表6-9**のとおりである.

表6-9から分かることは次の2点である.第1に,変化はやはり一様ではなく三極化の傾向がみられることである.すなわち,割合が大きく上昇した市町村,低下した市町村,変化しなかった市町村の3つである.福井県嶺南地域では確かに敦賀市や高浜町の割合が低下したが,県外でも女川町が同様の状況にあり,原子力発電所立地地域における製造業の割合低下は嶺南地域に特有の現象ではない.

しかし,逆に割合が高まった立地地域も柏崎市や川内市,大熊町[7]や志賀町などいくつかあり,嶺南地域にはない状況が観察される.すなわち,原子力発電

表6-9　原子力発電所立地地域における製造品等出荷額の県内に占める割合の推移
（1975（昭和50）-2000（平成12）年）

（単位：‰，%）

		1975 (昭和50)年	1980 (昭和55)年	1985 (昭和60)年	1990 (平成2)年	1995 (平成7)年	2000 (平成12)年	1975-2005 増減幅	1975-2005 増減率(%)
新潟県	柏崎市	45.2	45.9	54.9	61.3	60.2	51.4	6.2	13.7
	刈羽村	3.0	2.1	2.4	2.3	2.7	2.4	-0.6	-20.0
宮城県	女川町	18.8	15.7	13.8	13.2	11.7	9.0	-9.8	-52.1
	牡鹿町	1.8	1.3	1.0	0.7	0.8	0.6	-1.2	-66.7
福島県	大熊町	0.7	0.5	0.7	1.4	2.4	3.4	2.7	385.7
	双葉町	1.4	2.5	1.8	1.5	1.5	1.5	0.1	7.1
	富岡町	2.0	1.7	1.7	1.7	0.7	1.0	-1.0	-50.0
	楢葉町	2.4	2.5	1.6	2.9	2.8	2.9	0.5	20.8
静岡県	浜岡町	1.9	2.1	2.4	3.0	3.5	3.3	1.4	73.7
石川県	志賀町	11.1	13.8	14.9	17.5	23.3	28.8	17.7	159.5
福井県	敦賀市	125.8	125.6	94.0	83.4	68.5	69.1	-56.7	-45.1
	美浜町	2.2	1.9	1.9	2.3	2.2	2.2	0.0	0.0
	高浜町	12.0	14.2	5.0	5.2	5.7	2.6	-9.4	-78.3
	大飯町		1.2	1.0	0.8	0.6	0.5	-0.7	-58.3
愛媛県	伊方町	0.2	0.6	0.4	0.3	0.2	0.1	-0.1	-50.0
佐賀県	玄海町	0.4	0.4		0.5	0.8	0.8	0.4	100.0
鹿児島県	川内市	71.8	73.8	66.8	70.0	81.1	88.0	16.2	22.6

（資料）工業統計（各年度版）より作成．

所立地地域のすべてで製造業の県内に占める割合が低下したわけではないのである．

　また，この期間における製造品等出荷額の増減をみても，全国で139％の増加であったのに対して，これを上回る立地市町は2市（川内市・柏崎市）と7町（志賀・大熊町・浜岡町・楢葉町・玄海町・双葉町・美浜町）であった．これは立地市町村の半数を超えている[8]．また県全体の伸びも新潟県と静岡県を除いて全国の伸びを上回っている．

　第2に，敦賀市の割合は確かに低下したものの，その水準は立地地域のなかで依然として高いことである．市では柏崎市や川内市で割合が上昇しているとはいえ，2000（平成12）年における柏崎市の割合は敦賀市よりも低い．また，

川内市も1990（平成2）年までは敦賀市の割合を下回っていたのである．

(2) 川内市と志賀町の割合が上昇した要因

このように，全国の状況をみると原子力発電所が立地してからも製造業が伸びた地域は少なくない．すなわち「原発以外になかなか新しい産業が生まれにくくなってしまう」という状況になっていないのである．そこで，製造業の県内に占める割合を上昇させた立地地域に注目し，業種別の動向から上昇の要因を把握する．以下，1975（昭和50）年から一定規模の製造品等出荷額があり，その後の上昇幅も大きかった市町村と期間に焦点を当てることとし，1990（平成2）年から2000（平成12）年にかけての川内市と志賀町を対象に分析を行う．

表6-10は，川内市と鹿児島県における製造品等出荷額の増減について，業種別の寄与度を示したものである．川内市における製造品等出荷額の県内に占める割合の上昇は，ほぼ窯業・土石製品製造業によっている．川内市の主力業種であるパルプ・紙・紙加工品製造業や食料品製造業が減少しているなかで窯業・土石製品製造業がそれを補って余りあるほどの増加となり，結果として川内市における製造品等出荷額の県内に占める割合が上昇した．

川内市の窯業・土石製品製造業が大きく伸びた主な要因は，1990（平成2）年に京セラの川内新工場が稼働したことである．川内工場が操業を開始したのは1969（昭和44）年だが，当時は面積2万8000㎡，従業員164名からのスタートであった．それが1980（昭和55）年には面積7万4520㎡，従業員も1300名（他に内職者2000名）へと拡大している［川内郷土史編さん委員会 1980：518］．そして，2010

表6-10 川内市と鹿児島県における製造品等出荷額の業種別寄与度比較
（1990（平成2）-2000（平成12）年）

（単位：％pt）

	川内市寄与度	鹿児島県寄与度	差
製造品等出荷額総額	54.4	22.9	31.5
窯業・土石製品製造業	61.0	3.9	57.1
繊維工業（衣服他除く）		-2.2	2.2
パルプ・紙・紙加工品製造業	-6.2	-0.5	-5.7
食料品製造業	-3.8	2.2	-6.0

（資料）工業統計（各年度版）より作成．

表6-11　志賀町と石川県における製造品等出荷額の業種別寄与度比較
(1990(平成2)-2000(平成12)年)

(単位:%pt)

	志賀町寄与度	石川県寄与度	差
製造品等出荷額総額	76.2	0.8	75.4
電気機械器具製造業	41.3	12.9	28.4
一般機械器具製造業	18.0	-5.3	23.3
化学工業		2.3	-2.3
繊維工業	-0.4	-5.7	5.3

(資料)石川県『石川県の工業』(各年度版)より作成.

(平成22)年には面積20万6017m²,従業員は2457名となった[10].

　川内工場の機能はファインセラミック部品関連事業・半導体部品関連事業並びにファインセラミック応用品関連事業である.これらの事業は現在,太陽光発電システムや医療用部材といった成長分野であり,だからこそ1990年代以降も着実に工場の規模を拡大することができたと考えられる.

　次に,志賀町と石川県の状況を**表6-11**に示した.業種別の寄与度でみると,増加要因の大半は電気機械器具製造業である.その要因は工業団地の造成による企業誘致にあると考えられる.志賀町では能登中核工業団地の第1期工事が1977(昭和52)年に開始され,1979(昭和54)年には31ヘクタールの分譲が行われている.さらに,1986(昭和61)年度には全分譲用地87ヘクタールの造成が完了した.

　表6-12は,志賀町における2000(平成12)年現在の業種別製造品等出荷額を示したものである.出荷額の約6割が電気機械製品製造業であり,わずか16事業所がこれを生み出している.

　また,**表6-13**は能登中核工業団地に立地した企業の一覧であるが,県内外から30社近い企業が工業団地に立地し,電気機械製造業に関連する業種も多い.志賀町における製造品等出荷額の割合上昇が始まった1985(昭和60)年以降に能登中核工業団地でも本格的な分譲が行われていることから,割合が上昇した主な要因は能登中核工業団地への企業誘致にあると考えられる.

　川内市と志賀町の事例は,原子力発電所立地地域でも既存の製造業が成長しうること,あるいは成長が期待される業種を誘致しうることを示している.すなわち,原子力発電所が新たな製造業の発展を阻害することはなく,やはり製

表6-12 志賀町の業種別事業所数と製造品等出荷額（2000（平成12）年）

	事業所数	出荷額（百万円）
総計	156	69,821
食料品製造業	6	40
飲料・飼料・たばこ製造業	1	×
繊維工業	70	949
衣服・その他の繊維製品製造業	5	135
木材・木製品製造業	13	1,221
家具・装備品製造業	2	×
パルプ・紙・紙加工品製造業	—	—
印刷・同関連業	3	130
化学工業	1	×
石油製品・石炭製品	—	—
プラスチック製品製造業	2	×
ゴム製品製造業	2	×
なめし革・同製品・毛皮製造業	1	×
窯業・土石製品製造業	4	3,730
鉄鋼業	1	×
非鉄金属製造業	3	3,449
金属製品製造業	10	2,778
一般機械器具製造業	7	9,818
電気機械器具製造業	16	42,533
輸送用機械器具製造業	3	62
精密機械器具製造業	1	×
武器製造業	—	—
その他	5	127

（資料）石川県『石川県の工業』より作成．

造業の業種や企業そのものの動向が重要である．

　以上から，原子力発電所の立地が既存の製造業の衰退や新たな製造業立地の障害につながるのではなく，製造業自体の動向や経済情勢によって多様な状況になると言える．敦賀市や高浜町では製造品等出荷額の県内に占める割合が低下したけれども，現在でも他の立地地域より割合が高く，製造業の主力業種の

表6-13　能登中核工業団地の進出企業一覧

企業名	本社所在地	主な製品	進出表明年度
北陸エナジス㈱	愛知	高圧開閉器	1981
UHT㈱	愛知	工業・医療用エアモーター	1983
㈱ノトアロイ	石川	超硬質合金	1984
北陸日幸電機㈱	神奈川	ブレーカー	1985
北陸電力㈱	富山	大規模太陽光発電所	2009
シグマ光機㈱	埼玉	光学装置用基本機器	1987
㈱日立メディアエレクトロニクス	神奈川	携帯電話部品	1986
㈱ケースリー	東京	工業用ゴム製品	1988
㈱白山エレックス	東京	通信機器用保護素子	1989
日機工業㈱	長野	精密機器部品	1988
㈱ABC SHOE FACTORY	東京	紳士・婦人用革靴	1990
㈱クリサンセマム北陸	大阪	自動車用インナーワイヤー	1990
上田鍍金㈱	京都	リードフレーム等の鍍金	1991
古河電工産業電線㈱	東京	電線ケーブル	1992
㈱マエダ	東京	軽合金鋳物	1992
エコラボ㈱	東京	業務用洗剤	1992
アクセスケーブル㈱	東京	情報通信ケーブル	1996
高槻電気工業㈱	京都	電子部品	1997
北陸電気工事㈱	富山	電気工事業	
㈱アースエンジニアリング	石川	環境関連設備	2000
㈱稲岡運輸	石川	木材チップ	
㈱エイ・エム・シイ	石川	金型	2004
㈱TSG	大阪	カレンダー	2004
インパック㈱	東京	花関連資材	2006
㈱イフカム	兵庫	金型試作開発	2008
㈱NTN能登製作所	大阪	産業機械用軸受及び機械部品	2009

(資料)　① 能登中核団地ホームページ http://www.notocyu.jp/company/park.html（閲覧日2013（平成25）年4月24日），② 石川県企業誘致ホームページ http://www.pref.ishikawa.jp/kigyo/staff/p01.html（閲覧日2013年4月24日，進出表明年度）より作成．

動向や経済情勢が大きな要因であった．また，国内には原子力発電所の立地以降に製造品等出荷額の割合を顕著に上昇させた地域もあり，やはり立地（誘致）した製造業の業種の動向が主な要因であった．したがって，「原子力発電所が製造業を衰退させた」ことも「原発以外になかなか新しい産業が生まれにくくなってしまう」こともないのである．

第3節　原子力発電所立地地域における
　　　　原子力産業政策としてのアトムポリス構想の可能性

　本章の目的は，福井県が打ち出したアトムポリス構想が原子力発電所の集積を基盤とした多様な産業の立地をめざす政策として矛盾していないかどうかを確認することにある．「原子力発電所が製造業を衰退させた」あるいは「原発以外になかなか新しい産業が生まれにくくなってしまう」という指摘が事実ならば，原子力発電所の集積が多様な産業の立地や発展を阻害することになるから，アトムポリス構想は矛盾を孕むことになる．しかし，指摘されたような事実は観察されないので，アトムポリス構想には矛盾がないと言える．

　しかしながら，一方では「原子力発電所が製造業を発展させた」という因果関係も見出されなかった．敦賀市や高浜町で新たな業種の製造業が伸びているわけではなく，川内市や志賀町でも原子力発電所の立地と製造業の発展が同時に進んだとはいえ相互に発展を促進するような関係があったわけではない．したがって，アトムポリス構想が原子力発電所の集積という地域特性を活かして関連産業を誘致することは不可能ではないけれども，その可能性は他の立地地域に前例のない「未知の領域」と言えるだろう．

　それだけアトムポリス構想の実現が難しい，という考え方もできる．しかし，第3章第2節で述べたように原子力発電所の集積と運転という「国策への協力」だけでは「大きな効果が持続する」状況が永遠に続くわけではない．だからこそ「自治の実践」の領域を広げる試みがたとえ難しくても必要になると考えられる．アトムポリス構想の可能性は未知数であるが，原子力産業政策における「自治の実践」は持続性低下への1つの対応策となるだろう．

　アトムポリス構想を実現するためには，構想の策定から30年あまりが経過し構想に基づいて設立された若狭湾エネルギー研究センターも開設から10年を迎えたので，現在までの地域開発の潮流や産業政策の変化をあらためて踏まえる

必要がある．

また，アトムポリス構想も新たな展開をみせている．2005（平成17）年に若狭湾エネルギー研究センターを推進組織とする『エネルギー研究開発拠点化計画』が策定された．これはアトムポリス構想を現在に継承・発展させた施策となっている．

したがって，原子力産業政策における「自治の実践」の可能性は，新たな地域開発や産業政策の流れを踏まえつつ，エネルギー研究開発拠点化計画の可能性として考察することが必要となる．次章では，この点について論じることにしたい．

注

1) 清水は原子力発電所の立地が双葉地方の就業構造に与えた影響として，農業などの第一次産業の縮小に拍車をかけたこと，第二次産業の拡大とりわけ建設業が膨張したこと，商業の伸びが少なかったこと，電力がサービス業であるため第三次産業の拡大が最も顕著だったこと，を挙げている．第3章第1節で述べたように，清水はこのことを「逆ピラミッド型」と表現した．
2) 原子力発電が地域経済や地方財政に占める位置づけが大きくなると，経済情勢のあらゆる側面が原子力発電所との関連で捉えられやすい．
3) 南保［2013：24-26］によると，福井県の製造業は技術力に裏打ちされた人的資源やモノづくり基盤を保有し，時代の流れにうまく適合した進化を遂げているという．ただし，製造業の事業所数や従業者数が全国に占めるウェイトは高いものの製造品等出荷額などが低いことから，福井県の製造業は零細規模事業所が多く，かつ，その生産性や効率性の面ではきわめて厳しい状況にある．
4) 1975（昭和50）年から2000（平成12）年の期間でみても，敦賀市の製造品等出荷額は59％増加している．
5) 発電所とセメント需要量との関連では，水力発電所の建設の場合でも原子力発電所と同様に関係が強いと思われる．敦賀セメントの資料によると，福井県内で原子力発電所の建設が始まった1960年代における電力業への出荷割合は3割程度であった．
6) 福井県ではほぼ5年ごとに産業連関表が公表されており，2005（平成17）年の状況は2010（平成22）年に公表された．
7) 大熊町は伸び幅こそ小さいものの，1975（昭和50）年の0.7と比べて伸び率が非常に大きいため，上昇の市町村に分類した．
8) 敦賀市は59％の増加であった．
9) 川内市は2004（平成16）年10月に9町村と合併して薩摩川内市となった．また志賀町も2005（平成17）年9月に富木町と合併している（町の名称は変わっていない）．分析は合併前の状況を対象とした．
10) 京セラ有価証券報告書（2013（平成25）年3月期）より．

第7章

原子力産業政策における「自治の実践」(2)
―― エネルギー研究開発拠点化計画 ――

　三全総とテクノポリス構想を機に地域開発が新たな時代を迎え，原子力発電所が集積する福井県でもアトムポリス構想が提起された．アトムポリス構想の持つ独自性から，原子力発電所立地地域における「自治の実践」が原子力産業政策の面でも始まったと考えられる．

　アトムポリス構想は，若狭湾エネルギー研究センターと2005（平成17）年に策定された『エネルギー研究開発拠点化計画（拠点化計画）』として現在に継承されている．その間，地域開発も国策の限界と地域主体の開発の必要性が強く認識されるようになり，転換がいっそう進んだ．一方，拠点化計画は国策としての原子力政策を引き続き前提としつつ，また地域開発の現代的潮流を踏まえながら，地域における原子力産業政策の分野で「自治の実践」をさらに進めるものとなっている．すなわち，アトムポリス構想が国策としての地域開発の転換に影響を受けながら原子力産業政策の面で「自治の実践」を始めるものであったのに対して，拠点化計画は国策から離れつつあった地域開発の動向を背景としながら国策としての原子力政策を立地地域の立場から広く捉え，地域の多様な特性と結びつけることを重視したのである．拠点化計画によって立地地域が原子力産業政策の幅を広げ，その枠を越えて地域総合政策へと発展させた点に，「自治の実践」の進化が見出される．

　本章では，まず現代の地域開発や経済政策が地域の主体性を重視するようになった経緯について述べる．続いて，エネルギー研究開発拠点化計画が地域の原子力産業政策における「自治の実践」をさらに進めたものであることを示す．

第1節　地域開発と経済政策の転換

　第5章第1節では全国総合開発計画の改定経過と特徴を示し (**表5-1**)，第三次全国総合開発計画 (三全総) までの内容について述べた．本節では，第四次全国総合開発計画 (四全総) 以降の経過について，第5章に引き続き岡田・川瀬・鈴木ほか [2007] の第3章「地域開発政策の検証」の記述を整理して述べる．

(1)　進む地域開発の転換——全国総合開発計画から国土形成計画へ——

　四全総は地域 (地方自治体と大手民間資本) を主体とした地域開発を基本とし，地域間を交通・情報・通信体系の整備によって結びながら交流人口を拡大し (交流ネットワーク構想)，東京一極集中を是正しつつ「多極分散型国土」の構築をめざした．そのための戦略的重点的な地域開発として，大都市圏の再開発と地方農山漁村のリゾート開発が位置づけられた．前者は国内の経済的・行政的・文化的中枢管理機能と世界金融情報の東京一極集中，それにともなう人口の集中を，より広い大都市圏の形成によって受けとめるものであった．具体的には都心部の高次業務空間と周辺部の業務核都市を民活主導で再開発しつつ政府と民間の中枢管理機能の一部を移転させるもので，いわば「首都改造計画」である．また，後者は総合保養地域整備促進法 (リゾート法) による地域活性化をめざすもので，ゆとりある国民生活の実現や第三次産業を中心とした地方の活性化，民間活力導入による内需拡大が目標となった．地方農山漁村のリゾート開発は，地域からみても確かに魅力的な事業に映った．

　しかし，結果はいずれも開発の弊害が表面化した．すなわち，都心部では中枢管理機能が集中する一方で異常な地価高騰 (バブル) を生み，住民の流出や職住分離，都市型商工業の転廃業をもたらした．さらに円高もあって生産拠点の海外移転が進み，本来複合的な構造を持つ大都市経済の単一機能化を加速した．また，地方農山漁村では新産業都市やテクノポリスの指定以来となる3度目の指定獲得競争 (リゾートフィーバー) を生み，大手企業主導の第三セクターを事業主体とした開発が進んだため，地域の自然環境や第一次産業が破壊された．結局，四全総は東京一極集中を防ぎとめるような地方の活性化に貢献しなかったのである．

バブル経済の崩壊を機に過大な事業計画の中止や見直しが行われるようになり，民活主導による大規模・画一型の地域開発政策は再び根本的な反省を迫られることとなった．また，地域主体と言いながら3度目の指定獲得競争が繰り広げられたことから，地域開発の対象が変化したけれども，その基本的な手法は変わらなかったと言える．今後は政府主導の外来型企業誘致による地域開発ではなく，真に地域主体のまちづくり運動や地域産業政策の形成が求められる．

そして，最後の全総となる『21世紀の国土のグランドデザイン』が，1998（平成10）年3月に策定された．当時はアジア通貨危機や消費税増税にともなう消費の低迷に加え，地方圏では電機・情報関連企業のアジア等への海外生産移転と国内生産の減少による産業空洞化に直面していた．特に太平洋ベルト地帯上の大都市圏を除く地方経済圏での雇用環境の悪化は，戦後最悪の事態であったという．そのような時期に最後の全総が登場した．

『21世紀の国土のグランドデザイン』は「多軸型国土の形成」をめざしている．すなわち，従来の太平洋ベルト地帯への一軸集中，特に東京大都市圏への経済力一極集中と，それにともなう地方との経済力の格差是正を改善できなかったことに触れ，そのうえで4つの新国土軸（西日本国土軸・北東国土軸・日本海国土軸・太平洋新国土軸）を打ち出した．そして，多軸型国土を形成するために次の4つの戦略を用意した．

① 孤立する農山村と都市を結びつけ広域産業生活圏を形成する「多自然居住地域の創造」と，そのための高速交通通信インフラの整備
② 防災と居住環境の改善のために再開発を進める大都市リノベーション事業の推進
③ 市町村が自主的に都道府県境を越えて広域連携を進める地域連携軸の整備
④ 地方が東京を経由せずに直接海外へアクセス可能な広域国際交流圏を形成できるよう空港・港湾・道路網の重点整備

また，開発手法についても補助金など国からの財政移転に依存するのではなく，PFI[1]（Private Finance Initiative）の活用など民間企業の資金と運営手法を積極的に活用することが重視されている．PFIは「民間資金等の活用による公共施設等の整備等の促進に関する法律（PFI法）」として法制化もされた．

しかしながら『21世紀の国土のグランドデザイン』の骨格は依然として大型

公共事業であり，国民から必要性に疑問を持たれる事業も多い．結局のところ「国が主導する全国総合開発計画では，国民が地域社会に築いてきた多様な生活様式と価値観を汲み取ることは，もはや困難となっている．公共事業のあり方も国主導を見直し，国民が地域社会において市民・住民としてまちづくりなど小さな公共空間づくりに主人公として参画しながら検討できるようにすべきであろう」[岡田・川瀬・鈴木ほか 2007：162-163] と指摘されている．

以上のように，全国総合開発計画は累次の改定が行われてきたが，いずれも大型公共事業が中心となっており，国策としての全総そのものが限界に達していた．そして，国策に代わり自治体を主体とする地域開発の重要性が高まってきたのである．

なお，現在は全国総合開発計画から国土形成計画へと名称を改め，2008（平成20）年7月に全国計画が策定された．計画期間はおおむね10年間であり，広域ブロックを東北圏・首都圏・北陸圏・中部圏・近畿圏・中国圏・四国圏・九州圏の8つに区分した．また，広域ブロック相互間や各ブロックと東アジア諸地域との交流・連携にあたっては経済活動の結びつきや集積の状況，気候や風土等の特性などに着目し，『21世紀の国土のグランドデザイン』で示された北東・日本海・太平洋新・西日本の4つの国土軸の構想とも重ねていくこととなった．

国土形成計画の特徴は，従来よりも地域の視点が重視されていることである．すなわち，国土構造の構築という広域的な視点だけでなく市町村から国土の形成へと拡大していく狭域的な視点もあわせ持っている．各広域ブロックの内部では成長のエンジンとなる都市および産業の強化を促進するとともに，各地域が相互に交流・連携しながら多様な地域特性を発揮していく．そして，経済面だけでなく文化面や社会面も含めた地域力（地域の総合力）の結集を図り，安心して住み続けられる生活圏域を形成する，ということである．これらにより，人々の国土に対する空間的視野が市町村から広域の生活圏域へ，都道府県から広域ブロックへ，日本国土から東アジアへと拡大されることになる．

そこで，国土形成計画では国が広域地方計画策定の前提となる国土づくりの方向性を示すとともに広域地方計画の策定・推進に関する指針等を提示して，各ブロックが独自の発想と戦略性を活かした国土形成を進めることとなった．また，広域地方計画の策定にあたっては国や地方自治体・地元経済界等が参画する広域地方計画協議会で適切な役割分担の下に協働しながらビジョンづくり

に取り組む．このように，地域開発は国が計画を定めて地域が実施するのではなく，地域が計画づくりの段階から主体的に関与する形になったのである．地域開発にも国策のなかに「自治の実践」が少しずつ組み込まれるようになったと言える．

岡田・川瀬・鈴木ほか [2007] が指摘するように，国土形成計画が「真に国民にとって将来への生活の見通しを得られるグランドデザインとなりうるか，公共サービスの民間移行と競争原理による効率的民間投資の促進をめざすのみで終わるのか」(p. 163) は，今後の展開をみて判断する必要がある．従来の全国総合開発計画が三全総で大きな転換を遂げたことは評価されるが，過渡期の政策であり十分な成果をあげることができなかった．この時期に始まった地域開発の転換は現在も進行しながら，社会・経済の情勢に新たな変化が加わっている．国土形成計画がどのような成果をあげられるかは予断を許さないが，従来の全国総合開発計画に対する反省を踏まえるならば，地域開発で「自治の実践」がどこまでできるかが重要なメルクマールの1つになるだろう．

(2) 成長社会から成熟社会への転換期における経済政策

次に，経済政策の転換について述べる．高度経済成長が経済計画と全国総合開発計画を車の両輪として実現したように，経済政策は地域開発と強く結びついている．国土形成計画の背景として，① 本格的な人口減少社会の到来，急速な高齢化の進展，② グローバル化の進展と東アジアの経済発展，③ 情報通信技術の発達，という経済社会情勢の大転換が挙げられているが，現代の経済政策もこれらの転換にともなう経済情勢の変化を背景としている．

第1に，経済成長の減速である．日本経済はオイルショックを機に高度成長期から安定成長期に入り，実質 GDP 成長率が 1970 (昭和45) 年度以降は10％を上回っておらず，1991年度からは3％を超えていない．2008 (平成20) 年度から2011 (平成23) 年度までの4年間ではマイナス成長も3度記録している．このため，政府が目標とする経済成長率の水準も低くなっている．2013 (平成25) 年6月に策定された『日本再興戦略――JAPAN is BACK――』では今後10年間の平均で名目 GDP 3％程度，実質 GDP では2％程度の成長を実現することとしている．この水準は高度経済成長期に比べれば高くない．

第2に，成熟社会にふさわしい，内容をともなう経済成長の重視である．経済政策には必ずしも一貫性と連続性があるわけではないが，2010 (平成22) 年

6月に閣議決定された『新成長戦略――「元気な日本」復活のシナリオ――』では，経済成長の水準だけでなく内容についても注目すべき指摘がなされている．すなわち，日本再興戦略と同様に目標成長率の水準が高くないだけでなく，従来の経済政策について次のような反省を示したのである．

> ① 公共事業中心の経済政策は不況対策の名の下に非効率な公共投資を拡大させ，成長にも国民生活の向上にもつながらず，地域はますます活力を失うという悪循環に陥った．
> ② 行き過ぎた市場原理主義に基づき，供給サイドに偏った生産性重視の経済政策は，1企業の業績回復をもたらした一方で失業やワーキングプアを生み，社会全体の不安を急速に高めた．

本来，①と②は相反する政策である．公共事業中心の経済政策が効率性を低下させただけでなく国債の累増をもたらしたのであれば，その反省から市場原理主義による効率性の向上と歳出の抑制が重視されるようになるからである．しかしながら，市場原理主義の推進もまた小泉政権時代の構造改革路線によって「いざなぎ超え」と呼ばれるほどの長期的な経済成長を実現した半面，さまざまな格差の拡大をともなったために社会の不安を急激に高めるという弊害をもたらした．

経済政策は成長の水準だけでなくその内容も重要であるという指摘は，高度経済成長期にもあった．例えば，東京一極集中をともなう経済成長に対して「地域間の均衡ある発展」や「シビル・ミニマム」が提唱され，地域格差の解消や生活環境の整備が重視されるようになった．また，重化学工業の立地にともなって発生した公害も住民が生活環境の保全を求めることにつながった．

現在では，行き過ぎた市場原理主義が新たな社会不安を招き，成長の内容をあらためて問う契機となっている．社会の安定性を高めながら経済成長を実現することが求められている，と言えるだろう．ある程度の水準の経済成長は今後も必要かもしれないが，過度な成長の追及によって弊害を生まないことが重要である．また，成長では解決できない課題にも対処しなければならない．[3)]

経済成長の水準に目を奪われることなく社会の安定化に配慮した適切な成長を追及する社会は，一般的に「成熟社会」と呼ばれる．小野善康によると，日本経済は1980年代から90年代を境に「発展途上社会」から「成熟社会」へと大きな変貌を遂げたという．発展途上社会には旺盛な需要が存在するから，遊ぶ

のを我慢して一生懸命働けば経済成長ができた．生産性を向上すれば需要を満たすので経済が成長したのである．しかしながら，成熟社会になると生産性の低さではなく満たされた社会における需要不足が原因で，長期的な不況が生じることになる．その場合には生産性を向上しても失業が増え，かえって不況を悪化させてしまう．そこで，不況の克服には「生活をいかに楽しみ，快適にするか」を考える力が必要であるとして，小野は成熟社会に応じた経済政策の転換を主張した[4]．「生活をいかに楽しみ，快適にするか」とは，従来のような国民生活の向上に寄与しなかった公共事業や社会全体の不安を高めた市場原理主義にはない，経済政策の新しい観点を提起したものと言えるだろう．

　経済政策は多様な視角や規範により必ずしも一貫性と連続性がなく，また近年は政権交代が続いているため特定の政策が貫徹されることも稀になっている．そのため，それぞれの経済政策が有効であったかどうかを検証することはきわめて難しい．しかしながら，成熟社会の到来を背景として安定性に配慮した経済成長がますます重要になっていることは間違いないだろう．

　このような要請にこたえる経済政策の1つとして，地域における産業振興にも新たな動きが出てくるようになった．すなわち，成長分野であることよりも地域の持続的発展に寄与することを重視し，社会の安定性に配慮した成長を可能にする経済政策が注目されている．そこで，従来の経済政策は国策としての性格が強かったが，徐々に「自治の実践」の重要性も高まってきた．

(3) 産業政策における「自治の実践」の進展

　例えば，2001（平成13）年4月に都市再生本部が内閣に設置され，内閣総理大臣を本部長として都市再生に関する施策を総合的かつ強力に推進することとなった．都市再生プロジェクトには以下の目標が含まれている．

① 大都市圏を豊かで快適な，かつ，経済活力に満ちあふれた都市に再生する．
② 地方都市に共通する課題，例えば人と自然との共生，豊かで快適な生活を実現するためのまちづくり，市街地の中心部の再生，鉄道による市街地分断の緩和・解消などを実施する．

　しかしながら，都市再生プロジェクトの本質は景気対策であり，その手段も規制緩和による民間投資を大都市に誘導することが中心となっていた．すなわ

ち，都市再生といっても都市の主体性は軽視され，国主導で民間投資を促すものであった．そのため，四全総や『21世紀の国土のグランドデザイン』でとられた手法を基本的に継承しており，「都市再生」ではなく「都市崩壊」を招く恐れがあると批判された[5]．

次に，2007（平成19）年11月に政府が決定した「地方再生戦略」である．これは都市再生プロジェクトから根本的な転換を遂げたものであり，象徴的なのは「地方再生五原則」として，①「補完性」の原則，②「自立」の原則，③「共生」の原則，④「総合性」の原則，⑤「透明性」の原則，が提起されたことである．とりわけ①と②によって地域の主体性が尊重され，国はこれを支援する仕組みになったことが特筆される．しかしながら，地方再生戦略にも依然として景気対策の性格が色濃く残り，企業誘致が前面に出された．したがって，地方再生戦略で地域主体の産業振興を進めることにも，やはり無理があった．

国主導の経済政策だけでは限界がある．都市再生プロジェクトから地方再生戦略への展開は成熟社会への対応として評価できる面もあるけれども，実質的に景気対策や企業誘致といった国策が中心になれば地域の産業振興は不十分なものにとどまる．経済政策における国の役割が依然として大きいとしても，地域主体で進めるべき分野では国の取り組みがかえって政策の有効性を低下させると言わざるをえない．そこで，地域を主体とした産業政策が重視されるようになった．

(4) 地域主体による「都市の再生」を通じた産業政策の提唱

このように，地域開発と経済政策には国の主導だけでなく地域を主体とした部分があわせて求められるようになっている．すなわち，全国総合開発計画と経済計画という従来の車の両輪は現在，国主導の両輪に地域主体の両輪を加えた4輪へと拡大することが必要である．経済政策の一環としての産業政策もまた，成熟社会への転換を踏まえた地域開発と地域産業政策が密接に結びついて地域主体でも進めなければならない．端的に言えば，産業政策における「自治の実践」が要請されているのである．

では，地域産業政策における「自治の実践」とはどのようなものであろうか．国主導の産業政策や都市再生プロジェクトあるいは地方再生戦略と比較して，どのような特徴があるのか．それは，地域主体の都市再生を提起した学際的な研究成果として2005（平成17）年から刊行が開始された『岩波講座 都市の再

生を考える（全8巻）』の基本的姿勢のなかに端的に示されていると考えられる．長文になるが，講座の「刊行にあたって」の主要な部分を以下に引用したい．

　都市の再生こそが，現在の時代閉塞的危機を克服する鍵となっているという現実認識は，広汎にしかも深く共有されているように思われる．それだからこそ日本政府も，「都市再生」を最も重要な政策課題として位置づけているということができる．しかし，華やかな装いとともに打ち出される「都市再生」は，目白押しの産業プロジェクトに明らかなように，相も変わらず産業都市の再開発という呪縛に囚われている．それは「都市再生」という政策課題を浮上させた失敗そのものを，状況の変化をも省みずに再び繰り返すことにほかならない．

　歴史の転換期に失敗を繰り返せば，人間の歴史の旅は耐え難いものになってしまう．また，歴史の転換期に誤った海図を描けば，タイタニック号のように氷山に激突することになるだろう．正確な海図を描くには，過去の歴史に学びつつ，都市とは何かを根源的に問わなければならない．

　転換期に立ついま問われている「都市再生」とは，都市のルネサンスとも表現すべき，都市における人間の復興を意味しているといってよい．そしてルネサンスが全歴史状況の変化を意味したように，この都市のルネサンスもまた人間の全歴史状況の変化を意味している．

　今を遡ること30年ほど前に，深刻化する都市問題に対決するために，岩波講座『現代都市政策』が刊行された．当時，都市問題とは，工業化社会が生み出した都市問題であった．しかし，いまや都市は，工業化ではなく脱工業化（de-industrialization）に苦悩している．工業の衰退とともに，都市は荒廃し衰亡しようとしている．それは工業社会から脱工業社会への歴史の転換期に，工業を抱え込んだ工業都市が衰えゆく悲劇だと言いかえてもよい．

　「都市の再生」とは，衰えゆく工業社会における都市にかわって，脱工業化社会において「都市を再生させること」に他ならない．しかし，工業都市が衰亡していくからといって，「都市の時代」が終焉を告げるわけではない．工業社会から脱工業社会への移行は，新しい「都市の時代」の夜明けを意味していると言えるだろう．

　確かに，工業社会は工業都市を発展させた．また工業社会は，人間が生

活する社会を国家レベルで統合する「国民国家の時代」の産物であった．ところが，脱工業化とともに，人間の生活を統合してきた国民国家の枠組みが揺らぎはじめ，グローバル化が進行する．しかしグローバリゼーションに伴って国民国家によって保障されてきた人間の生活が破壊され始めるとともに，都市のルネサンスによって人間の生活する「場」を再生しようとする動きが台頭してくる．そうした状況のなかで国民国家の機能が上方と下方に分岐して，グローバリゼーションとともにローカリゼーションが生じてきたのである．

「サステイナブル・シティ（持続可能な都市）」を合言葉に進められているヨーロッパの「都市再生」は，人間の生活の「場」として都市の再生を目指すものである．人間の生活の「場」としての「都市再生」では，工業によって汚染された自然環境を蘇らせるとともに，地域文化を再生させることが車の両輪となっている．つまり，自然環境の再生とともに，国民国家が成立する以前から地域社会が育んできた地域文化の復興を目指していると言えるだろう．文化とは人間の生活様式である．したがって文化の復興は，人間を成長させる教育の復興とも連動する．

「人間的」都市には優秀な人材が集結し，状況に対応した新しい産業が芽生える．「人間的」都市を創ることとは人間的な知識社会（knowledge society）を創り，歴史の転換期における危機を克服することにほかならない［植田・神野・西村ほか 2005］．

ここには，成長社会から成熟社会への転換が地域主体の都市再生をなぜ必要とするのかが明確に示されている．すなわち，成熟社会への転換は2つの転換をともなうものであり，これを踏まえると地域主体の都市再生が求められるからである．

第1に，工業社会から脱工業社会（知識社会）への移行である．工業社会では全総の拠点開発方式など大規模重化学工業の誘致によって都市が形成され，雇用の場を求める人々が大量に流入した．都市への過剰な集中による公害や都市問題の発生は人間の生活の「場」を破壊するものであり，高度経済成長の負の側面と言える．これに対して，脱工業社会（知識社会）では人間の生活の「場」として人間的都市を創ることによって，優秀な人材が集結して産業が芽生える．そのため，工業社会に適合するような産業主導のプロジェクトは生活の「場」

を犠牲にしてしまい，成熟社会ではむしろ都市再生を阻害する要因となる．そこで，知識社会の基盤となる自然環境の再生と地域文化の復興をめざすことが産業政策の視点からも重要になる．このように，成熟社会における産業政策は工業社会で軽視されてきた部分を知識社会では重視する形に転換しなければならない．自然環境の再生と地域文化の復興による都市再生を実現するためには，地域の主体性が不可欠である．

第2に，国民国家の機能が上方と下方に分岐し，グローバリゼーションとローカリゼーションが同時に進んでいることである．工業社会では多くの地域に工業が立地する可能性があったため，不十分ではあったものの国が工業立地の誘導を制御することによって効果的な地域開発を行うことができた．これに対して，脱工業社会（知識社会）では工業の海外流出による国内の空洞化が各地で進むとともに，自然環境や地域文化を車の両輪とする人間の生活の「場」としての都市再生が求められる．すなわち，グローバリゼーションの進行が国主導の地域開発や経済政策の有効性を低下させるとともに，ローカリゼーションの進行が地域主体の再生政策の必要性を高めるのである．

以上のように，成長社会から成熟社会への転換によって都市が衰亡の危機に直面しているなかで，従来の成長社会を形成してきた手法は成熟社会ではむしろ都市の衰退を加速する要因になる．国策としての地域開発でも国土形成計画における狭域的視点の導入や地方再生戦略における補完性の原則の提起など従来にはなかった地域重視の姿勢が加わっているけれども，基本的には成長社会における経済政策を継承していることから誤った時代認識に基づく誤った政策とならざるをえない．成熟社会では自然環境や地域文化に根差した地域主体の都市再生が必要なのである．

第2節 成熟社会の地域開発からみた原子力発電

では，成熟社会における都市再生を地域主体で進めることが求められるなかで，原子力発電はどのように位置づけられるのであろうか．すなわち，原子力発電所が高度経済成長期における企業誘致の一環として立地し，さらにアトムポリス構想によって新たな一面が加わったが，成熟社会では従来の路線にどのような限界が生じるのであろうか，あるいはどのような可能性が新たに開かれるのであろうか．

まず、従来の路線で限界が生じるかどうかを考察する。成長社会から成熟社会への転換は産業構造の変化としての工業社会から脱工業社会（知識社会）への移行をともなうものである。しかし、逆に言えば地域の産業構造が変わらなければ工業社会を前提とした都市再生でも一定の成果が得られる可能性がある。

脱工業社会の到来は既存の重化学工業が海外に流出する現象に象徴されるが、原子力発電所は重化学工業と多くの面で異なっているため脱工業社会でも流出は起こらない。すなわち、原子力発電所立地地域では成熟社会への転換とともに産業構造の変化が必ずしも生じるわけではないのである。

まず、原子力発電の推進は現在まで国策として行われており、産業構造にかかわらず原子力政策が維持されてきた。また、電力の供給は原子力発電に限らず地域独占体制[8]によって国内で行われるから、重化学工業のように為替相場や国際情勢によって海外に移転することもない。さらに、原子力発電所の集積によって立地地域の産業は原子力発電が大きな割合を占めるようになったため、立地地域では脱工業化にともなう産業構造の変化がそれほど顕著に起こらない。

このように、原子力発電所は重化学工業と多くの面で異なるため、産業構造の変化から大きな影響を受けることはない。原子力発電所立地地域は誘致当時の地域開発路線を維持しても脱工業化によって限界に直面するとは限らないのである[9]。

次に、成熟社会では原子力発電所に新たな可能性が見出せるかどうかである。それができれば、従来路線の成果を引き続き基盤としながら成熟社会における原子力発電所の新たな可能性を加えることによって、原子力産業政策は地域産業政策としての性格をより強めることになる。端的に言えば、原子力発電所が地域にとって誘致企業の枠を越えた存在となるだろう。

主に2つの可能性があるのではないだろうか。第1に、知識社会におけるローカリゼーションの進展から原子力発電所に新たな可能性が生じると考えられる。原子力発電を知識産業と捉えることができるからである。原子力発電所そのものが特殊で高度な技術的・知的基盤を有した産業であるとともに、定期検査などの関連産業にも高い水準の技術や知識が求められてきた。さらに、現在に至るまで安全性や効率性の向上などにともない、その水準も高まっている。原子力発電所が（電気を生み出す）巨大な工場であることは重化学工業と共通しているが、今後は原子力発電所が技術の蓄積や人材集結の拠点であることに着目し、これを地域の産業基盤とすることによって成熟社会における都市再生に

も寄与する存在となりうる[10].

　第2に，グローバリゼーションの進展からみても原子力発電には新たな可能性が期待できる．原子力発電所は重化学工業のように海外に流出することはなく，しかもグローバリゼーションによって海外に立地した工業の電力を供給するために原子力発電所を輸出することができれば，国内の原子力発電所立地地域が海外の人材育成等に寄与する余地も生まれる．

　政府は『日本再興戦略──JAPAN is BACK──』や『新成長戦略──「元気な日本」復活のシナリオ──』のなかでエネルギー分野での国際協力やパッケージ型インフラの海外展開を提起し，ベトナムやヨルダンと原子力開発や平和利用に関する協定を締結した．また，電力事業者も電力9社や原子炉メーカー等が2010（平成22）年10月に国際原子力開発株式会社を設立し，原子力発電の新規導入国においてプロジェクトに関する提案活動を行っている．

　このような動向を背景として，第4章で述べた原子力発電所立地地域における原子力安全協定や電力事業者に対する要請などが海外の原子力発電所にも活かされれば，グローバリゼーションの進展が国内の立地地域に新たな可能性を与えるだろう．このことは，重化学工業が立地する地域のようにグローバリゼーションの進展が産業の流出をもたらす関係とは逆である．グローバリゼーションが原子力発電を衰退させる要因にも都市再生の背景にもならず，むしろ新たな可能性をもたらす点は，原子力発電所立地地域の大きな特徴と言えるだろう．

　成長社会では重化学工業の誘致の一環として原子力発電所の立地が認識された．現在は成熟社会への移行が進んでいるが，原子力発電所立地地域が主体的な都市再生を進める場合でも脱工業化のように既存の産業の衰退と新たな産業の誕生という形ではなく，原子力発電所の持続と発展が都市再生にも寄与することになる．すなわち，成熟社会における原子力発電所は従来の位置づけを維持しながら[11]，地域におけるグローバリゼーション（アジア各国における人材育成の実施など）とローカリゼーション（地域における人材集結）を通じて新たな発展の可能性を引き出すことができるのである．

第3節　エネルギー研究開発拠点化計画の意義
　　　──新しい地場産業としての原子力発電──

　地域主体の都市再生が重視されるなかで，立地地域における原子力産業政策は従来の路線が成熟社会への転換によって限界に直面することなく，さらに新たな発展の可能性を加えることができる．福井県では後者の取り組みを大きく前進させた．すなわち，アトムポリス構想からエネルギー研究開発拠点化計画（拠点化計画）への展開である．

　拠点化計画では原子力発電と地域の多様な産業との密接な関係構築が提起されるとともに，グローバリゼーションやローカリゼーションへの対応も含まれている．端的に言えば，拠点化計画における原子力発電の位置づけは誘致した産業から地域に根づいた産業，すなわち地場産業へと重点が変わっているのである．これらのことから，拠点化計画は原子力発電を軸とした地域主体の都市再生の取り組みとみることができる．

　原子力発電の推進という国策からみれば，地域は原子力発電所を誘致して国策に協力するだけでよいはずである．しかし，拠点化計画は立地地域が「国策への協力」の枠組みを越えて原子力発電の地場産業化を進めるものである．その意味で，拠点化計画はアトムポリス構想をさらに進めて原子力産業政策における「自治の実践」を強める取り組みとして評価できるだろう．

(1) エネルギー研究開発拠点化計画における原子力産業政策の特徴

　2005（平成17）年3月に福井県が策定したエネルギー研究開発拠点化計画の「基本的な考え方」では，福井県と原子力発電および関連産業の関係について以下のような問題提起を行っている（抜粋）．

　　　本県には，昭和45年に日本初の商業用原子力発電所が稼動して以降，現在まで15基の原子力発電所が立地し，関西で消費される電力の約6割を供給するなど，国のエネルギー政策に大きく貢献していますが，研究機関や人材育成機関の集積や地域産業との連携，技術移転を積極的に進めていく取組みが十分ではありませんでした．

　　　原子力発電は，本県の重要な産業であり，今後は単に電力を供給するこ

とだけにとどまらず，さまざまな原子炉が多く集積しているという本県の特徴を最大限に活かして，原子力の持つ幅広い技術を移転，転用する研究開発を進め，地域産業の活性化につなげていくという位置付けがぜひとも必要です．

すなわち，原子力発電所を単なる発電の「工場」にとどめることなく，その集積を活かして，高度医療などを含めた原子力・エネルギーに関する研究開発拠点へと転換していかなければなりません．

さらに，今後，原子力利用の急激な拡大が見込まれる中国をはじめアジア諸国において，わが国に対する原子力技術面での国際貢献が期待されており，本県にアジアはもとより世界から多くの優れた研究者や技術者が集う仕組みづくりが必要となっています．

この計画は，こうした考え方に基づいて，長期的な視点に立ち，原子力が地域の発展に貢献することによって県民の信頼につながる様々な施策を展開し，本県を原子力を中心としたエネルギーの総合的な研究開発拠点地域とするために策定したものです．

拠点化計画の体系は**表7-1**のとおりである．拠点化計画は原子力産業政策に限定されているわけではないが，「基本的な考え方」の大半は原子力産業政策に関係したものである．とりわけ，原子力関連技術の地域産業への移転・転用が重要な目的となっている．体系にある4つの具体策も「1 安全・安心の確保」を除いた3つは「2 研究開発機能の強化」と「3 人材の育成・交流」が「4 産業の創出・育成」を実現するという関係にあることから，産業の創出と育成が拠点化計画の到達点になっていると考えられる[12]．

産業の創出や育成に関する具体策を大きく分類すると，以下のようになる．

（目的の分類）
① 地域の企業が原子力発電・関連産業が保有する技術を活かして新たな分野に進出する
② 地域の企業が原子力発電・関連産業となって発電所の業務を新たに行う（請け負う）
③ 原子力発電・関連産業の集積を活かして新たな企業を誘致する

表 7-1 エネルギー研究開発拠点化計画の体系

1　安全・安心の確保
　(1)　高経年化対策の強化と研究体制等の推進
　(2)　地域の安全医療システムの整備
　(3)　陽子線がん治療を中心としたがんの研究治療施設の整備
2　研究開発機能の強化
　(1)　「高速増殖炉研究開発センター（仮称）」
　(2)　「原子炉廃止措置研究開発センター（仮称）」
　(3)　若狭湾エネルギー研究センターの新たな役割
　(4)　関西・中京圏を含めた県内外の大学や研究機関との連携の促進
3　人材の育成・交流
　(1)　県内企業の技術者の技能向上に向けた技術研修の実施
　(2)　県内大学における原子力・エネルギー教育体制の強化
　(3)　小学校，中学校，高等学校における原子力・エネルギー教育の充実
　(4)　「国際原子力情報・研修センター（仮称）」
　(5)　国等による海外研修生の受入れ促進
　(6)　国際会議等の誘致
4　産業の創出・育成
　(1)　産学官連携による技術移転体制の構築
　(2)　原子力発電所の資源を活用した新産業の創出
　(3)　企業誘致の推進

(資料) 福井県 [2005].

（手段の分類）
　④原子力発電・関連産業が保有する技術を学ぶための支援
　⑤産官学での共同研究を行うための支援

このうち，③はアトムポリス構想を継承していると考えられるが，①を加えて地域産業の活性化につなげていく点がエネルギー研究開発拠点化計画における原子力産業政策の大きな特徴と言える[13].

(2) 地場産業の定義と原子力発電との共通点

この特徴は，原子力発電を地場産業にする試みと捉えることができる．地場産業の定義を原子力発電と比較することによって，このことを明らかにしよう．
中小企業庁によると，地場産業とは「同一の立地条件のもとで同一業種に属する製品を生産し，市場を広く全国や海外に求めている多数の企業集団」であ

る．また，中小企業庁が実施した「平成17年度産地概況調査」によると，2005（平成17）年10月現在の産地は486あり，[14]福井県内では嶺北地域を中心とした繊維や眼鏡枠が代表的な地場産業である．

地場産業には多様な類型がある．ここでは代表的な分類とされる，清成忠男と下平尾勲，山崎充によるものを述べる．[15]

清成は地場産業を「立地基準」，「製品の等級基準」，「技能・技術基準」，「内需輸出依存基準」の4つに分けた．「立地基準」には大都市型地場産業と地方都市農村型地場産業があり，前者には東京都のファッション性の強い婦人服や袋物などがあるとともに，後者のうち伝統産業からスタートしたものとして鹿児島県の大島紬や埼玉県の雛人形などを，さらに労働力志向立地型のものとして新潟県燕市の金属製洋食器などを挙げている．次に，「製品の等級基準」は高級品や中級品など財の等級による分類で，厳密な類型化は難しいが一般的に高級品の産地の業績が総じて高いとされる．また，「技能・技術基準」は伝統的な技能に依存した労働集約型の技能型地場産業と，資本集約型・技術集約型の技術型地場産業に分類される．後者の例として，静岡市のプラモデルなどが該当するという．最後の「内需輸出依存基準」とは，内需・外需いずれに対応した産業かによって分類される．ただし，これは相対的な特徴であり，アジア各国企業との競争激化によって時代とともに変化している．

次に，下平尾は地場産業を「原料立地型・資源活用型」，「技術立地型」，「市場立地型」の3つに類型化している．「原料立地型・資源活用型」は原料資源の存在に立脚して発展した地場産業であり，その代表は陶磁器産業や家具である．戦後から形成されてきた地場産業と言えるだろう．次の「技術立地型」は比較的新しく，一定の生産技術，販売技術，経営技術の蓄積・展開により成長してきた地場産業である．浜松市の楽器産業が典型とされる．最後の「市場立地型」は，資源や技術の存在ではなく市場があったことが産地形成の要因になった場合である．京都の西陣織や京友禅などが挙げられる．

また，山崎は地場産業の生成過程に着目し，「自然発生型」，「政策型」，「偶然型」の3つに分類した．このうち基本形が「自然発生型」であり，資源立地型とも言える．また「政策型」は，その地域の為政者や篤志家が地域住民の生活困窮を救うため，意図的・政策的に産業を起こしたものである．最後の「偶然型」は偶然に産業がおこり発展したものである．

以上の類型を整理したのが**表7-2**である．ここで，原子力発電をそれぞれ

表7-2　地場産業の形成パターン

・清成忠男の類型
　① 立地基準……大都市型，地方都市農村型
　② 製品の等級基準……高級品，中級品，普及品
　③ 技能・技術基準……労働集約型，資本集約型・技術集約型
　④ 内需輸出依存基準……内需型，外需型
・下平尾勲の類型
　① 原料立地型・資源活用型
　② 技術立地型
　③ 市場立地型
・山崎充の類型
　① 自然発生型
　② 政策型
　③ 偶然型

（資料）坂本・南保［1995：10-12］より作成．

の類型にあてはめてみたい．清成の類型からみた原子力発電は，立地基準では地方都市農村型（大都市圏に電力を供給するが立地するのは主に地方都市や農村である），技能・技術基準では資本集約型・技術集約型（大規模装置産業である），内需輸出依存基準では内需型（電力が国内で消費される）となるだろう．また，下平尾の類型では原料立地型・資源活用型（発電の原料となるウランは輸入されるが，発電所の立地には強固な地盤と豊富な海水という条件（自然資源）が必要である）が近く，さらに技術立地型（既存の原子力発電所の立地を基盤として増設されてきた）の性質もある．最後に，山崎の類型では政策型（国の原子力政策や自治体の誘致が立地に不可欠の条件となる）であろう．以上の類型は地場産業のみに固有の性質ではないが，原子力発電は地場産業と共通する要素を多く持っていることが窺える．

(3)　先行研究『地場産業としての原子力発電』

また，原子力発電が立地地域にとって地場産業である，と位置づけた先行研究も存在する．金谷貞夫『地場産業としての原子力発電』では，表題から明らかなように「すでに原子力発電は地場産業である」との認識が示されている[16]．

その根拠として挙げられているのは，産業別にみた就業人口の構成比である．福井県嶺南地域には電気・ガス供給業の就業者が2889人あり（1995（平成7）年国勢調査），嶺南地域全体の3.7%を占めている．そこで「福井県全体では電気・

ガス供給業の割合は1.1%に過ぎないから，嶺南地域の3.7%は，当該地域が原子力発電に高く依存していることを就業構造からも明らかにしている．つまり，嶺南地域にとって原子力発電は地場産業になっているのである」[金谷 2000：3] と述べている．

なお，金谷は地場産業の定義を「地域が保有する諸資源を有効に活用し，いくつかの企業が集積し，競争関係を通じて特定の産業を形成し，他の地域に対する比較優位を保持する産業のことである．地域内資源については，地下資源，立地条件，自然環境，資本，労働力，技術，歴史，文化などが考えられる」[金谷 2000：3] としている．原子力発電の場合，地域内資源は「耐震性のための強い岩盤，沿海立地などがあげられ，資本や技術については地域外から移入したものが多い」[金谷 2000：3] という特性がある．つまり，岩盤や沿海といった自然条件が「地域が保有する資源」として重視され原子力発電所が立地したという経緯と，立地を機に関連産業の集積とあわせて就業人口が多くなったことから，原子力発電が地場産業になっていると結論づけた．[17)]

(4) **地場産業と原子力発電との相違点**

このように，地場産業には多様な類型があるけれども，原子力発電には地場産業と共通する特性が多い．その意味では，原子力発電を地場産業として捉えることが可能である．

しかしながら，原子力発電には地場産業の本質的要件とは異なる部分もある．したがって，原子力発電が必ずしも地場産業に合致しているわけではない．

第1に，企業の規模と企業間関係の違いである．地場産業は一般的に中小企業が集積し，適度な競争の下で分業体制を作り上げることによって形成されてきた．なかには地場産業全体を牽引するリーディング企業が存在する場合もあるが，それが突出して大規模になる事例は例外的である．中小企業群がリーディング企業の系列下に置かれることもない．これに対して，原子力発電の場合は関西電力や日本原子力発電などの巨大企業を頂点として，その下に定期点検や修繕等を請け負う関連中小企業が集積する形をとっている．関連企業の間で一定の競争はあるかもしれないが巨大企業からの受注競争となる．このように，企業の規模と企業間関係の面で原子力発電は地場産業の要素を欠いている．[18)]

第2に，製品の違いである．地場産業は基本的に製造業であり，産地の特性が製品の差別化やブランドと結びついて製品の付加価値を高めている．これに

対して，原子力発電も電気を製造しているものの，手に取ることのできない商品であり製造業ではない．しかも，商品の価値は差別化やブランドとは逆に一定の品質（電圧や周波数など）によって生まれるため，産地の特性を発揮することができない[19]．

　第3に，製品の多様性の違いである．中小企業庁の定義にあるように，地場産業は繊維や眼鏡枠といった「同一業種に属する製品」で産地が形成される．これに対して，原子力発電の場合は関連産業の定期点検や修繕などが同一業種に含まれると考えられるが，エネルギー研究開発拠点化計画ではこのような状況を「単なる工場」と否定的に捉えており，広範囲の業種への展開をめざしている．拠点化計画は業種を特定することでむしろ可能性を狭めることになるから，地場産業としての原子力発電から脱却する面を持っているとも言える[20]．

　以上のように，原子力発電は地場産業との共通点が多いものの，地場産業が持つ本質的な要件に欠ける，という重要な相違点もある．

(5) エネルギー研究開発拠点化計画にみる「自治の実践」
　　──新たな地場産業化への試み──

　では，原子力発電と地場産業には共通点と相違点のいずれもあることを踏まえたうえで，なぜエネルギー研究開発拠点化計画が原子力発電を地場産業にする取り組みと言えるのであろうか．

　地場産業の要件からみれば，先に述べた3つの点で原子力発電と地場産業には異なる面がある．また，拠点化計画が地場産業の形成と逆行する側面があることも否定できない．しかしながら，地場産業も変化を迫られている．アジア諸国等との価格競争のなかで多くの地場産業が衰退を余儀なくされ，厳しい状況のなかで新たな取り組みを始めているのである．その方向性は従来の地場産業からの脱却とも言えるものであり，拠点化計画における原子力発電の位置づけにも通じる面があることから，拠点化計画は原子力発電を新たな時代の地場産業とする試みとみることができる．

　地場産業の新たな取り組みとは，複合産地化である．従来の「同一業種に属する製品」だけでは地場産業が成り立たなくなっているため，他分野への積極的な展開が地場産業再生の重要な鍵と考えられている．福井県内でも，鯖江を中心とした眼鏡枠産地では既存の加工技術がゴルフクラブのメッキや自転車のフレーム製造など多様な製品に応用されている．主力の眼鏡枠出荷額の減少を

補うほどの規模には達していないものの,このような動きは多くの産地にみられる.[21]

エネルギー研究開発拠点化計画でも原子力発電を「単なる工場」から「多様な地域産業への展開」をめざす方向性が,「同一業種に属する製品」からの脱却を意味する.それは従来の地場産業とは異なるけれども,複合産地化をめざす新たな取り組みと共通している.したがって,地場産業の視点から原子力発電をみた場合,拠点化計画は原子力発電を複合産地の地場産業とする試みと捉えることができるだろう.

ただし,地場産業の複合産地化も決して容易ではない.南保 [2008] では,鯖江における眼鏡枠産業の複合産地化が難しい理由として以下の点を挙げている.[22]

① 進出分野の問題点
　・企業は保有技術の延長線上で新分野進出を志向する傾向が強い
　・新分野進出を保有技術の延長線上で考えた場合,各企業の参入分野が画一的になりがちとなる
　・産地企業が考える新分野に革新性が乏しい
② 事業展開上の問題点
　・人材,資金などの経営資源の不足
　・流通・販売体制の整備が困難
　・採算に見合う製品価格の設定が困難
　・安定した受注ができない
③ 公的支援体制の問題点
　・補助金などの支援を得るために必要な自己資金の捻出が困難
　・申請書類等を作成する人的・時間的余裕がない

このような状況で鯖江の眼鏡枠が複合産地化をめざす場合,次の2つの方向性があるという.

① あくまで特定専門化した保有技術を基礎に,産地を越えた広域的かつ多様な分野の製品の受注を得て複合化を図る.これは資力,人材,設備等に限界がある小規模・零細企業にとって保有技術の延長線上にある新分野を狙うということから最も堅実であり,ものづくりからすると現実的な選択であると言える.

②既存の技術体系とは全く異なる分野にまで進出して複合化を図る．しかし，かなりの時間を要することや鯖江の技術基盤，流通システム等の相違などから，そう易々と達成できるとは思えない．

眼鏡枠の複合産地化を図ることが鯖江の差し迫った課題であることを考慮すれば，②を期待しながら①を進めること，そのためには広域的な受注活動ができる基盤づくりや官民一体となった広域ネットワークの構築，新分野進出企業への公的支援体制の整備，さらなる技術革新への努力等に向けた対応が早急に必要であるという．

これらの課題は，同じ福井県内で新たな地場産業化をめざす原子力発電にとっても重要な示唆となる．ただし，原子力発電所が集積する嶺南地域には嶺北地域のように特徴的な地場産業が存在せず，第6章第1節で述べたように製造品等出荷額の伸び悩みがみられる[23]．したがって，原子力発電所が保有する高度な技術や知識を展開する先としてどのような産業を想定するかは，鯖江のように①から進めることが堅実で現実的な対応策とはならない．そこで，「ものづくり県」として嶺北地域を含めた広域的な取り組みや，初期の段階から②を想定しておくことなどが必要であり，それらはエネルギー研究開発拠点化計画に固有の方向性と言えるだろう．個々の企業または企業間連携によって「どのような複合産地をめざすか」を慎重に選択し，漸進的な産地の形成を進めることになるのではないか．

拠点化計画は原子力発電所を企業誘致による外来型の「単なる工場」から，固有の技術と知識を基盤として地域の多様な産業に結びつけることで複合産地化をめざす「新たな地場産業の拠点」と位置づける地域産業政策となった．これは，成熟社会における地域主体の都市再生が求められる背景となったローカリゼーションの進行にも対応している[24]．したがって，拠点化計画は国策としての原子力政策を前提としながら，成熟社会への転換のなかで原子力発電の新たな可能性を見出すことによって地域主体の都市再生にも寄与しうるものとなる．このことを自治の視点からみるならば，「国策への協力」としての原子力発電所の立地は拠点化計画にとって「単なる工場」としての存在にすぎないものとなり，新たな地場産業の拠点としての展開をめざすことで「自治の実践」が重視されるようになった．したがって，拠点化計画を機に原子力発電所立地地域が原子力安全規制とともに原子力産業政策の分野でも「自治の実践」を本格的

に展開するようになったと言える.

(6) 原子力産業政策から地域総合政策へ
──エネルギー研究開発拠点化計画にみる「自治の実践」の広がり──

　これまでは,表7-1に示されたエネルギー研究開発拠点化計画の体系のなかで原子力産業政策の側面に焦点を当てて述べてきた.しかし,拠点化計画は原子力産業政策だけでなく多様な方面に及んでいる.そこで,拠点化計画を推進するための具体的な取り組みとして毎年策定される「推進方針」の2013(平成25)年度版(案)のなかから3つの取り組みを紹介し,このことを明らかにしよう.

　第1に,「充実・強化分野」に掲げられた「強固な安全対策を具体化」である.具体的には,以下のプロジェクトが示されている.

　① 原子力緊急事態対応の体制整備
　② 原発事故や廃止措置に対応する技術開発の推進
　③ 国際的な連携による原子力の安全を支える人材の育成

　これらは福井県が行ってきた独自の原子力安全規制をさらに強化する方策と言える.すなわち,①は原子力緊急事態支援機関の整備・運営であり,電気事業連合会による基本構想の策定に対して地域から提言を行うとともに,国との連携についても検討する取り組みなどである.また,②は放射線環境下での重作業等に対応するパワーアシストスーツの開発,防護服等の機能性向上や放射性物質の吸着素材等の緊急時対応資機材の開発,除染・解体の作業に対応する高度レーザー技術の開発を行うものである.これらは原子力発電所の安全確保に寄与するだけでなく,新たな需要への対応として原子力産業政策にも含められる.そして,③はIAEA(国際原子力機関)との連携強化による原子力安全の人材育成,技術・技能の継承を図るもので,国際的な協力体制の下で立地地域の原子力安全にかかる人材育成を行う取り組みである.これらの方策は震災と原発事故を機に原子力発電所立地地域に求められるとともに,これまで進めてきた独自の原子力安全規制や原子力産業政策を強化する取り組みとなる.

　第2に,「1　安全・安心の確保」に掲げられた「地域の安全医療システムの整備」と「陽子線がん治療を中心としたがん治療技術の高度化と利用促進」である.前者は地域医療を担う医師の確保や敦賀市立看護大学(仮称)の設置

など，後者は陽子線がん治療[26]の実施や高度化研究を行うものである．これは原子力産業政策ではなく健康福祉に関する分野であり，医療環境や健康長寿において高水準にある福井県の特長をさらに伸ばす方策となっていることが注目される．

医療環境や健康長寿の実態については，多くの指標で福井県の水準が高いと評価されてきた．例えば，経済企画庁が1992（平成4）年から作成した「新国民生活指標（PLI＝Peoples Life Indicators）」は国民の生活実態を非貨幣的な指標を中心に多面的に捉えるための生活統計体系であるが，福井県は1994（平成6）年から1998（平成10）年まで5年連続で総合1位となった．とりわけ，「住む」「費やす」「働く」「育てる」「癒す」「遊ぶ」「学ぶ」「交わる」の8つの活動領域のうち「癒す（平均余命や医療施設等の充実度を測る指標で構成）」の領域は5年連続1位となり，領域別のなかで最も高かった．また，東洋経済新報社が毎年発行する『都市データパック』の「住みよさランキング」でも，県庁所在地である福井市が1992年以来ほとんどの年で上位10位以内に入っており，1992年と2002（平成14）年，2003（平成15）年，2006（平成18）年には県庁所在地で唯一の総合1位を記録している．住みよさの評価は「安心度」「利便度」「快適度」「富裕度」「住居水準充実度」などの分野で行われるが，福井市は「安心度（医療・福祉・子育て環境の指標）」の順位が特に高い[27]．さらに，厚生労働省が発表している都道府県別平均寿命（0歳の平均余命，2010（平成22）年）でも，福井県は男性が全国で3位，女性が全国7位となり，福井県の特長として「健康長寿の県」であることが県の広報等にも紹介されている[28]．

エネルギー研究開発拠点化計画の推進方針に掲げられた健康福祉分野の政策は，原子力発電所および関連機関の立地を活かして地域の特長をさらに伸ばす方策であり，拠点化計画が原子力産業政策に限らず多様な地域政策のなかに原子力発電の存在意義を広げたものと言える[29]．

第3に，「3　人材の育成・交流」に掲げられた「広域の連携大学拠点の形成」および「小・中・高等学校における原子力・エネルギー教育の充実」である．具体的には，前者は福井大学附属国際原子力工学研究所における研究や人材育成の推進，福井大学や福井工業大学における原子力・エネルギー教育体制の強化であり，後者はエネルギー環境教育体験施設の基本設計や原子力・エネルギー学習の場の整備などである．これも原子力産業政策ではなく教育に関する分野であるから，原子力発電所の立地が人材育成の幅を広げるとともに，学力・

第7章　原子力産業政策における「自治の実践」(2)　　183

表7-3　エネルギー研究開発拠点化計画の将来像に掲げられた教育・研究・研修機関

市町	設置者	機関名称
敦賀市	日本原子力研究開発機構	原子炉廃止措置研究開発センター(ふげん)
		高速増殖炉研究開発センター(もんじゅ)
		新型燃料研究開発施設
		国際原子力情報・研修センター
		ＦＢＲプラント工学研究センター
		ナトリウム工学研究施設
		原子力緊急時支援・研修センター福井支所
		プラント技術産学共同開発センター
	関西電力・日本原子力研究開発機構	ホットラボ
	日本原子力発電	敦賀総合研修センター
		原子力・エネルギー学習の場
		原子力緊急事態支援センター
	NTC	原子力発電訓練センター
	福井大学	福井大学附属国際原子力工学研究所
	福井県	若狭湾エネルギー研究センター
	敦賀市	敦賀市立看護大学(仮称)
美浜町	美浜町	エネルギー環境教育体験施設
	関西電力(出資)	原子力安全システム研究所
	関西電力	バイオエタノール研究室
		熱流動実験棟
おおい町	関西電力	嶺南新エネルギー研究センター
		原子力運転サポートセンター

(資料)　福井県『エネルギー研究開発拠点化計画　将来マップ』ほかより作成.

体力で高い水準にある福井県の特長をさらに伸ばす方策となっていることが注目される．

　福井県は「平成22年度全国学力・学習状況調査」における各教科別正答率や「平成22年度全国体力・運動能力，運動習慣等調査」における体力合計点で全国1位または2位となり，「文武両道の教育環境」であることが特長として紹介されている．[30]

　エネルギー研究開発拠点化計画の将来像に掲げられた教育・研究・研修機関

は**表7-3**のとおりである．地域の産業を教育に活用する取り組みは各地で行われているが，拠点化計画は人材育成を組み込むことによって産業の創出・育成に寄与するだけでなく学校教育から大学，研究・研修機関まで総合的な人材育成を行う取り組みを体系化したことが特徴であろう．拠点化計画が産業政策に限らず広く地域政策のなかに原子力発電を位置づけたものとなっている．

1980年代のアトムポリス構想から始まった原子力産業政策における「自治の実践」の胎動は，約30年を経てアトムポリス構想を継承・発展させたエネルギー研究開発拠点化計画に至って本格化するとともに，産業政策の分野だけでなく地域のさまざまな特長を伸ばす方策を加えることによって地域総合政策のなかに原子力発電を位置づける形となった．

成熟社会における地域開発が自然環境や地域文化による地域主体の都市再生を要請するなかで，拠点化計画は原子力発電に対して従来の誘致企業という側面に新たな可能性を加えることによって，都市再生の流れを踏まえつつ原子力発電の特性にも十分配慮して独自性を高めているのである．

すなわち，地域主体の都市再生ではグローバリゼーションが地域の産業を衰退させる要因となりローカリゼーションによる再生が重視されたのに対して，原子力発電の場合はグローバリゼーションによって衰退することなく新たな可能性が加わるとともに，ローカリゼーションをさらに推し進めることもできる．拠点化計画はこの特性が活かされた原子力産業政策であるとともに，その枠を越えて地域の多様な特長を伸ばす地域総合政策となっていることも現代都市再生の潮流を踏まえている．これらの点から，拠点化計画が「自治の実践」の面でもアトムポリス構想をさらに前進させるものであったと言える．

注

1）PFIとはプロジェクトの建設を民間企業に行わせ，政府や地方自治体が施設の建設と運営費用に利益を加えた利用料を民間企業に一定期間，定期的に支払う仕組みである．岡田・川瀬・鈴木ほか［2007：162］参照．

2）北海道および沖縄県については，それぞれ北海道総合開発計画および沖縄振興計画があるので，広域地方計画の対象外となっている．しかし，全国計画では，それぞれが広域ブロックに相当するものと考えるべきである，としている．

3）しかしながら，依然として「成長神話」と呼ばれる思想が存在している，との指摘もある．成長神話に明確な定義があるわけではないが，「経済成長があらゆる問題を解決する」という認識が成長の水準を何よりも優先する立場につながっている．アンドリュー・サターによると，日本にも継続的なGDP成長が必要な理由として以下のようなこ

① 東日本の復興のため
　　② 年金システムの維持のため
　　③ 日本の国際的地位を保つため
　　④ 1人あたりGDP（いわゆる「平均所得」）の上昇は，日本人の「生活の質の向上」に貢献するから
　　⑤ 生産性向上によってもたらされた経済成長によって，人々の余暇時間が拡大するから
　　⑥ 完全雇用の実現のため
　　⑦ 1人あたりGDPの上昇によって，社会的格差が是正されるから

　しかし，これらのなかには過去には事実だったが現在では正しいとは言えないものや，もともと正しくないものが含まれているという．サターの指摘が妥当であるかどうか本書では検証しないが，日本は戦後から高度経済成長期を経て現在は世界有数の豊かな国となり，それにともない人々の価値観も多様化している．このことから，今後の問題がさらなる経済成長ですべて解決できるとは必ずしも言えないのではないか．アンドリュー・サター［2012：40-41］参照．
4）小野［2012：はじめに］参照．
5）五十嵐・小川［2003］，小泉［2005］など．
6）工業社会では道路や港湾などが産業基盤として優先的に整備され，生活環境の整備が遅れた．それが公害や都市問題をもたらしたのだから，産業基盤と生活環境は対立的関係にあったと言える．これに対して，脱工業社会（知識社会）では自然環境や地域文化といった生活環境が産業基盤になるから，両者が協調的関係になったと考えられる．
7）小野善康が提起した成熟社会の経済政策は「生活をいかに楽しみ，快適にするか」を考えることであると先に述べたが，これには環境や文化の側面も含まれるから，地域主体の都市再生も重要な経済政策になると考えられる．
8）地域独占体制に対する批判はあるが，本書ではその是非を問わない．
9）ただし，東日本大震災とそれにともなう東京電力福島第一原子力発電所の事故を機に，エネルギー政策の転換が議論されている．第3章第2節で述べたように，結論によっては政策の転換が原子力発電所立地地域における地域開発のあり方にも大きな影響を与える可能性がある．また，人間の生活の場に対しても電力の供給は必要だが，第9章第1節で述べるように再生可能エネルギーがエネルギー源だけでなく地域分散型の経済基盤として都市再生に寄与する可能性が注目されている．ただし，エネルギーミックスのあり方は原子力発電を含めた従来の電源構成なども考慮しながら国策として検討すべき課題である．重化学工業の立地でも海外に流出しなかった地域では従来の路線をあえて放棄する必要はないように，既存の電源立地地域も自ら従来の構造を放棄する必要はないだろう．
10）後述する『エネルギー研究開発拠点化計画』の基本的理念が，まさにこの点にある．また，重化学工業でも既存の工場が研究拠点になるなど高度化することによって，海外に流出することなく国内にとどまる場合がある．これも知識社会における産業の対応の1つと言えるだろう．原子力発電所にはこのような高度な技術や知識がもともと蓄積さ

11) 原子力発電所立地地域であることを維持することであり，現在の出力や基数がどこまで維持されるかはエネルギー政策の動向や原子力発電所の出力向上等により不透明である．
12) 研究開発機能や人材育成には産業の創出に直結しない固有の目的もあるので，具体的な取り組みのすべてにこのような関係があるわけではない．
13) また，国等による海外研修生の受入れ促進や国際会議等の誘致など，グローバリゼーションによる新たな可能性をとらえた施策も，拠点化計画の重要な特徴である．このこともあわせて拠点化計画が成熟社会における原子力発電の可能性を踏まえた地域産業政策であると言えるが，以降は地場産業としての原子力発電という位置づけに焦点を当てるため，この点は本注で指摘するだけにとどめる．
14) 年間生産額が概ね5億円以上の産地で，アンケート調査に回答があったもの．本調査を最後に廃止された．
15) 坂本・南保 [2005：第1章] および南保 [2008：第2章] を整理した．
16) 本研究は拠点化計画の策定以前 (2000 (平成12) 年) のものである．
17) ただし，アンケート調査を別途行った結果，地場産業としての定着感はあるが地元出身者への雇用効果が不十分との認識があり，「それを拡大することが今後の課題となろう」[金谷 2000：4] と述べている．
18) 大企業を頂点として多数の下請中小企業等が集積する状況は，一般的に「企業城下町」と呼ばれる．例えば，トヨタ自動車を中心に関連企業が集積する愛知県豊田市周辺はその典型であろう．企業城下町の形態を地場産業に含む場合もないわけではない．
19) ただし，福井県のイメージには「繊維王国」「眼鏡枠産地」とともに「原子力発電所の集積県」「エネルギー供給県」などがある．原子力発電は商品で産地の特性を表現することはできないけれども，地域の特性が代表的な産業で表される点は原子力発電と地場産業で共通している．
20) 原子力発電が保有する技術を軸に他の産業に展開するという意味では，「地場産業」というよりも「地場技術」と言えるかもしれない．
21) 南保勝によれば，「鯖江のめがね産地は，内外の環境変化に直面し，今，大きな変革の時期を迎えている．それは，今後の産地がこれまでの眼鏡枠生産を唯一とする産地特性から脱皮し，本業 (眼鏡) 部門を発展的手段と位置付けながらも，一方ではこれまで培った技術，流通網などを武器に新分野進出を視野に入れた展開 (複合産地化) をはかるべき時期にあることを意味する．言い換えれば，鯖江がこれまでの『めがね産地』というイメージから脱し，その得意とする難加工性材料の加工技術により，あらゆる線材の加工に対応可能な『金属微細加工産地』へと転換することである」[南保 2013：48-50] という．
22) 南保 [2008：第9章] 参照
23) これが原子力発電所の立地と因果関係がないことも第6章で述べた．
24) 注13) でも述べたように，拠点化計画はグローバリゼーションにも対応している．
25) 拠点化計画は東京電力福島第一原子力発電所の事故を機に新たな取り組みを盛り込むとともに，「充実・強化分野」として「強固な安全対策を具体化」と「嶺南地域の産業・

雇用対策を強化」を掲げた．
26）若狭湾エネルギー研究センターにおける研究成果を踏まえ，2011（平成23）年3月に日本海側で唯一の陽子線がん治療施設「陽子線がん治療センター」が福井県立病院に開設された．
27）「利便度（商業環境の指標）」の順位も高い．
28）県の広報『一目でわかる福井のすがた（平成24年版）』の「2　福井県って，こんな県」や『福井県勢要覧（平成25年版）』の「特集：実は！福井」で，健康長寿が紹介されている．
29）本書では国策としての原子力政策を原子力発電に限定して捉えているが，拠点化計画の取り組みは原子力発電の枠を越えた広い意味での原子力平和利用が加わったことを意味する．このことが，第1章第2節で述べた福井県原子力懇談会の設立当初に想定されたラジオアイソトープの可能性にも通じることは興味深い．
30）注28）と同様の広報に「文武両道」が紹介されている．

第8章

地方自治の岐路と原子力政策における「自治の実践」の展望

　これまで述べてきたことは，原子力平和利用が国策として進められる一方で，原子力発電所の集積にともない立地地域も原子力安全規制や原子力産業政策の分野で主体的に関わるようになってきた，ということである．それは，国策を前提とした「自治の実践」と言えるものであった．

　戦後まもなく始まった原子力平和利用の歴史も，すでに半世紀以上が経過した．高度経済成長期には経済計画と全国総合開発計画を車の両輪とした地域開発が国策として進められるとともに原子力発電の実用化も国策であったから，原子力発電所の立地は二重の意味で地域が国策を受け入れることであった．そして，原子力発電所の増設によって地域の経済的・財政的基盤が強化されたが，地域における国策の影響力も同時に強まってきた．

　しかし，それゆえに原子力発電所立地地域では原子力安全規制について国の対応との齟齬が露呈しはじめ，さらに産業政策における原子力発電所の位置づけも高まってきた．そのため，立地地域では「国策への協力」を基本としながらも，それだけでは済まされず独自の原子力安全規制や原子力産業政策を行うようになった．本書では福井県の事例を中心に原子力安全規制と原子力産業政策の取り組みを示し，同時期に類似の政策として行われた公害防止協定やテクノポリス構想等との共通点や相違点を明らかにすることによって，国策としての原子力政策の分野で「自治の実践」が進んできたことを述べた．国策を前提とすることは変わらないものの，そのなかで主体的に「自治の実践」を展開していったのである．

　しかし，地域開発で地域主体の都市再生が要請されるようになれば，自治のあり方も問われてくるだろう．自治の分野では1990年代の第一次地方分権改革[1]から本格的な動きが始まった．第一次分権改革は明治維新と戦後改革に続く「第

三の改革」と言われ，2000（平成12）年4月には地方分権一括法（地方分権の推進を図るための関係法律の整備等に関する法律）が施行された．また，現在までに三位一体改革や第二次分権改革，いわゆる地域主権改革など，地方分権を進めるためのさまざまな改革が行われてきた．

　しかしながら，地方分権改革の成果が具体的な自治の実践に結びついた事例は，期待したほど現れていないようである[2]．逆に言えば，新たな制度を活かした自治の実践は今後に残された課題となっている．

　国策としての原子力政策における「自治の実践」もまた，新たな自治の課題に対応すべき部分があるかもしれない．すなわち，これまでの原子力発電所立地地域による「自治の実践」のうち，どの部分を継承・発展すべきか，あるいは転換すべき部分はどこなのかを検討しなければならないだろう．従来とはまったく異なる取り組みが必要になるかもしれない．そこで，本章では地方分権改革の経緯と自治の課題を整理し，国策としての原子力政策における「自治の実践」の展望を示すことにしたい．

第1節　「自治の実践」からみた原子力安全規制
　　　　およびエネルギー研究開発拠点化計画の意義と課題

　まず，戦後から現在に至るまでの地域開発と自治の展開から国策としての原子力政策における「自治の実践」の意義をあらためて述べるとともに，その課題を提示する．

(1)　原子力安全協定における「自治の実践」の意義と課題

　原子力平和利用から原子力発電の実用化へと至る時期は，自治の面でも戦後改革の大きな転換期にあった．1946（昭和21）年11月に公布された日本国憲法に「第8章　地方自治」が設けられ，「第92条　地方公共団体の組織及び運営に関する事項は，地方自治の本旨に基いて，法律でこれを定める」などと規定されることによって，地方自治が憲法で保障された．また，1947（昭和22）年4月には地方自治法が公布され，1949（昭和24）年8月と1950（昭和25）年9月の2次にわたるシャウプ勧告を経て地方自治の本旨に基づく地方行財政の制度的枠組みが構築されていった．

　ただし，地方自治の制度がただちに自治の実践に結びついたわけではない．

第8章　地方自治の岐路と原子力政策における「自治の実践」の展望　　191

朝鮮戦争の勃発によるアメリカの対日政策の転換と国内政治情勢の変化にともない，日本の地方自治制度は中央集権化・反民主化へと急速に方向転換したのである．いわゆる「逆コース」への後退であり，シャウプ地方税制の解体なども進んだ．また，機関委任事務[3]など地方自治の本旨に反するような旧来の制度も一部継承された[4]．

　こうしたなかで高度経済成長期が訪れ[5]，第2章で述べたように経済計画と全国総合開発計画を車の両輪とした国策のもとで産業基盤の整備と重化学工業の誘致による地域開発が展開された．そこで，国策を受け入れることが地域の発展に結びつくという前提で多くの地域が国の主導による地域開発を進めていった．さらに原子力平和利用も国策として進められ，原子力発電の実用化の段階になると地域にとって原子力発電所の誘致が地域開発の一環とみられるようになった．

　このように，原子力発電所の立地は二重の意味で国策を受け入れることになるが，増設が進むにつれて地域独自の対応も必要になってきた．第4章で述べた原子力安全規制の中心としての原子力安全協定は国策に沿った地域開発として行われた原子力発電所の誘致のなかで，その課題への対応として進められたものである．これは，企業誘致にともなう課題への対応として行われた公害防止協定の締結との共通点から，「自治の実践」の事例として評価しうる[6]．

　しかしながら，第4章第2節で述べたとおり原子力安全協定と公害防止協定には重要な相違点がある．それが「自治の実践」としての両者の展開を異なるものにするとともに，原子力安全協定の課題を示唆しているように思われる．

　原子力安全協定と公害防止協定の違いを自治の視点から捉えるならば，次のように整理されるだろう．すなわち，公害防止協定は地域開発の負の側面としての公害，すなわち国の開発優先姿勢によって軽視された部分に自治体が積極的に対応したものである．そのため，自治体が国に先行して公害防止協定の締結や公害防止条例の制定を行った．これに対して，原子力安全協定の場合は原子力発電所が立地する以前から安全性が軽視されていたわけではなく，むしろ国の一元的な権限と責任による十分な原子力安全規制を前提として地域が誘致した．原子力発電所が安全性を犠牲にして地域に立地することはありえず，当初から国の積極的な役割が重要であった．したがって，原子力安全協定の締結は国が重視した部分に自治体も対応した結果であり，十分な原子力安全対策の実施という目標を国と地域が共有していたにもかかわらず実際には国と地域の

間で齟齬が生じたため，地域が現実的な対応として行ったものである．

このような両者の相違点が，その後の展開の違いとなって表れている．公害対策の分野では国が自治体に追随する形で公害対策基本法の制定や環境庁の設置などを行った．また，その後は国と地方の役割分担，特に法令との関係で条例がどこまで厳しい規制を設けられるかが公害対策や環境保全の分野を中心に議論された．その結果，国の規制が必要最低限の水準（ナショナル・ミニマム）という趣旨であれば地域の状況に応じて条例でより厳しい規制（上乗せ条例・横出し条例）を課すことが認められ，このことを明文化する法改正も行われた．公害対策における「自治の実践」が国の制度構築に結びつくだけでなく，自治体の積極的な役割を許容する形になったのである．

これに対して，原子力安全規制は国が一元的に権限と責任を持ち十分な規制を行うことが前提となっている．したがって，求められる水準もナショナル・ミニマムではなく，むしろナショナル・マキシマムに近い．制度上は自治体が先行することも追随することも想定されないので，自治体が行えるのは制度の裏づけがない原子力安全協定のみによらざるをえない．しかし，現実には原子力安全協定の改定や運用を経て，立地自治体は原子力安全規制の実質的な権限を強化してきた．その主な契機は原子力発電所の事故・トラブルであり，国の原子力安全規制が十分ではなかったことの結果とも言える．制度にかかわらず自治体の役割を広げざるをえない現実から，原子力安全協定を中心とした取り組みが進められたのである．

このように，公害防止協定と原子力安全協定は自治体が住民の生命や健康を守る立場から国の不十分な政策に対応した点で共通しており，いずれも「自治の実践」としての意義を持っている．しかし，その構造は全く逆と言ってよいほど異なる．公害防止協定は「自治の実践」が国策を生み，国と地方の役割分担を明確にしていった．これに対して，原子力安全規制は国策を前提としながら現実的な対応として「自治の実践」を進め，むしろ両者の役割分担を不明確にした側面もある．さらに，現在では立地地域が原子力安全規制における試行錯誤を通じて独自のノウハウを構築し，逆に立地地域からの要請が震災と原発事故以降の国の原子力安全規制の根幹にも取り入れられるようになった．「自治の実践」が国策に影響を与えるまでになったのである．この点は公害防止協定と共通するように思われるが，制度のうえでは国が一元的な権限と責任を持つことは変わっていないので，やはり国と自治体の役割分担を不明確にする側

面を持っている.そこで,自治の視点から原子力安全協定の課題を捉えるならば,公害防止協定との相違点を踏まえつつ原子力安全規制における自治体の役割をどのように制度化するかが重要となるであろう.

これは,第一次分権改革で議論された国と地方の役割分担に通じるものである.そこで,この課題については当時の議論を踏まえて第3節で述べることにしたい.

(2) エネルギー研究開発拠点化計画にみる「自治の実践」の意義と課題

次に,原子力産業政策における「自治の実践」の意義と課題について述べる.

第5章から第7章では,原子力産業政策の面でもアトムポリス構想から現在のエネルギー研究開発拠点化計画への展開により「自治の実践」が進められてきたことを明らかにした.オイルショックを機に高度経済成長期から安定成長期への転換と産業構造の変化が生じ,工業社会から脱工業社会(知識社会)への移行が進んだ.そこで,新たな地域開発の形として,まず三全総における定住圏構想やテクノポリス構想の提起のように居住環境への配慮や新しい産業の立地などが模索されるようになった.しかしながら,依然として国による大型公共事業や地域指定を中心とした手法にとどまり,十分な成果をあげることができなかった.次に,国土形成計画の策定を機に地域の参画による開発が要請されるようになる.経済情勢も円高やバブル経済の崩壊など大きく変化し,地方の経済も企業の海外流出などによって衰退を余儀なくされた.そこで地域産業政策の重要性が認識され,国の都市再生プロジェクトや地方再生戦略が実施された.しかし,依然として国の主導や企業誘致など従来の地域開発手法が根強く残るものであった.現在は自然環境と地域文化を車の両輪とした地域主体の都市再生が提唱されるようになり,地域産業政策の分野では「自治の実践」による再生の重要性が非常に高まっている.

この間,原子力発電所は立地と増設の時代から集積と運転の時代へと変わり,立地地域では「国策への協力」だけでなく独自の原子力産業政策が要請されるようになった.そこで,福井県がアトムポリス構想を提唱した.これはテクノポリス構想の影響を受けているものの,産業としての原子力発電の特性から独自性の強い内容となっている.テクノポリス構想が産業構造の変化にともなう既存産業の衰退や新たな産業への期待を背景としていたのに対して,アトムポリス構想では既存の原子力発電所の集積と運転が地域経済の強固な基盤と位置

づけられたことに特徴がある．換言すれば，テクノポリス構想が従来の政策の限界を背景とした地域開発の転換であったが，アトムポリス構想は従来の政策に立地地域が新たな側面を加えたものである．したがって，アトムポリス構想は原子力産業政策における「自治の実践」の萌芽となるものであった．

　そして，アトムポリス構想を現代に継承・発展させたエネルギー研究開発拠点化計画には「自治の実践」がより幅広い分野に及んでいる．テクノポリス構想の限界から国主導による都市再生へ，さらにその限界から地域主体の都市再生へと地域開発の潮流が変化していくなかで，拠点化計画はアトムポリス構想の枠組みを継承しながら現代都市再生の背景となったグローバリゼーションとローカリゼーションの進行にも配慮した．また，拠点化計画の体系はきわめて広い分野にわたっている．すなわち，原子力発電所や関連施設の立地によって蓄積・発展してきた高度な技術や知識を幅広い産業に活かすことで原子力発電を新たな地場産業として位置づけるとともに，健康長寿や教育など産業政策以外の分野にも地域の多様な特長を伸ばすような施策が組み込まれているのである．その意味で，拠点化計画は国策としての原子力政策を前提としながら原子力産業政策の枠を越えた地域総合政策の体系に原子力発電が位置づけられたものと言える．拠点化計画はアトムポリス構想を継承・発展させながら原子力産業政策における「自治の実践」としての性格も強めたのである．

　原子力安全規制では国が一元的な権限と責任を担うなかで「自治の実践」が進められてきたので，自治の視点からみた課題も国と地方の役割分担が中心となる．これに対して，原子力産業政策の分野では拠点化計画が原子力発電所の立地という国策を前提としながらも国の不備を補完するものではなく，これを地域の視点から独自に捉え直すことで多様な政策に関連させたものである．このことは国と地方の役割分担を踏まえたものであるから，地域主体の都市再生が提唱される現代では好ましいと言える．「自治の実践」としての拠点化計画の課題は，第4節で述べるように，国と地方の役割分担ではなく地域主体の都市再生を進めるために必要な自治の実践の課題に通じるものとなるだろう[8]．

第2節　地方分権改革の展開と地方自治の岐路

　本書で述べてきた原子力安全規制と原子力産業政策における「自治の実践」は，原子力発電所の立地から増設を経て地域における安全面や経済面での重要

性が高まってきたことを背景としている．いずれの取り組みも一定の評価ができるとともに，残された課題もある．

しかしながら，自治のあり方も変わろうとしている．原子力安全規制も原子力産業政策も，今後の「自治の実践」は新しい自治の形とも関係する．地方自治を団体自治と住民自治に分けるとすれば，原子力安全規制の課題は団体自治の側面から，原子力産業政策の課題は住民自治の側面から論じる必要があるのではないだろうか．

戦後の地方自治制度は，地方自治法の制定をはじめシャウプ勧告や神戸勧告など団体自治の側面として国と地方の事務配分のあり方が重視されていた．そして，公害対策などの分野で自治の実践を生み出すとともに，新たな制度を促した．すなわち，団体自治の拡大が住民自治の実践に結びつき，それが次の団体自治の進化をもたらしたのである．

1990年代から始まった第一次地方分権改革は，本格的な制度改革として大きな成果をあげた．その後も三位一体改革や第二次分権改革，いわゆる地域主権改革などを経て，制度改革がさらに進展した．いずれの改革も特に団体自治の拡充を進めるものであった．しかし，これらの制度改革の成果が新たな住民自治の実践に結びついていない，すなわち改革の成果が十分に活かされていないと指摘されている．そこで，今後の自治の重点として団体自治にかかる制度改革をさらに進めるべきなのか，住民自治の制度改革に着手するべきか，それとも自治の実践を優先すべきなのかが問われている（序章図2参照）．自治のあり方が大きな岐路に立たされているのである．

本節では，第一次地方分権改革における団体自治の進展について整理し，原子力安全規制および原子力産業政策における「自治の実践」の課題を論じる背景を把握することにしたい．

(1) 地方分権改革の経緯と内容

1990年代から地方分権が本格的に進みはじめた．その背景には行政改革を求める経済界等の要請もあったが，国会では1993（平成5）年6月に地方分権推進決議が，そして1995（平成7）年5月には地方分権推進法が可決された．また，地方側でも地方六団体が地方自治確立対策協議会とその下部組織としての地方分権推進委員会を設置し，地方分権改革への本格的な対応を進めている．

改革の具体的な内容については地方分権推進法に基づき1995（平成7）年7

月に発足した地方分権推進委員会で議論された．その結果，委員会は1996（平成8）年3月に『中間報告』を提出したのを皮切りに，2001（平成13）年6月までに5次にわたる勧告と意見，最終報告を発表した．

委員会からの勧告を受けた制度改正は1998（平成10）年5月に『地方分権推進計画』として閣議決定され，1999（平成11）年3月の『第二次地方分権推進計画』の閣議決定を経て同年7月に地方分権一括法が制定された．当時の地方分権改革は第一次地方分権改革と呼ばれている．

第一次分権改革は明治維新と戦後改革に次ぐ「第三の改革」と言うべきものの一環とされ，そのベース・キャンプを設営したと評価されている[11]．とりわけ団体自治の拡充に重点が置かれた．

団体自治を進めるには地方自治体が提供するサービスの範囲を拡大する所掌事務拡張路線（事務権限の委譲）と既存のサービスに関する決定権を自治体に付与する自由度拡充路線（関与の縮小廃止）があるが，地方分権推進委員会委員であった西尾勝によると後者が優先されたという．なぜならば，第1に日本の地方自治制度は集権融合型[12]で自治体の所掌事務がすでに広範囲であったため，第2に自治体側から寄せられた改革要望事項の大半が国の関与縮減を望むものであったため，そして第3に現実的で実行可能な勧告を政府から要請されたためである[13]．端的に言えば，自治体は広範囲のサービスをすでに提供してきたがその決定権がなく，このことが国と自治体・地方分権推進委員会のいずれにも解決可能で重要な課題と認識されていたのである．そこで，第一次分権改革では団体自治の自由度拡充路線に重点が置かれることとなった．

第一次分権改革の結果，自治体の自由度は大きく広がった．最大の成果は機関委任事務の全面廃止である．機関委任事務を行う際には地方公共団体が主務大臣や他の地方公共団体の下級行政機関に位置づけられるため，自治体の自由度がほとんどない．しかも，都道府県の機関が行う事務の約7-8割，市町村の機関が行う事務の約3-4割を機関委任事務が占めると言われていたので［宇賀2007：75］，機関委任事務は団体自治の面で自治体の自由度を質的にも量的にも大きく制約するものであった．機関委任事務を全面廃止できたのは第一次分権改革の大きな成果である．

廃止された機関委任事務の取り扱いは，以下の4つの類型に分類された．

　①事務そのものを廃止する．

② 存続する事務で特定のメルクマールに該当する場合は自治体の法定受託事務とする．
③ 存続する事務で法定受託事務を除き，原則，自治体の自治事務とする．
④ 国の直接執行事務とする．

① と ④ はごく例外的で，大半の機関委任事務は②の法定受託事務と③の自治事務とされた［西尾：2007：59］．いずれも「国の事務」から「自治体の事務」に変わったのである．その効果は，条例制定権の範囲や法令解釈の余地の拡大という形で自治体の裁量が広がったことにある．

また，機関委任事務の廃止によって都道府県がとりわけ大きな変化を強いられる，と西尾は述べる．なぜならば，国は「これまでのように自治体を下部機関のごとくにみなして，通知通達で自治体を自由に操縦することができなくなった」［西尾 2007：66］のであるが，都道府県は国と市町村の中間に介在するため「国との関係で裁量の余地が拡大したと同時に，市区町村との関係ではこれまでのように市区町村を下部機関のごとくにみなしこれを通達通知によって自由に操縦することが許されなくなった」［西尾 2007：66］からである．

第一次分権改革のその他の成果としては，関与の定型化・ルール化や係争処理制度の創設，必置規制の緩和などが挙げられる．いずれも国の自治体に対する関与の余地を縮小し，自治体の自由度を拡大することに結びつくものである．

このように，第一次分権改革は団体自治の自由度拡充路線に重点を置いて大きな成果をあげたが，同時に「未完の分権改革」でもあった．第一次分権改革以降の課題として主に次の３つが挙げられている[14]．第１に，団体自治の自由度拡充路線のなかで残された課題への対応である．具体的には歳入面で自治体の自由度を増すための地方税財源の充実確保や，法令による義務付け・枠付け等の緩和である．これらは第一次分権改革以降の三位一体改革や民主党政権下における地域主権改革でも一定の前進はあったが，今後も改革が必要な分野と言える．第２に，団体自治の所掌事務拡充路線への対応である．事務権限の委譲や地方自治制度の再編成などが挙げられるが，これらは省庁の抵抗だけでなく自治体間の利害対立を生むので難しい課題と考えられている．第３に，住民自治の拡充である．団体自治が拡充されれば，それにともなって住民自治の活性化も期待される．具体的には地方選挙のあり方や首長と議会の権限分配，住民投票制度やコミュニティ・レベルの住民自治のあり方などの検討が挙げられる．

これらは自治体の要望がそれほど強くない，あるいは実現可能性の低い分野と言える．したがって，「第三の改革」としての第一次地方分権改革ではベース・キャンプが設営され，その後の改革でも三位一体改革や第二次分権改革，地域主権改革などを経て少しずつ成果を積み重ねてきたが，今後の道のりは徐々に険しくなると考えられる[15]．

(2) 地方自治の岐路

地方分権改革の内容と課題は制度改革が中心となっているが，西尾は制度改革よりも優先すべき課題があるのではないか，という問題提起をした．この点について，次のようなメッセージを述べている[16]．

> 地方分権改革はいま，大きな曲がり角に差し掛かっていて，このあたりでもう一度原点を再確認して，出直しを図らなければならないのではないかと，痛感している次第である．これからは，私自身の書き方，語り方も，少し変えていかなければならないのではないか，と思うようになっていた［西尾 2013：4］．

> これ以上の分権化を求めて右往左往することは，しばらく差し控え，それぞれの自治体の現場で自治の実践の質を高め，自治の本領を発揮することに，皆さんの関心とエネルギーを向け直してほしい［西尾 2013：7］．

第一次分権改革から現在まで地方分権の推進に深く関わってきた西尾が今後の自治・分権に大きな転換を迫ったものとして，注目すべき問題提起と言えるだろう．その背景については，次の点が挙げられている［西尾 2013：3-4］．

① 地方分権改革の究極の目的が，正しく理解されていないのではないか
② 地方分権改革のむずかしさが，的確に認識されていないのではないか
③ 地方分権改革に対する要求が，いささか行き過ぎてきているのではないか

大きく分ければ，①がこれまでの地方分権改革から存在していた問題であり，②と③がこれからの地方分権改革に関する問題と言える．先に挙げたメッセージを踏まえるならば①が最も重要であろう．地方分権改革の究極の目的が正しく理解されていなければ，これまで実現した分権改革の意義が失われる

第8章　地方自治の岐路と原子力政策における「自治の実践」の展望　　*199*

からである．また，今後さらに難しくなる改革を実現するためにはこれまで以上に改革の努力が必要となるが，それだけに改革の成果が活かされなければ，ますます徒労に終わってしまうからである．そこで，まず地方分権改革の究極の目的を正しく理解したうえで，これまでの改革の成果を自治の目的に沿った形で実践に結びつけることの方が今後に残された難しい改革を進めるにあたっても重要になるのではないか．このような理解から，西尾は上記の問題提起をしたと考えられる．

　地方分権改革の究極の目的とは，「住民の広い意味でのまちづくり活動を活性化させること」［西尾 2013：3］であり，あくまで住民自治の拡充にあるという．それが正しく理解されていないということは，第一次分権改革における団体自治の自由度拡充路線が住民の広い意味でのまちづくり活動の活性化に結びついていない，ということであろう．機関委任事務の廃止にせよ関与の定型化・ルール化や必置規制の緩和にせよ，改革によって拡充された自治体の自由度がどのように活かされるかは個々の自治体に委ねられている．逆に言えば従来どおりの政策を推進する自由も自治体は持っていて，その場合は「何一つとして変化は生じず，地域住民には地方分権改革によって何が変わったのか，皆目わからないということになっている」［西尾 2007：222］のである．西尾はこの種の自治体を「居眠り自治体」と呼び，「このような事態になることは，予測していたことではあるが，日本における地方分権改革の悩みどころなのである」[17]［西尾 2007：223］と述べていた．そして，そのような状況は依然として変わっておらず，「いまのところ，分権改革の成果が住民にまで還元されていない．このままであれば，分権せよという声は決して強くならないだろう」［西尾 2013：77］との認識を示している．そこで，第一次分権改革から現在までの改革の成果を住民の広い意味でのまちづくり活動の活性化に結びつけることを，分権改革をさらに推進することよりも優先させるべきと西尾が主張したと考えられる．

　以上の点から，自治のあり方は現在，大きな岐路に立たされていると言える．地方分権改革の究極の目的が住民の広い意味でのまちづくり活動を活性化させることであり，地方自治が団体自治と住民自治に分けられるとすれば第一次分権改革は団体自治の側面で自由度拡充路線が中心となっていた．その後は団体自治と住民自治の制度改革が課題とされたが，実際には団体自治をさらに拡充する制度改革が進められた．しかし，地方分権改革の究極の目的が正しく理解

されていないことから，今後は新たな制度改革よりも既存の改革の成果を究極の目的に結びつける実践の方を優先すべきではないか．自治のあり方は今，このような岐路に立たされているのである．いずれか一方のみが選択されるわけではないが，西尾はこれまでの制度改革中心から自治の実践へ移行すべきという問題提起を行った．

第3節 地方自治のあり方からみた原子力安全規制の展望

では，第1節で述べた国策としての原子力政策における「自治の実践」は，岐路に立つ自治のあり方を踏まえるならば，どのような課題に直面するのであろうか．そして，その課題にどう対応すればよいのだろうか．

本節では，原子力安全協定を中心に原子力安全規制における「自治の実践」の展望について述べる．

(1) 国と地方の役割分担

原子力安全協定は第一次分権改革で議論された国と地方の役割分担，すなわち団体自治の側面に主に関係している．

事務は国と地方の役割分担などに応じて配分される．第一次分権改革では機関委任事務の大半が法定受託事務と自治事務に再編され，「自治体が行う国の事務」としての機関委任事務が「自治体の事務」としての法定受託事務と自治事務になった．第一次分権改革の自由度拡充路線は「自治体が行う国の事務」に重点を置き，国と地方の役割分担を踏まえて「自治体の事務」に相応しい形にするものであったと言える．今後の課題となる所掌事務拡張路線は国と地方の役割分担から「自治体の事務」の範囲を広げるものとなろう．

これに対して原子力安全規制は「国の事務」である．現行法体系では国が一元的な権限と責任を持っており，自治体は固有の役割を持たない．そのなかで，原子力発電所の事故・トラブルや国の不十分な対応を背景に立地自治体が原子力安全協定の締結と改定を行ってきた．そこで，原子力安全規制における「国の事務」と「自治体の事務」の内容は，国と地方の役割分担のあり方とともに，これまでの制度と現実の経緯を踏まえて考える必要がある[18]．

では，国の役割とは何であろうか．第一次分権改革では国が重点的に担うべき事務として主に以下の3点が挙げられている[19]．

① 国際社会における国家としての存立にかかわる事務
② 全国的に統一して定めることが望ましい国民の諸活動又は地方自治に関する基本的な準則に関する事務
③ 全国的規模・視点で行われなければならない施策及び事業(ナショナル・ミニマムの維持・達成，全国的規模・視点からの根幹的社会資本整備等に係る基本的な事項に限る)

これに対して，地方公共団体は，地域における行政を自主的かつ総合的に広く担うこととされている．

では，原子力安全規制は国の役割に該当するのであろうか，それとも地方の役割だろうか．あるいは，国が一元的な権限と責任を持つ制度でありながら十分に機能しないため自治体が原子力安全協定を締結・改定してきた現実を踏まえて，地方の役割を規定する制度とすべきなのか．

主に3つの可能性があると考えられる．第1に国が十分な権限と責任を持ち地方の役割を認めない形にすること，第2に地方にも一定の役割を許容する形として制度化すること，そして第3に現在の形を続けることである．

(2) 原子力安全規制の展望①——国の権限と責任を強化する立場——

第1の立場に近いと考えられるのが，西尾勝である[20]．自治のあり方として新たな制度改革よりも改革の成果を住民自治の実践に活かすことを優先すべきと主張した西尾は，地方分権改革に対する要求が行き過ぎてきていることを背景の1つに挙げた．自治体の改革要求が「勝手気儘で，性急なものが多くなってきているように感じられる」[西尾 2013：4]というのである[21]．

このような状況に鑑み，地方の役割を考えるうえで西尾は次の点を強調している．

> 自治体が国に成り代わることを夢想してはならない．国が本来担うべきものを自治体がやってしまおうと考えるのは誤りである．自治体は国家を構成する部分団体にすぎないという，「本分を弁(わきま)え，本分を守り，本分を尽くす」ように努めることが大切なのである[西尾 2013：17]．

> 自治体は「あくまで国が責任を負うべき事務」の移譲を求めてはならないし，決して受けてはならないということである．自治体は国の代役を務

める資格も能力も持ち合わせていないことを，肝に銘じておくべきである」［西尾 2013：189］．

したがって，地方分権とは地方の役割の質的・量的な拡大を志向しながらも国と地方の役割分担を踏まえて国が担うべき権限と責任は国が十分に果たすものでなければならない．

原子力安全協定における「自治の実践」を国と地方の役割分担のあり方から再考するならば，現行法体系では原子力発電所の安全確保等の権限と責任は一元的に国にあることが重要である．したがって，県には県民の健康と安全を守る立場があるとはいえ，自治体は国家を構成する部分団体にすぎないこと，そして国の代役を務める資格も能力も持ち合わせていないことを踏まえる必要がある．原子力安全協定の締結と改定を経て立地自治体は原子力発電所への立ち入り調査や再稼働への同意など強力な権限を保持するに至ったが，それが国の役割を侵害することなく「本分を弁え，本分を守り，本分を尽くす」ように努めることが重要である．

では，この立場から現実をみるとどうなるか．現在の原子力安全協定には国の一元的な権限と責任を前提としつつ，その一部を自治体が担う可能性が含まれている．例えば，原子力発電所の事故・トラブルがあると立地自治体は国や電力事業者に対して安全対策の徹底強化を要請するとともに安全協定の改定を行ってきた．その過程は，来馬克美が述べるように「逆にいうなら，原子力という国家的なテーマについて，立地自治体が発言権と同時に一定の責任もまた有することになる」［来馬 2010：200］という側面があった．原子力安全協定によって自治体が原子力安全規制にかかる国の権限と責任の一部を担うことになったのである．自治体が国と重複する権限と責任を有することは第1の立場からみれば確かに問題があるだろう．

しかしながら，立地自治体は国の代役を務めたのではなく，原子力安全協定が国の役割を侵害したわけでもなかった．すなわち，「福井県は県にしかできないことに人的リソースを集中した．人数が少ない自治体のスタッフでは，国や事業者と同規模の業務はできないからである．そこで事業者の報告を詳細に分析し，少しでも疑問があれば徹底して追及していった」[22]［来馬 2010：106］のである．したがって，立地自治体は国の一元的な権限と責任を侵害することなく，県民の健康と安全を守る立場から自治体に求められることと自治体にしか

第8章　地方自治の岐路と原子力政策における「自治の実践」の展望　　203

できないことを原子力安全協定に盛り込んでいったと言える．原子力安全規制にかかる国と地方の齟齬が避けられないとしても，国の権限・責任と立地自治体の立場の双方に配慮した原子力安全規制が行われてきたと考えられる[23]．

　また，国の一元的な権限と責任を強化して地方の役割を認めない制度にするならば，国が自らの役割を果たすだけでなく立地自治体の立場にも十分に配慮しなければならない．すなわち，原子力安全協定の締結と改定は全国の原子力発電所立地地域で行われているので，原子力安全規制における自治体の立場を国の権限と責任に加える方策もとりうるだろう．例えば，原子力安全協定のなかで立地地域が広く共有する権限は国が十分な機能を果たすために国の役割とし，原子力安全協定から除外するなどの対応も考えられる[24]．あるいは，原子力安全規制にかかる情勢変化に対応するため引き続き原子力安全協定が各地で改定されれば，自治体の実質的な権限が広く共有された段階で国の役割に加えることもできるだろう．この場合，原子力安全協定が長期にわたって改定され自治体の権限が拡大してきたことは，逆にみれば国の一元的な権限と責任のあり方を示唆しているとも言える[25]．したがって，第1の立場であっても原子力安全協定は存在意義を失うことなく，国と地方の本来の役割分担のあり方を踏まえて，むしろ国の一元的な権限と責任を強化する媒介ともなりうる．

　これまで，原子力安全協定の改定は内容の充実が中心であり，立地自治体の権限と責任を強化することに主眼が置かれてきた．第1の立場から原子力安全協定のあり方を再考するならば，原子力安全規制の権限と責任が一元的に国にあることを大前提としつつ，地方の立場を発揮すべき部分に集中すること，あるいは新たな機能として各地の原子力安全協定で共有されている自治体の立場を積極的に国が取り込む形で国の権限と責任を強化させることなどが課題になると考えられる．国の役割が十分に果たされていれば，原子力安全協定はそれぞれの自治体に特有の立場を発揮すること，新たな情勢に迅速に対応すること，そして各地で共有されている部分を国が取り込む媒介となることによって存在意義を持つことになるだろう．

　第1の立場では国と地方の役割分担を重視し，原子力安全規制における国の一元的な権限と責任を大前提としている．したがって，地方の役割は本来なくてよいのかもしれないが，国の役割を侵害しない範囲で，あるいは国の役割を強化する形で地方の役割があると考えられる．したがって，国の権限と責任に十分配慮した役割が地方に求められることになるだろう[26]．

(3) 原子力安全規制の展望②
── 国の不十分な対応と原子力安全協定の存在を前提として
地方の役割を制度的に認める立場──

次に，第2の立場として，地方にも原子力安全規制に一定の役割を許容する形で制度化することが考えられる．すなわち，国が一元的な権限と責任を果たすのではなく，これまで国の権限と責任に含まれていなかった部分を地方の役割とすることや国の権限と責任の一部を地方に委譲することが想定される．

この立場をとると考えられるのが，金井利之と橘川武郎である．金井は法制化によって地方の役割を認めるべきであるとして，次のように述べた．[27]

> 立地自治体が拒否権を行使しないように，税制・電源三法交付金その他経済・財政的手段で誘導したので，白紙で立地自治体に同意権力を付与したわけではないし，所在自治体同意慣行によって，稼働中の原子力発電所が全面的に閉鎖に追い込まれたこともない．その意味では，国が推進国策を有し続けたとしても，地域自主権あるいは地方分権の観点から，立地自治体に許可権限を法制的に付与することは，必ずしも不可能ではない．したがって，本来的には，立地自治体は，自身が（引用者注：原子力発電に対する推進方策から）中立方策に転換するか否かを問わず，法制的な許可権限を要求すべきであろう．

> なお，法制的権限とは別個に，自主条例で原子力安全規制のための許可などを課せるかどうかは，政策法務的に検討されるべき事項である．これは，環境規制のための自治手段の選択の系譜の応用である．かつて，1960年代以降の公害問題が激しかったときに，自治体は，一方では事業者等との公害防止協定により，他方では公害防止条例で，対策を行ってきた．原子力発電所に関しては，これまでは安全協定という前者の手段が使われてきた．しかし，後者の手段に関しても，もっと可能性を追求すべき余地があろう［金井 2012：54］．

また，橘川は原子力安全規制にかかる地方の役割の法制化や自主条例の制定ではなく，電源三法交付金の地方移管により自治体がステークホルダーとして関与することが日本の原子力発電所のあり方に関する中長期的な課題の1つであると主張した．これは財政的手段を用いるため原子力安全規制に直結する制度ではないかもしれないが，従来にはない関与の形で自治体の原子力安全規制

が制度化されるとして，次のように述べている．

> 第3の中長期的な課題は，電源開発促進税の地方移管，具体的には原発立地自治体への移管を実現することである．これまで，原発の運営については，基本的に国と電気事業者に一任されてきたため，原発立地自治体が原発運営に対しステークホルダーとしてきちんと関与する機会は与えられてこなかった．地元住民の安全に直接的な責任をもつ原発立地自治体が，電源開発促進税を主管し，原子力安全行政に参画することは，原発運営にステークホルダーとして関与することを意味する．電源開発促進税の地方移管に際しては，原発の運転が停止しても一定水準の税収が維持される仕組みを併設し，地元自治体が安全性の観点から必要だと判断した場合には，いつでも原発の運転を停止できるようにすることが重要である [橘川 2011：158-159]．

金井や橘川の主張は，国の一元的な権限と責任である現在の原子力安全規制の制度を見直し，一定の範囲で自治体の役割を許容する制度とするものである．国の権限と責任が十分に果たされていない現実のなかで，住民の健康と安全を守るうえで厳しい試練に直面した原子力発電所立地自治体は自らの立場を発揮せざるをえない．原子力安全協定の改定によって自治体の実質的な権限が強化されてきたのは，国の権限と責任が十分でないことの裏返しである．また，その間，安全協定を活用して立地自治体も原子力安全規制に一定の関与をするとともに，独自のノウハウを蓄積して国策の根幹に対しても具体的な寄与ができる状況になっている．このような経緯を踏まえて，現実に即した形になるよう立地自治体が一定の権限を国に要求すべきであり，国もそれを受け入れるべきである．これが第2の立場からの主張となるだろう[28]．

ここでは認めるべき自治体の権限の範囲も広いと考えられる．金井は「所在自治体同意慣行によって，稼働中の原子力発電所が全面的に閉鎖に追い込まれたこともない」ことから，立地自治体に許可権限を法制的に付与することも不可能ではないと述べている．これまでは同意慣行によって原子力発電所の再稼働が遅れたり，いっそうの安全対策の強化を求められることもあったが，それは原子力発電所の全面閉鎖を求めるほど国の権限と責任に影響を与えるものではないと捉えられている．また，橘川も「地元自治体が安全性の観点から必要だと判断した場合には，いつでも原発の運転を停止できるようにすることが重

要である」と述べ，運転停止の要請も許容されるとしている．国の一元的な権限と責任には限界があることを前提として，原子力安全協定における「自治の実践」の進化を積極的に制度に位置づける立場と言えるだろう．

(4) 原子力安全規制の展望③——現在の形を続ける立場——

　第3の立場は，現在の形を続けることである．これは，国と地方の役割分担を踏まえつつ現実的な対応も考慮したうえで現在の形を今後も必要と考える立場と言える．

　なぜならば，第1に国が権限と責任を持つことは今後も重要だからである．震災と原発事故を受けて新たに発足した原子力規制委員会は，世界で最も厳しいレベルの原子力安全規制をめざしている．そのためには，原子力安全規制の権限と責任を引き続き国に集中させる制度が不可欠である[29]．また，自治体も原子力安全協定などによって原子力安全規制に一定の役割を担ってきたとはいえ，国の代役を務める資格や能力を持ち合わせていたわけでも，また，その意図を持っていたわけでもない．国の不十分な対応を補完せざるをえないために自治体が自らの立場から原子力安全協定を締結・改定してきたのであり，国と地方の役割分担を変えようとしたのではない．このように，国からみても地方からみても地方の役割を制度として認める余地はなく，国の一元的な権限と責任は引き続き大前提として重要である．

　第2に，原子力安全協定をはじめ立地自治体が国の一元的な権限と責任に大きな影響を与えていることも実態として無視できないが，これを制度に反映することが難しいからである．原発事故の後に全国の原子力発電所で定期検査後の再稼働ができなくなった要因には，国の体制刷新が遅れ再稼働に対する立地自治体の理解獲得に至らなかったことがある．そうせざるをえないほど国の権限と責任が不十分であったことに問題の根源があるのだが，制度と実態のかい離が地方を巻き込むことによって現実に即した制度改正を困難にしていると考えられる．

　第3に，立地自治体によって原子力安全規制の内容や体制が多様であり，必ずしも十分とは言えない自治体もあると考えられるからである．金井は立地自治体が法制的な許可権限を要求すべきと述べているが，すべての自治体が許可権限を適切に行使できるとは限らない．自治体が国の人材を活用することで体制を強化できるかもしれないが，それで国の体制が弱体化する可能性もある．

橘川が主張する電源開発促進税の地方移管にも同様の課題がある．交付金の地方移管は確かに立地自治体がステークホルダーとして関与する機会になると考えられるが，財政による関与は強制ではなく誘導の手段であるため，いつでも原発の運転を停止できるようにするには権限による強制力を組み込んだ法制度があわせて必要になる．いずれにしても，すべての立地自治体が統一的な制度に基づく権限を適切に行使できるとは限らないだろう．

以上の理由から，国と地方の役割分担を踏まえつつ実態を重視したうえで現在の形に一定の意義を認める立場があると考えられる．

(5) 原子力安全協定の展望

では，自治のあり方を踏まえて原子力安全協定の展望を示す際に，いずれの立場をとるべきであろうか．いずれの立場にも一定の意義があると考えられる．

第1の立場は究極の目標と言えるだろう．震災と原発事故を受けて発足した原子力規制委員会は世界で最も厳しいレベルの原子力安全規制を追及している．これが実現すれば，原子力安全規制の分野で他の機関が権限と責任を持つ必要はなくなるかもしれない．あるいは，国の権限と責任を強化するために原子力安全協定が寄与することもできる．

しかし，第2の立場も重要である．例えば，周辺環境の監視については原子力発電所立地自治体の多くが行ってきた．このような部分については地方の役割として制度化し，そのうえで国との連携をとりうるだろう．

そして，第3の立場もまた現実的な対応として必要である．震災と原発事故を受けて国の原子力安全規制のあり方が議論され，体制が再構築されたことは，国の権限と責任が最も重要であることをあらためて示している．しかしながら，国の体制が変わっても十分な役割を果たすかどうかは依然として不透明である．そこで，立地自治体では原子力安全協定を現実的な対応として当面維持することが必要だろう．

以上を総括すれば，次のようになる．まず，最も重要なのは震災と原発事故を機に刷新された国の原子力安全規制が十分に機能することである．そして，原子力発電所立地自治体は国の一元的な権限と責任の強化を引き続き要請しながら現実的な対応として原子力安全協定を維持する[30]．そして，国が十分な役割を果たす段階になれば原子力安全協定のうち各地で共有されている部分を国が取り込むと同時に，国との連携が可能な部分は自治体の役割を制度化すること

を検討すべきであろう．すなわち，長期的には第1の立場を志向しつつ，国の原子力安全規制の推移に応じて第3の立場を維持するか第2の立場が可能となるかを考えることである．

なお，本節では原子力安全協定の展望について国と地方の役割分担の視点から述べたが，地方の役割としては県を想定してきた．しかし，都道府県と市町村の役割分担も考慮しなければならない．とりわけ，地方分権改革の究極の目的が住民の広い意味でのまちづくり活動を活性化させることであるならば，住民に最も身近な基礎自治体としての市町村の役割も重要になるだろう．原子力安全規制とまちづくり活動の関係は必ずしも明確でないが，市町村にも住民の健康と安全を守る立場があることは明らかである．したがって，原子力安全規制の展望に際しては市町村の役割も考えなければならない．この点については震災と原発事故の教訓として各地で進められている原子力防災への対応を見すえる必要があり，今後の検討課題としたい[31]．

(6) 補足——原子力安全協定締結の広域化をどうみるか——

ここで，東京電力福島第一原子力発電所の事故を受けて原子力安全協定の締結を求める自治体が広域化していることについて，私見を述べる．例えば，滋賀県は長浜市および高島市とともに，2013（平成25）年4月，福井県に原子力施設を有する事業者（関西電力，日本原子力発電，日本原子力研究開発機構）との間で原子力安全協定（正式には「〇〇（発電施設名称）に係る安全確保等に関する協定書」）を締結した．滋賀県は当初，放射性物質で琵琶湖が汚染された場合の影響に配慮し，原子力発電所が再稼働する際の事前了解を協定に盛り込むなど「立地自治体並み」の権限を求めたという．しかし，交渉が難航したため協定の早期締結を優先し，立地自治体に隣接する準立地自治体と同水準の内容とすることで交渉を進めた．その結果，原子力発電所の新増設や発電所に重要な変更がある場合の事前報告，滋賀県職員が現地を確認できる権限，事故の損害補償，使用済核燃料や放射性廃棄物が区域を通過する場合に輸送計画を事前に知らせることなどが規定された[32]．また，京都府も安全協定の締結を求めている．

震災と原発事故によって，確かに事故による被害の範囲が都道府県の区域を越えることが明らかとなった．それだけ県民の健康と安全を守る立場の自治体も広がったのであり，原子力安全協定を求める自治体が広域化したことは理解できる．しかしながら，このことは現時点では必ずしも好ましいとは言えない．

第8章 地方自治の岐路と原子力政策における「自治の実践」の展望　209

なぜならば，準立地自治体が締結する協定は一般的に同意慣行がなく立地自治体ほど権限が強くないとはいえ，準立地自治体も一定の関与を行うようになれば国と地方の役割分担に広域の準立地自治体が加わって錯綜したものになるからである．

　繰り返し述べたように，原子力安全規制の大前提は国の一元的な権限と責任が十分に果たされることである．自治体の事務については一部事務組合や広域連合などの連携をとりうるけれども，原子力安全協定は国の責任と権限の一部を自治体が実質的に補完するものであるから，原子力安全協定の広域化は国と地方の役割分担に新たな影響を与える可能性がある．

　また，立地自治体の原子力安全協定は国の権限と責任が不十分であることと自治体の立場が国と異なることを背景としている．そして，第4章第1節で述べたように原子力安全協定は原子力安全対策課など自治体の体制が整えられたからこそ機能してきた．したがって，これまで原子力安全規制に関与してこなかった自治体が原子力安全協定の締結を求めるには，国だけでなく立地自治体とも異なる独自の立場があることに加え，立地自治体の実質的な権限と責任も不十分であること，原子力安全協定が機能しうるよう自らの体制を整えることが必要である．原子力安全協定の早期締結を優先しても，これらの要件をみたさなければ協定が適切に機能するとは限らない．

　以上から，原子力安全協定の広域化が必要かどうかの判断は，まず国が新たな体制で十分に権限と責任を果たせるかどうかを自治体が見きわめるとともに，立地自治体の対応も踏まえる必要がある．そのうえで，協定の締結は準立地自治体が独自の立場を明確にして必要な体制を整えることが必要ではないだろうか．

　西川一誠福井県知事は，この点に関連して次のように述べている[33]（傍点は引用者による）．

　　（引用者注：原発事故による避難想定の県域の範囲について）立地自治体と電力事業者が締結している安全協定は，これまでの長い歴史というか，重要な事実関係に立った安全確保であり，双方がなすべきことを互いに定めている．この協定は40年余を経過する原子力行政の中，さまざまな議論によりこのように設定している．

　　そして現在，いろいろな県域の議論があるが，残念なことにそれぞれの

県域の設定についての根拠等具体的な対策が明確でないということから，我々としては，まず，立地及び隣接市を最優先に，県内において優先をあらかじめ定めることとし，先月（引用者注：2012（平成24）年2月）23日に暫定措置案を示したところである．

そして，県域を越えた広域的な避難については，その性質上，国が責任を持って対応すべき事柄であるので，現在，まだ残念ながら国は主体的な役割を果たしている状況ではない．

また，福井県内の非立地市町が立地市町村並みの安全協定を求めていることに対して，河瀬一治敦賀市長は「あくまで事業者と準立地自治体の話」としながらも「権限を広げてしまえば，発電所は動かないに等しい．範囲がどんどん広がると，事業者が対応しきれなくなる」とした．[34] 山口治太郎美浜町長も歴史的な経緯などから「難しい」との認識を示しているという．[35]

このように，原子力安全協定の締結をめぐって立地自治体と新たな締結を求める非立地自治体との間で認識の違いがみられる．地域における原子力安全規制のあり方が県域を越えた問題になっているとしても原子力安全協定の広域化で解決するものではなく，逆に国と地方の役割分担をいっそう不明確で複雑にする可能性がある．また，原子力安全協定の広域化を「立地自治体並み」か「準立地自治体並み」かで論じることは，関係自治体の分断を招くおそれがある．

そこで，原子力安全協定を広域化するならば国の一元的な権限と責任の遂行を究極の目標として各地が共有しながら，原子力安全協定によって地域間の連携を促進しなければならない．また，その場合でも準立地自治体が立地自治体の代役を務められるわけではないから，原子力安全協定の内容は自治体ごとに地域固有の課題を設定したうえで，原子力安全規制の根幹部分は立地自治体が中心となって広域的な連携をとる形とする必要があるのではないか．

第4節 地方自治のあり方からみた エネルギー研究開発拠点化計画の展望

次に，地方自治のあり方からみたエネルギー研究開発拠点化計画の展望について述べる．

第7章では成長社会から成熟社会への転換を背景とした地域主体の都市再生

の必要性について述べ，それによって原子力発電に新たな可能性が見出されることを指摘した．すなわち，拠点化計画にはグローバリゼーションとローカリゼーションの進行に対応した施策が組み込まれるとともに，原子力発電を軸とした複合産地化を図る方向性も示されており，それが原子力発電を新しい地場産業とする試みであると言える．さらに，拠点化計画は原子力産業政策の枠を越えて健康長寿や教育など地域のさまざまな特長を伸ばす地域総合政策となっている．これらのことから，拠点化計画が国策としての原子力政策を前提としつつ，原子力産業政策における「自治の実践」をさらに進める取り組みになっていることを述べた．

では，拠点化計画は自治のあり方からどのような展望を描けるのであろうか．自治が岐路に立たされていることで，どのような課題や対応が求められるだろうか．

(1) 拠点化計画による「国策への協力」と「国策からの協力」の両立

西尾［2013］では，「第8講 地域の振興と成熟——原発事故に鑑みて」のなかで，次のように述べている[36]．

> この種の国策への協力は地方自治本来のあり方ではないこと，いずれはそこから抜け出す道を何とかして探し出さなければならない［西尾 2013：251］．

その背景はさまざまであるが，西尾前掲書から次のように整理することができる．

① エネルギーミックスの構築は国の役割である．
② 原子力発電所をいったん受け入れた後には，国と自治体の間に国策の推進主体と国策への協力主体の関係，支配と従属の関係が成立する．
③ 立地自治体の財政運営が，国から交付されるさまざまな交付金や電力会社から寄せられる寄付金等の財政措置に大きく依存したものに変わっていく．
④ 立地から一定期間が経過し，国策の推進と協力の関係が安定化してくると，当該施設への勤務や取引を通じて，立地自治体にとって国策への依存関係を解消することが至難の業になってしまう．

⑤ 地域振興・開発の時代から持続的発展・内発的発展の時代に変化している．

西尾の主張はこれまでの原子力発電所立地地域を批判するためではなく，これからのエネルギー政策の再構築について論じることに主眼を置いて自治の視点からなされたものである．このうち原子力産業政策に関係するのは主に②と④と⑤である．端的に言えば，持続的発展・内発的発展の時代に国への従属をともなう誘致政策には展望が乏しい，ということであろう[37]．

しかし，本書では原子力発電所立地地域がこのような実態だけではないことを述べてきた．確かに原子力発電所の立地は「国策への協力」であるから，国と自治体の間に支配と従属の関係が成立することになる．また，外部資本の誘致でもあるから従来型の地域開発であると言える．このことは，現在も変わらないだろう．しかしながら，原子力発電所の増設によって危険性（安全性への懸念）と経済性が地域にとってますます重要になるにつれて，支配と従属あるいは外部資本の誘致だけでは済まされなくなってきた．そこで，立地自治体は原子力発電所を地域の立場からも位置づけるようになり，原子力安全規制や原子力産業政策における「自治の実践」を進めてきたのである．

とりわけ，エネルギー研究開発拠点化計画は成熟社会への転換を踏まえつつ原子力発電の地場産業化を図る試みなどが組み込まれているから，地域の特性に配慮した持続的発展・内発的発展が模索されていると考えられる．また，拠点化計画では経済産業省資源エネルギー庁や文部科学省・日本原子力研究開発機構など国や関係法人の果たす役割も重要になっており，毎年開催される「エネルギー研究開発拠点化推進会議」では拠点化計画に関する主体ごとの具体的な取り組みが紹介されている．したがって，原子力発電所の受け入れこそ「国策への協力」であったけれども，そこから地域独自の原子力産業政策を展開する過程は「国策からの協力」をともなう「自治の実践」と言えるのではないだろうか．原子力発電所の増設が緩やかになり安定期を迎えるなかで，また成長社会から成熟社会へと転換するなかで，立地地域は「国策からの協力」を加えた「自治の実践」を重視するようになったのである．

このように，拠点化計画は「国策への協力から抜け出す道」ではないかもしれないが，少なくとも「国策への協力だけから抜け出す道」「国策からの協力を新たに加える道」になっていることもまた確かである．

表8-1 エネルギー研究開発拠点化計画における
人材育成の主な取り組み

充実・強化分野
　　強固な安全対策を具体化
　　　　国際的な連携による原子力の安全を支える人材の育成
基本理念と施策
　　人材の育成・交流
　　　　国際原子力人材育成拠点の形成
　　　　広域の連携大学拠点の形成
　　　　県内企業の技術者の技能向上に向けた技術研修の実施

(資料) 福井県『平成25年度エネルギー研究開発拠点化計画推進方針 (案)』より作成.

　また，西尾は「誘致すべきは外部の知能」とも述べている．すなわち，今後は企業や施設の誘致ではなく「起業家の素質を持つ人材を斬新な発想で応援することのできる有能な人材を，外部から導入することが不可欠である．言い換えれば，外部から誘致すべきは，資本ではなく知能である」[西尾 2013：241] ということである．これは拠点化計画にも盛り込まれている．2013 (平成25) 年度の推進方針 (案) には，人材育成に関連する分野が掲げられている (表8-1参照)．地域産業の育成を目的とした具体的な施策でも，プラント技術産学共同開発センター (仮称)[38] や若狭湾エネルギー研究センターなどの取り組みが示されている．これらは単なる発電の工場，誘致企業としての原子力発電所の位置づけを大きく転換し，人材育成を通じた持続的発展・内発的発展のための基盤として捉えた施策と言えるだろう．

　以上から，エネルギー研究開発拠点化計画は地方自治本来のあり方ではない政策分野に，やや変形ではあるが「自治の実践」を盛り込んだ形になっていると言える．確かに原子力発電所の誘致だけでは「国策への協力」による「単なる工場」にすぎないかもしれないが，成熟社会への転換を背景に拠点化計画を「自治の実践」として進めてきたのである．したがって，原子力発電所の立地は「国策への協力」として支配と従属の一方的な関係となるのではなく，持続的発展・内発的発展の時代に対応した「自治の実践」のために「国策からの協力」を引き出すという逆の関係も形成したと言える．

　なお，岐路に立つ自治のあり方を踏まえるならば，拠点化計画には原子力安全協定のような国と地方の役割分担に関する課題はないと考えられる．なぜな

らば，国策としての原子力政策は国が自らの役割を十分に果たさなければならないが，原子力産業政策の分野では地方の役割が拡大しても国の権限と責任に影響を与えるわけではないからである．むしろ，増設などによって自治体が「国策への協力」を拡大したことが原子力産業政策の重要性を高め，自治体が「国策からの協力」を引き出した．すなわち，「国策への協力」と「国策からの協力」は相互に促進しあう関係にあったと言えるので，役割分担の問題は生じない．

このように，「国策への協力」は地方自治本来のあり方ではないかもしれないが，国策が存在する以上「国策への協力」から脱却することだけが自治のあり方ではない．国策の重要性が高く，限られた自治体の協力なしに成り立たない場合は，自治体が主体的に「自治の実践」を進めながら必要な「国策からの協力」を得ることも1つのあり方と言えるのではないだろうか．

(2) 自治の「究極の目的」からみたエネルギー研究開発拠点化計画の展望

しかしながら，自治のあり方からみたエネルギー研究開発拠点化計画の課題がないわけではない．主に次の2点が考えられる．

第1に，拠点化計画が原子力発電所の集積を前提としているため，「国策への協力」なしには成り立たないことである．第3章第2節で述べたように，原子力発電所の立地が地域経済や地方財政に与える影響は，増設を経て複数の発電所が運転を続けることによって「多くの効果が一過性に終わる」状況から「大きな効果が持続する」ようになった．しかしながら，原子力発電所の集積と運転が今後も持続するとは限らない．福井県で最初に運転を開始した敦賀1号機はすでに経過年数が40年を超えており，現行制度では原則40年，最長60年間の運転が認められているから敦賀1号機は廃炉まで長くても20年足らずとなる．その後も既存の原子力発電所が廃炉を迎えるだろう（第3章図3-6参照）．また，増設の計画もあるが，原子力発電所1基あたりの出力が上昇していることから（敦賀1号機の35.7万kWに対して着工準備中の敦賀3・4号機は約4倍の153.8万kW），増設が行われても廃炉の基数より少なくなる可能性が高い．さらに，震災と原発事故を受けてエネルギーミックスにおける原子力発電の役割が見直され，従来よりも原子力発電の割合が低下すると考えられている．これらの点から，原子力発電所の集積と運転が今後も持続的であるとは言えない．

原子力発電所の基数が減少すれば，それぞれの発電所の運転や定期検査にか

かる雇用・取引が減少し，地域経済や地方財政の基盤が弱体化することが予想される．また，基数の減少はエネルギー研究開発拠点化計画にも影響を与える可能性がある．原子力発電所が1基でも立地する限り拠点化計画は存続するであろうが，多様な原子力発電所の集積を活かした施策が難しくなると考えられる[39]．そこで，地域の持続的発展を図るためには今後の状況に応じた新たな施策が必要となるだろう．

「国策への協力」を前提に「国策からの協力」が得られているとすれば，国策や原子力発電をめぐる情勢によっては「いずれはそこから抜け出す道」を探るべき時期がやがて訪れるかもしれない．

第2に，「国策からの協力」はエネルギー研究開発拠点化計画だけでなく電源三法交付金の増額や使途の拡大などにもみられるため，「国策への依存」あるいは「自治体の利益誘導」と混同されて批判を招きやすいことである．両者は評価が逆になるほど異質のものだが，1つの事柄の二面性を表す場合もあるため明確に区別することは難しい[40]．

この問題に対する1つの示唆は，自治の「究極の目的」から得られるのではないだろうか．西尾勝は地方分権の究極の目的を「住民の広い意味でのまちづくり活動を活性化させること」に求め，これ以上の分権化を進めるよりも各地で自治の実践の質を高めることが必要であると指摘した．すなわち，これまでの地方分権改革による団体自治の拡充の成果を住民自治の実践に活かすことである．この点に関して，拠点化計画が地域主体の原子力産業政策としては「自治の実践」であるけれども，「住民自治の実践」に必ずしも結びついているわけではない．したがって，自治のあり方からみた拠点化計画の課題を挙げるとすれば，住民の広い意味でのまちづくり活動を背景とした計画にすることではないだろうか[41]．このことによって拠点化計画は自治の「究極の目的」に根ざした「国策からの協力」を得たものと言えるだろう．

現在の拠点化計画は，国や都道府県・市町村など各層の行政機関に加えて電力事業者や研究機関など，原子力に関わる多様な主体がそれぞれの役割を果たす形になっている．このことは，拠点化計画にみられる「自治の実践」が団体自治の側面を中心にしていることの表れと言える．成熟社会への転換と地方自治の岐路を踏まえて持続的発展・内発的発展を地域主体で進めるには，拠点化計画に住民自治の側面を加える取り組みが求められる．すなわち，基礎自治体としての市町村における住民のまちづくり活動を起点とする必要がある．基礎

自治体はそれらを真の住民ニーズとして産業政策を立案し，これを拠点化計画の基盤とすることが課題と言えるだろう．そのためには，それぞれの住民が原子力発電を地域のなかにあらためて位置づけることが必要ではないだろうか．

したがって，自治のあり方からみたエネルギー研究開発拠点化計画の展望は，基礎自治体が集約した政策を加えて従来の推進主体に住民を含めた地域ぐるみの地域総合政策とすることであろう．拠点化計画は住民のまちづくり活動に根ざした「国策からの協力」を得ることで「国策への依存」や「自治体の利益誘導」とは異なる「自治の実践」としてさらに進化を遂げると考えられる．

このように，自治のあり方からエネルギー研究開発拠点化計画を展望するならば，原子力発電所の立地が今後は持続的でなくなること，そして岐路に立つ自治が住民のまちづくり活動から出発する住民自治の実践を重視するようになることを考慮して，拠点化計画が「国策への協力」だけでなく住民のまちづくり活動を前提とすることによって新たな「自治の実践」の段階に進化した原子力産業政策・地域総合政策となることが期待される．

注

1) 第一次地方分権改革をどの時期までとするかは諸説あるが，本章でとりあげる西尾勝によれば，地方分権一括法に結実した改革を対象としている．また，地方分権一括法が施行されて以降の改革は第二次地方分権改革と呼ばれる．西尾［2007：122］．
2) これまでの地方分権改革に深く関与した西尾は，改革の意義を強調しつつも住民がその成果を十分に実感できる状況になっていないと述べている．西尾［2013］参照．
3) 藤田［1978：第1章；1987：第5章］などに詳しい．
4) 機関委任事務とは，地方公共団体の機関に委任される国または他の地方公共団体の事務である．機関委任事務を行う地方公共団体は当該事務を委任した国や他の地方公共団体の機関としてその指揮監督下に置かれるので，機関委任事務には地方自治を侵害するという批判が強かった．後に述べるように，機関委任事務は第一次分権改革によってすべて廃止された．宇賀［2007：40；74］参照．
5) 逆に言えば，逆コースによる中央集権化が高度経済成長の推進体制の土台となった．この点について，藤田武夫は次のように述べる．「この期間に，戦後いちおう制度上は地方自治強化と民主化の路線に沿って改革された地方自治制度と税財政制度は，急速に中央集権化と反民主化の方向に転換したが，この時期に構築された反自治的反民主的な行財政制度は，（引用者注：昭和）32年以後の高度成長のための地方行財政政策展開の土台となったのである」［藤田 1978：97］．西尾勝もまた，戦後も残存した機関委任事務制度が高度経済成長を牽引した側面もあったと評価して，次のように述べている．「機関委任事務制度について，これが導入当初から悪しき制度であったとは一言も述べていない．この制度を創設した当時の状況下では賢い選択，巧妙な工夫であって，これが日

本の急速な近代化・西欧化を支え，さらには急速な戦後復興と高度経済成長にまで有効に機能した仕組みであったといえなくもないからである」[西尾 2013：15].
6) 第4章第2節で述べたように，原子力安全協定は公害防止協定の一種とみられていた．原子力発電所の安全対策には他の工場のそれとは異なる特殊性があるけれども，重化学工業の立地についても有害物質の放出などによる公害の発生が懸念されたのであり，立地にともなって安全対策の必要性が生じたことは多くの企業誘致に共通する問題であった．
7) ただし，原子力安全協定には国と地方の役割分担を不明確にした側面があるだけでなく，第4章で述べたように地方が国の本来あるべき姿を提示することにつながったという意味では逆に国の役割を明確にした部分もあると言える．また，国の一元的な権限と責任のなかでも地方の役割が何らないわけではない．国の原子力安全規制が不十分であるにもかかわらず立地地域が国に安全規制を委ねることは，安全神話につながる危険性を持つおそれがある．大飯3・4号機の再稼働に際して福井県が国に「福井県に安全神話はない」と伝えたのは，その危険性を立地地域が認識していたからであろう．したがって，国の権限や責任が強化されたとしても，これを監視する主体の1つとして立地地域が関与するなど地方の役割は今後もあると考えられる．
8) 第3章第2節で述べたように，エネルギーミックスにおける原子力発電の役割が低下する可能性があることを考慮すれば，国策としての原子力政策を前提としてよいかどうかという課題もある．この点は第4節であらためて述べる．
9) 団体自治は国と自治体との関係を，住民自治は自治体と住民との関係を表す．また，地方分権の推進とは団体自治の拡充を，地方自治の拡充とは住民自治の拡充を表す．地方分権の推進と地方自治の拡充には重なりあう部分があるが，団体自治の拡充を地域住民が望まない場合もあるため両者には相反する部分もあるという．西尾［2007：246-247］参照．
10) 1993（平成5）年10月に提出された第三次臨時行政改革推進審議会答申では，規制緩和と地方分権を2本の柱として行政改革をさらに推進することが提起された．
11)『地方分権推進委員会最終報告――分権型社会の創造：その道筋――』より．
12) 集権融合型とは，国の事務と分類される行政サービスの提供業務が多い「集権」的性格と，国と自治体の任務の分担関係が整然と切り分けられず「国の事務」の執行も自治体の任務にして両者の分担が不明瞭になっている「融合」的性格をあわせ持っている状態をさす．西尾［2007：9-10］参照．
13) 改革の難易度が優先順位に影響し，相手方（官界・政界・業界）の抵抗や自治体の一致した支援（利害の対立がないこと）などが勘案された．
14) 西尾［2007：113-119；2013：78-83］を整理した．
15) このような背景から，西尾［2013］は「所掌事務拡張路線では，必ず意見と利害の対立を生み，地方六団体の足並みがそろわなくなる．そこまで一気に進めるのではなく，自由度拡充路線を継続しながら，住民自治の部分を拡充し，住民の声にもっと耳を傾けていくべきではないかと思う」(p.83) と述べている．
16) 西尾［2013］は2012年度に自治体学会主催で開催された「巡回10時間セミナー」の内容を収録したものである．
17) 西尾［2007］はまた，「第一次分権改革と同時並行して市町村合併を始めてしまった

ために，市町村関係者の関心が合併の枠組みと合併協議の成否に向けられ，第一次分権改革の成果を活用する創意工夫に関心を集中する余裕がなくなってしまったことは残念きわまりないことであった」(pp. 125-126) とも述べている．

18) 自治体の役割を許容する制度にすれば事務権限の委譲をともなうので，地方分権改革の所掌事務拡張路線に通じるところがある．

19) 『地方分権推進委員会第一次勧告』より．第一次分権改革では機関委任事務の廃止など自治体の自由度拡充路線を基本戦略として国の役割を示したのだが，地方自治法第1条の2第2項では勧告の内容がほぼそのまま国の役割として規定されたので，国と地方の役割分担の考え方は機関委任事務以外の事務にも自由度拡充路線以外にも適用しうると考えられる．したがって，原子力安全規制は国の役割であり機関委任事務でもないため第一次分権改革では議論の対象にならなかったけれども，役割分担のあり方を考える際には第一次分権改革で示された考え方を踏襲しても問題ないだろう．

20) 西尾はこの立場であることを明言しているわけではないが，西尾 [2013] で自治体関係者が東京電力福島第一原子力発電所の事故に鑑みてどのような点を再考すべきかについて地域の振興の視点で論じている部分から，このことが推測される．地域の振興の視点については次節で述べる．

21) 例えば大阪都構想は制度設計の詳細を地元に委ねることを当時の大阪維新の会が要求したが，「分を弁えずに思い上がった，明らかに行き過ぎの要求であった」という．これに対して国権の最高機関である国会の各党がいささかの抵抗の姿勢もみせなかった．このような要求を是認している国は世界中のどこにも存在せず，「あまりにも腑甲斐なく，だらしない姿であった」と述べる．西尾 [2013: 192-194] 参照．

22) 来馬 [2010] はまた，「スタッフも財源も限られている地方がすべての規制を担当することには，やはり問題がある」(p. 200) とも述べている．

23) 第4章注10) 参照．

24) 原子力安全協定には必ずしも詳細な内容が具体的に示されているわけではなく，協定の運用状況も含めて国と立地自治体に共通する部分を抽出することになる．ただし，後に述べるように国の役割が十分に果たされない可能性や国と地方の立場の違いが解消されない可能性もあり，その場合は立地自治体の権限を委譲する必要はない．

25) 第4章第1節では，原子力安全規制における立地自治体独自のノウハウが国策の根幹部分にも具体的な影響を与えてきたことを述べた．

26) なお，この点は，地方分権改革に対する要求が行き過ぎてきていることとは無関係である．原子力発電所立地自治体は国の権限と責任強化を再三要請していることから，原子力安全協定は国の一元的な権限と責任という大前提のうえで，あくまで自治体の現実的な対応として行われてきた．

27) 金井によると，国が原子力発電を推進してきたのは受益地である首都（永田町・霞ヶ関）で意思決定がなされるからであり，また受害地である原子力発電所立地地域にも大量の利益供与をすることで首都と同程度にまで安全規制への指向を緩めることになったからだという．そこで，受益と受害の均衡水準による安全規制を図るのであれば，現状で受益と受害が均衡している中間地域の自治体に事実上の同意を求めることや，安全確保の状況によって立地自治体が推進方向にも反対方向にも変わりうる中立方策に立つことなどを提唱している．

28) 国の原子力安全規制は，東京電力福島第一原子力発電所の事故によって立地地域だけでなく国民全体の信頼も損なったと言える．原発事故の教訓から原子力安全委員会と原子力安全・保安院が廃止され原子力規制委員会と原子力規制庁が発足するなど，国の体制も大きく変わった．しかし，後に述べるように国の権限と責任が強化されたかどうかは今後の経過を待たなければならない．
29) 公害対策のように地方の役割も含めて十分な規制を行う場合，国の規制が世界で最も厳しいレベルである必要はないだろう．
30) これは原子力安全協定の運用によって第1の立場もしくは第3の立場となる．国の役割に重点を置いて運用されれば第1の立場であり，自治体の対応に重点を置いて運用されれば第3の立場に基づくものとなる．状況に応じていずれの立場もとりうるであろう．
31) 第4章第1節で述べたように，原子力安全協定が十分に機能するためには原子力安全対策課などの体制が不可欠である．この点で，市町村は県よりも強く制約されると考えられるので，市町村の役割を広げるには限界があるかもしれない．また，菅原・城山・西脇ほか [2012] では，電力事業者と規制機関・自治体・住民の役割を踏まえた原子力安全規制の具体的なあり方について，①独立規制機関＋説明責任明確化案，②日本版地域情報委員会設置案，③自治体の環境モニタリング法定化案，④国の規制機関と自治体の協議法定化案，の4つを示している．それぞれの案について，立地地域での情報共有や規制活動に対する信頼醸成のあり方，社会的要素の斟酌，現行安全協定との関係，関係自治体の果たす役割，制度化にともなうコスト等，制度化にともなう法的課題等の観点から比較を行い，現時点における実現性もあわせて考慮すれば②ないし③が相対的に優位にあると述べている．

　また，来馬は別の視点から国と地方の役割分担が必要であると述べる．すなわち，「原子力という公共性を考えるには，国の長期的な視座と立地県の現実的な施策が不可欠なのである」[来馬 2010：200] という．長期的な視座に基づいた国策としての原子力政策は立地自治体の現実的な施策と合わせて実施することが可能であり，このような視点で国と地方の役割分担を考えることが必要である，という主張であろう．
32) 『日本経済新聞』2013（平成25）年4月5日付．なお，中部電力浜岡原子力発電所に関しては立地市の御前崎市と周辺4市が対等な立場で原子力安全協定を締結している．しかしこれは例外的であり，一般的には立地市町村と周辺（準立地）市町村で規定の内容が異なる場合が多い．菅原・稲村・木村ほか [2009] 参照．
33) 2012（平成24）年3月13日予算特別委員会議事録より．
34) 『福井新聞』2012（平成24）年9月4日付．
35) 『福井新聞』2012（平成24）年9月5日付．
36) この第8講は巡回10時間セミナーの福井会場で特別講義として行われ，筆者も受講した．
37) 持続的発展・内発的発展は成熟社会における地域産業政策の視点の1つになると考えられる．ローカリゼーションの進行とともに地域の生活様式に根ざした産業振興を効果的に図るには，地域内の多様な主体による緊密な連関という内発性が必要となるからである．また，地域に定着した生活様式は企業誘致によって流出するようなものではないので，持続性も高いからである．
38) レーザー共同研究所・プラントデータ解析共同研究所（仮称）・産業連携技術開発プラザ（仮称）で構成され，技術相談室・企業共通実験室・展示室等が共通機能として整

備される.
39) 原子力発電所の廃炉が進めば廃炉に関する研究開発が新たな施策に加わる可能性がある. しかし, これも持続的とは言いがたい.
40) 第2巻で述べるが, 電源三法交付金の増額や使途の拡大も「国策への依存」だけでは捉えられない側面がある.
41) 西尾は「まちづくり」を産業政策を含めた広い概念として用いている. すなわち, 次のように述べている.

> 自治体, なかでも基礎自治体である市区町村は, 時々刻々と変化していく地域社会の諸課題に機敏に対応していかなければならない. 地域の諸課題に対する自治体の対応を, ここでは「まちづくり」と総称しておきたい.
>
> 「まちづくり」という用語は, 人によっていろいろな使い方をしているので, 注意が必要である. 市区町村の基本計画・総合計画・長期計画において, 「ものづくり」(産業政策), 「まちづくり」(都市整備), 「ひとづくり」(教育・福祉) といったような項目立てがされている場合も少なくないが, ここで私がいうところの「まちづくり」は, これらすべてを広く包含した概念であって, 都市の基盤整備と公共施設の建設管理といった狭い意味での「まちづくり」に限定したものではない [西尾 2013:29].

第9章

原子力政策における「自治の実践」が
エネルギー政策の課題に与える示唆

　本書は，国策としての原子力政策のなかで原子力発電所立地地域が独自に行ってきた原子力安全規制と原子力産業政策に焦点を当て，「国策への協力」だけでなく「自治の実践」が存在したことを明らかにした。また，自治のあり方が新たな段階を迎えていることを踏まえ，今後の展望を示した。

　国策としての原子力政策における「自治の実践」の経験は，原子力発電所立地地域に限らず，さまざまな国策との関係を持つ地域にも活かされるのではないだろうか。また，地域との関係が深い国策の課題にも示唆を与えると考えられる。とりわけ，エネルギー政策の課題については原子力発電所立地地域の取り組みから解決の糸口を見出せるのではないか。

　そこで，本章ではエネルギー政策の重要課題である再生可能エネルギーの普及と核燃料サイクルの実現の2つに焦点を当て，国策としての原子力政策における「自治の実践」からみた課題解決への示唆について述べることにしたい。

　再生可能エネルギーの普及は国策としてのエネルギー政策の重要課題の1つであるとともに，地域からも分散型の新しい経済的基盤として注目されている．したがって，再生可能エネルギーの普及も「自治の実践」をともなうのだが，再生可能エネルギーと原子力発電は相容れない関係にあると捉えられているように思われる．再生可能エネルギーの普及が原子力発電からの脱却を図る鍵になると理解され，集中型電源としての原子力発電よりも分散型電源としての再生可能エネルギーの方が望ましいとみられているからである．本書で明らかにした国策としての原子力政策における「自治の実践」は，両者を対立的な関係で捉えるのではなく相互に不可欠なものと認識することによって再生可能エネルギーの普及にも寄与しうるのではないだろうか．

　また，核燃料サイクルの実現では原子力政策における究極の課題となってい

るものがある．原子力発電所の立地と運転は約半世紀の間に一定の成果をあげてきたが，使用済核燃料を再処理して高速増殖炉で使用することについては施設の稼働が停滞しており，さらに高レベル放射性廃棄物の最終処分については処分地の選定もなされていないからである．核燃料サイクル全体でみればバックエンド問題によって停滞していると言わざるをえない．また，このことから原子力発電を抑制すべきという提言も出されている．さらに，震災と原発事故によって原子力政策全体が岐路に立たされている．

　このような問題が生じる背景には，再処理施設や高速増殖炉については技術的な側面が大きいものの，高レベル放射性廃棄物の最終処分地の選定については自治の問題が大きい．すなわち，最終処分場の候補地となる地域が現れなかったのである．そこで，最終処分地の選定については原子力発電所立地地域における「自治の実践」の経験が活かされるのではないだろうか．

　原子力発電については「推進か反対か」という極端な二項対立で議論されることが多く，このことが再生可能エネルギーの普及や核燃料サイクルの実現に関する議論にも影響している．原子力発電所の立地の場合は二項対立によって受け入れた地域と拒絶した地域のいずれかに分かれたが，再生可能エネルギーの普及や核燃料サイクルの実現は二項対立にかかわらず重要な問題である．対立が深まるほど政策の停滞や問題の先送りを招く可能性があるため，対立を乗り越えるための共通部分が必要であろう．その１つとなりうるのが，本書で示した「自治の実践」ではないだろうか．

　そこで，最終章として，本書で述べてきた国策としての原子力政策における「自治の実践」の経験が再生可能エネルギーの普及や核燃料サイクルとりわけ高レベル放射性廃棄物の最終処分地の選定にどのように寄与しうるのかについて，筆者の期待を込めて述べることにしたい．

第１節　原子力政策における「自治の実践」からみた再生可能エネルギーの普及

　再生可能エネルギーと原子力発電はかつて協調的な関係に立っていた．しかし，震災と原発事故を機に行われたエネルギーミックスの見直しに際しては，逆に対立的関係で捉えられるようになっている．さらに，地域の視点が新たな対立軸として注目されつつある．

第9章　原子力政策における「自治の実践」がエネルギー政策の課題に与える示唆　223

　エネルギーミックスは特性の異なる電源の組み合わせであるから，一方が増えれば他方が減る関係となる．しかし，再生可能エネルギーの普及は重要な課題であり，原子力発電との極端な対立的関係のなかで進められるべきではない．むしろ，本書で述べた原子力政策における「自治の実践」の経験が，原子力発電所立地地域における再生可能エネルギーとの共存や大規模な再生可能エネルギーの普及などにも寄与するのではないだろうか[1]．

(1) 再生可能エネルギーと原子力発電の関係

　再生可能エネルギーの普及は震災と原発事故の以前からエネルギー政策のなかで重要性を高めていた．2010（平成22）年6月に閣議決定された『エネルギー基本計画』では，「自立的かつ環境調和的なエネルギー供給構造の実現」のための施策として，①再生可能エネルギーの導入拡大，②原子力発電の推進，③化石燃料の高度利用，④電力・ガスの供給システムの強化，の4つが掲げられたのである．同じ施策のなかに①と②がともに積極的な取り組みとして示されたことから，再生可能エネルギーと原子力発電は協調的な関係にあったと言える．

　しかしながら，震災と原発事故を受けてエネルギー基本計画の見直しが行われ，両者は対立的な関係へと逆転した．民主党政権下の総合資源エネルギー調査会基本問題委員会が作成した『エネルギーミックスの選択肢の原案について──国民に提示するエネルギーミックスの選択肢の策定に向けて──』では，エネルギーミックスの基本的方向性として再生可能エネルギーの開発・利用を最大限加速化する一方で原子力発電への依存度をできる限り低減させることが掲げられたのである[2]．

　また，地域の視点からも両者は対立的関係が強調されるようになった．例えば，基本問題委員会の先の文書によると，再生可能エネルギーの導入ポテンシャルについて地域の視点から以下のような意見があったという．

　　再生可能エネルギーは，地域再生・地域活性化と密接に繋がっており，地域の未利用資源や自然環境を徹底活用し，地域の活力の創出に資する事業システムの構築等を通じ，大幅な導入を目指すべきである．

　また，基本問題委員会委員である植田和弘は，著書のなかで次のような考えを示している．

エネルギーのベストミックスや安定供給を当然の前提とする日本のエネルギー基本計画が描く2030年の発電構成は，原子力が53％，化石火力が27％，大規模水力が8％であり，大規模集中型発電のオンパレードである．──中略──つまり，エネルギー基本計画は，これからも電力の地域独占体制の下，中央集中型のエネルギーシステムを続けるという強いメッセージそのものだった［植田・梶山 2011：47-48］．

再生可能エネルギー，熱需要，エネルギー消費削減，これらはすべて相互に密接に関係しており，小規模分散型の新しいエネルギーシステムへとつながっていく．欧州では，これが，経済社会システムのイノベーションを促す原動力となって，21世紀最大の成長分野となっているのである．

小規模分散型エネルギーシステムは地域の自立を促し，中央集権から地方分権への移行を意味するものでもある．これを真に自分たちのものとするには，地域が自分たちで経営できるような努力が不可欠である．これは，明治以来，富国強兵・殖産興業のため，中央集権であらゆることを進めてきた日本のあり方を，新しくつくり直すに等しい作業である．再生可能エネルギーとエネルギー消費削減を柱とするこれからのエネルギー戦略は，それだけのインパクトを持つということだ［植田・梶山 2011：3-4］．

また，金子勝は著書のなかで次のように述べている．

いったん原発等の大規模な発電機能が停止すると，中央集権メインフレーム型の方がむしろ電力供給を不安定にし，社会全体を深刻な状況に陥れてしまう．あたかもそれは，中央司令室が破壊されると，たちまち各基地間で通信できなくなってしまうのと同じである［金子 2011：115-116］．

環境という価値を社会の基本にすえると，21世紀の経済は，その基盤となるエネルギーと食料を基軸にして地域分散ネットワーク型に変わっていくことになる．まず何より，自然由来のエネルギーは地域に根ざすので，地方分散型にならざるをえない．それは地域の新たな雇用を作り出す．と同時に，再生可能エネルギーの全量固定価格買取制度が本格的に導入されれば，地方に売電収入がもたらされることになる．──中略──

つまり地方は，太陽光，風力，地熱だけでなく，小水力やバイオマスなどの再生可能エネルギーによってエネルギーの地産地消を図ると同時に，

第9章　原子力政策における「自治の実践」がエネルギー政策の課題に与える示唆　225

スマートグリッドによる双方向的な送配電網を整えることで，再生可能エネルギーへの転換を実現させ，これをベースに地域分散型経済を創出するのである．こうして21世紀の経済システムは，中央集権によるメインフレーム型経済から，地域主権に基づくネットワーク型経済へと転換していくのである［金子 2011：115-116］．

このように，再生可能エネルギーと原子力発電は協調的関係にあったが，震災と原発事故を受けたエネルギーミックスの見直しのなかで対立的関係に変わり，地域の視点がこれに拍車をかけているように思われる．

(2) 原子力政策における「自治の実践」からみた再生可能エネルギーの普及

エネルギーミックスが多様な電源の組み合わせである以上，ある意味ではすべての電源が対立的関係となりうる．日本のエネルギーミックスも水力発電が主流であった時代から高度経済成長期には火力発電の割合が高まり，そしてオイルショックを機に原子力発電の推進が重視されるようになった．再生可能エネルギーの普及もまた新たなエネルギーミックスをもたらすであろう．

しかしながら，原子力発電と再生可能エネルギーは対立的関係だけで捉えられるものではない．エネルギーミックスが必要なのは電源ごとにメリットとデメリットが異なるためであり，電源を組み合わせることによってメリットを生かしつつデメリットを緩和することができる．原子力発電と再生可能エネルギーもメリットとデメリットがまったく同じならば両者は代替的であり，対立的関係が強いと言える．しかし，実際はそうでない．したがって，両者に対立的関係があるとしても火力や水力など他の電源とそれほど変わらないだろう[3]．

また，地域の視点からみても原子力発電と再生可能エネルギーには共通点がある．原子力発電所が大規模集中型の電源であり，また国策としての原子力政策に基づくものであるが，本書で繰り返し述べたように中央集権（国策の受け入れによる支配と従属の関係）だけでなく原子力安全規制や原子力産業政策の分野で立地自治体による「自治の実践」があった．とりわけ，後者ではアトムポリス構想から若狭湾エネルギー研究センターの設立，さらにエネルギー研究開発拠点化計画の実施など成熟社会に対応した地域総合政策へと進展している．再生可能エネルギーが地方分権にふさわしい電源であるならば，再生可能エネルギーの普及にかかる産業政策にも原子力発電所立地地域における「自治の実践」

との共通部分があるのではないだろうか.

とりわけ,水力発電や地熱発電には原子力発電と同様の大規模な電源があり,再生可能エネルギーとしての期待も大きい.再生可能エネルギーの普及のためには大規模な再生可能エネルギーと小規模な再生可能エネルギーの共存,あるいは他の電源と再生可能エネルギーの共存など,地域でも多様な電源の組み合わせが考えられる.原子力発電所立地地域における「自治の実践」の経験もまた,規模が比較的大きな再生可能エネルギーの普及などに活かされるにちがいない.また,原子力発電所立地地域にとっても原子力発電所と再生可能エネルギーとの共存などにつながるであろう[4].

このように,原子力発電と再生可能エネルギーを対立的関係で捉えるのは,エネルギーミックスの点からも,また地域の視点からも必ずしも適切とは言えない.国策としての原子力政策のなかにも「自治の実践」があったことは,むしろ両者の共通部分を積極的に見出すことによって原子力発電と再生可能エネルギーの共存を含め新たな再生可能エネルギーの普及に結びつく可能性がある.

具体的な内容は今後の推移をみなければならないが,すでにその動きが始まっている.例えば,福井県ではエネルギー研究開発拠点化計画のなかに「エネルギー多元化への対応」として大規模太陽光発電設備(メガソーラー)の整備などを組み込むとともに,さらに「再生可能エネルギーの普及・利用の促進」として「1市町1エネ起こし」プロジェクトの推進などを掲げた.原子力発電所の立地という特性を再生可能エネルギーなど多様なエネルギーの普及に結びつけることは,原子力産業政策における「自治の実践」に新たな境地を切り開くことになると考えられる.

第2節 原子力政策における「自治の実践」からみた核燃料サイクルの実現

次に,核燃料サイクルの実現について,原子力政策における「自治の実践」がどのように寄与しうるかを述べる.

(1) 日本の核燃料サイクルの特徴とその停滞

日本の核燃料サイクルは全量再処理を特徴としている.すなわち,原子力発電所で使用した核燃料をすべて再処理し,取り出したウランとプルトニウムを

再び原子力発電所の燃料として利用するのである．再処理によって生じた高レベル放射性廃棄物（ガラス固化体）は，地下数百mより深い地層中に隔離する方法で地層処分される．

核燃料サイクルの形態は国によって多様である．エネルギー資源に乏しく国土面積の狭い日本は，資源の節約や処分施設の小規模化を図るため全量再処理の方針をとっている．国際的には，日本のように再処理を進める国（イギリス・フランス・ロシア・中国など）と，使用済核燃料を再処理せずに直接処分することを基本とする国（アメリカ・フィンランド・カナダ・スウェーデンなど）に分類される．再処理と直接処分の過程の違いを示したのが図9-1である．

しかし，日本では核燃料サイクルの中心となる原子力発電所の立地・増設は進んだものの，全体のサイクルは未完成のままである．まず，全量再処理を担う使用済核燃料再処理施設の稼働と高速増殖炉の実用化が大幅に遅れている．青森県六ケ所村にある高レベル放射性廃棄物の再処理工場はガラス固化体の製造が難航し，竣工までの工程がたびたび延期されている．また，敦賀市に立地する高速増殖原型炉もんじゅは，1995（平成7）年12月に発生したナトリウム漏れ事故の影響で14年間にわたる停止を余儀なくされた．2010（平成22）年5

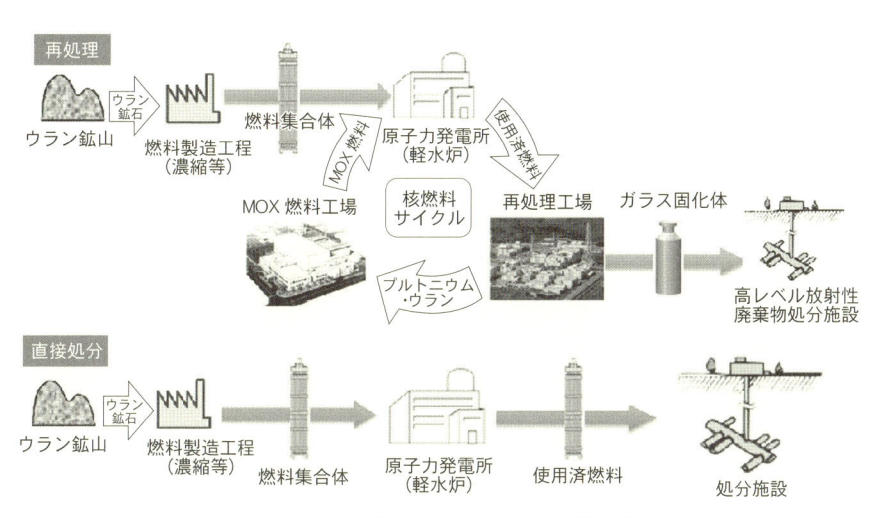

図9-1　使用済燃料の再処理と直接処分

（資料）総合資源エネルギー調査会基本問題委員会第9回資料2より作成．

月には運転再開に至ったものの,炉内中継装置の落下により再び停止に見舞われることとなった.加えて,その復旧作業のさなかに東日本大震災が発生し,さらに敷地内の破砕帯(断層)に関する調査や大量の機器の点検漏れによって原子力規制委員会から無期限の使用停止命令があったため,運転再開への見通しが立たなくなっている.

また,核燃料サイクルの最後の過程である高レベル放射性廃棄物の最終処分については,立地地域の選定に見通しが立っていない.最終処分地の選定は図9-2のとおり,市町村からの応募を受けて文献調査,概要調査,精密調査という3段階の調査を,原子力発電環境整備機構(NUMO)が主体となって行うことになっている.しかし,平成20年代中頃には概要調査に入る計画であったが,高知県東洋町のように応募によって町長がリコールを受ける事態になるなど,最終処分地の選定に関する地域の合意形成がきわめて難しい状況となっている[6].2007(平成19)年には市町村からの応募だけでなく国が申し入れを行って市町村が受諾すれば調査に入れる制度が追加されたものの,現在までに具体的な市町村名は浮かび上がっていない.

このように,核燃料サイクルは原子力発電の推進と使用済核燃料の再処理と

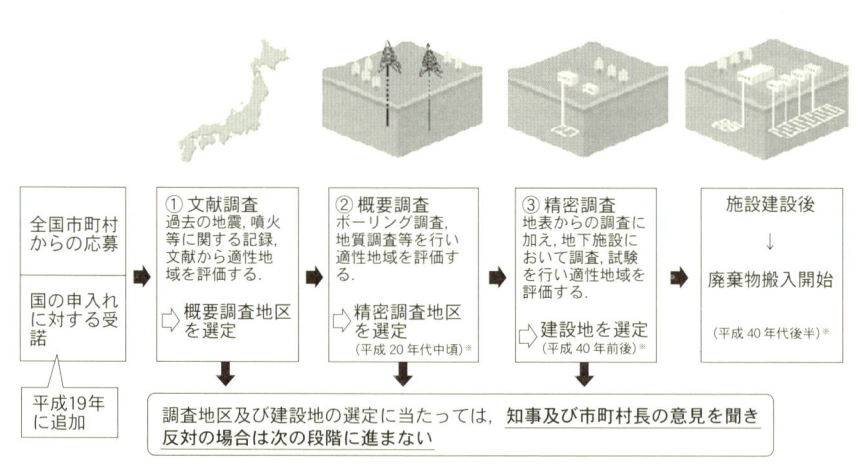

図9-2 核燃料廃棄物最終処分場選定の流れ

(資料)総合資源エネルギー調査会基本問題委員会第33回資料4より作成.

再利用の停滞，さらに高レベル放射性廃棄物の最終処分地選定の難航という対照的な状況が長期にわたって続いてきた．日本の核燃料サイクルは片輪走行であったと言える．その結果，発電によって生まれた大量の使用済核燃料の再処理が進まず，発電所構内に一時的に貯蔵されている使用済核燃料が飽和状態に近づきつつある．短いものでは数年程度で構内の貯蔵ができなくなる見通しであり，バックエンド問題を解決して核燃料サイクルを完成させなければ全量再処理からの転換を迫られる可能性がある．

実際，震災と原発事故を受けて原子力政策の見直しが行われた際に民主党政権が策定した『革新的エネルギー・環境戦略』では，直接処分の研究に着手することが提起された．全量再処理の断念が検討課題に入ってきたのである．

(2) 高レベル放射性廃棄物の最終処分地が選定されなかった社会的背景

では，なぜ核燃料サイクルが順調に進まなかったのであろうか．使用済核燃料の再処理と高速増殖炉での利用が停滞したことは技術的な問題が大きいのに対して，高レベル放射性廃棄物の最終処分地の選定ができなかったのは社会的な問題が関係していると考えられる．

2010（平成22）年9月に日本学術会議が原子力委員会から「高レベル放射性廃棄物の処分に関する取組みについて」と題する審議依頼を受け，課題別委員会「高レベル放射性廃棄物の処分に関する検討委員会」を設置した．震災と原発事故により議論は長期に及んだが，2012（平成24）年9月11日に回答『高レベル放射性廃棄物の処分について』を発表した．そのなかで，高レベル放射性廃棄物の最終処分をめぐる社会的合意の形成が極度に困難なことを述べ，その理由として次の3点を挙げている．

① エネルギー政策・原子力政策全体に対する社会的合意が欠如したまま，高レベル放射性廃棄物の最終処分地選定への合意形成を求めるという逆転した手続き
② 原子力発電による受益追求に随伴する，超長期間にわたる放射性の汚染発生可能性への対処が困難であること
③ 受益圏と受苦圏の分離により問題の本質的解決を回避してきたこと

①は，合意形成の手続きに関する問題である．核燃料サイクル政策の大局については，震災と原発事故の以前から広範な社会的合意を作りあげる取り組

みが必ずしも十分ではなかった．こうしたなかで高レベル放射性廃棄物の最終処分地選定という個別的な争点についての合意形成を求めてきたことは，手続きとして逆転した形と言わざるをえない．すなわち，全体の方針が不明確なままで NUMO の広報等による「関係住民の理解の増進のための施策」や「国民の理解の増進のための施策」を続けても有効ではなく，実施主体が扱うことのできる問題の範囲を超えているという．むしろ，大局的な合意形成を進めた後に個別の合意形成を求める条件を整えることが社会的合意に基づく解決を促進するために必要である，という指摘である．

②は長期にわたる不確実性が合意形成を難しくしている，ということである．原子力発電所が数十年の稼働期間であるのと比べ，高レベル放射性廃棄物の最終処分地の場合は千年・万年という桁違いの超長期間にわたり汚染の発生可能性に対処しなければならない．このことは，原子力発電による利益の享受が現在世代に限られる一方で最終処分地の立地による危険性の負担だけが超長期の将来世代に及ぶことを意味する．しかも，負の帰結を減少させるために最善の技術的工夫をしても，これを完全にゼロにすることはできない．このような対処困難な受苦の存在が合意形成を極度に難しくしている，という指摘である．

③は，全国の高レベル放射性廃棄物を1カ所に集中する形で最終処分地が計画されていることによる．しかも，候補地点は人口が少なく電力消費もわずかな地域となることが予想されるため，その地域は電力消費による利益をそれほど享受しない半面，最終処分による国内の危険負担を一手に負うことになる．

これは受益圏と受苦圏の分離，すなわち受益圏は電力消費による利益を享受するが最終処分の受苦は受容できないために，これを電力消費が少ない他の主体に委ねるという状態の最終部分でもある．

これまでの核燃料サイクルは受益圏と受苦圏の分離の連鎖によって進められてきた．まず，東京圏や関西圏は原子力発電による電力の供給という利益を受けるが，原子力発電所の運転による危険の負担は福島県や新潟県，あるいは福井県に受容させてきた．福島県や新潟県・福井県は受苦圏となるので，その代償として受益圏である東京圏や関西圏の受益の一部が電源三法交付金などの形で受苦圏に還元された．そこで，この段階での受益圏と受苦圏の分離は電力消費地と電力供給地の分離とも言える．

このような分離が次の分離を生みだしている．受苦圏としての原子力発電所

立地地域は受益圏からの代償を受けることで限定された受益圏にもなっている．そして，原子力発電所の運転によって発生した放射性廃棄物は，各地の原子力発電所立地地域ではなくバックエンドの入り口となる低レベル放射性廃棄物の埋設施設や使用済核燃料の一時貯蔵施設，高レベル放射性廃棄物（ガラス固化体）の再処理施設のある青森県に搬出されている[9]．つまり，原子力発電所立地地域は原子力発電所の運転にともなう受苦圏であるが核燃料サイクル全体の受苦圏とはならず，別の地域に受苦の一部を委ねてきたのである．さらに，青森県もバックエンド関連施設が立地する代償として受益の一部が還元されるが，高レベル放射性廃棄物の最終処分地は県外に設置することを要求している．このように受益圏と受苦圏の分離が重層的に連鎖し，高レベル放射性廃棄物の最終処分地は核燃料サイクルに関する分離の連鎖の最終部分ともなっている．

受益圏と受苦圏の分離が重層的に連鎖することによって，本来の受益者である大都市圏は原子力政策にますます無関係となっていった．あるいは，人口の少ない地域でも限られた受苦圏に組み込まれなければ原子力政策に関係することはなかった．そのため，受益圏と受苦圏の重層的な分離が国策としての原子力政策に対する関係（当事者意識）の極端な違いを各地で生み，原子力政策に対する社会的合意の形成を困難にしたのではないだろうか．

そこで，日本学術会議は広く国民の関心を喚起するために，受益圏と受苦圏の双方を含む形で広範な人々の真剣な議論を促進するよう国民的な協議の過程を取り入れる工夫が必要である，との提言をしたと考えられる[10]．

以上に挙げた3つの理由は，原子力政策の全体像を構築するうえで国が十分な役割を果たしてこなかったことと関係する．政策を総論と各論に分けるとすれば，総論に関する社会的合意が得られないまま各論のうち一部から合意を得た部分に限って進められたことになる．原子力発電所を受け入れた地域と拒絶した地域があったことは，原子力政策の総論に対する広い合意形成がなくても原子力発電所の立地という各論を受け入れる地域があれば立地できたことを意味する．しかしながら，このことによって大半が受益者である国民の総論に対する無関心が進行し，各論での合意形成が最も難しい高レベル放射性廃棄物の最終処分地の選定を極度に難しくしてしまったとすれば，最終処分地の選定に向けて総論への社会的合意を得ることが国の取り組みとして不可欠と言えるだろう．

(3) 社会的合意に基づく核燃料サイクルの構築を促進するために何が必要か

日本学術会議の指摘は基本的に正しい．「総論賛成，各論反対」という状態はさまざまな政策分野で日常的に起こることだが，原子力政策の場合は「総論賛否両論（二項対立），各論賛否両論（二項対立）」という状況で進められてきたと言える．核燃料サイクルの最重要課題である高レベル放射性廃棄物の最終処分地の選定については，今や総論への賛否にかかわらず進めなければならないのだが，総論賛否両論のまま各論としての処分地の選定を実現することはきわめて難しい．原子力政策全体に対する社会的合意としての総論賛成を得ることによって各論への賛成も広がると考えられる[11]．

確かに，最終処分地の選定を総論賛否両論のまま各論だけで進めることも不可能ではない．極端に言えば，1つの自治体が最終処分地の立地を受け入れれば他のすべての自治体が反対しても最終処分地を建設することができるかもしれない．しかしながら，現在の総論賛否両論，とりわけ「推進か反対か」という極端な二項対立のまま最終処分地が選定されて核燃料サイクルが完成しても，それで総論賛成に変わるわけではない．むしろ，選ばれた最終処分地が各地から疎外され，対立が深まる可能性もある．やはり総論賛成として核燃料サイクルの全体像に対する社会的合意を得ることが必要ではないだろうか．

では，社会的合意を形成するためには何が必要であろうか．日本学術会議は「従来の政策枠組みをいったん白紙に戻すくらいの覚悟を持って，見直しをすることが必要」としたうえで，主に次の2つの方策を提言している．

① 長期的解決へのシフトと問題拡大の緩和
② 合意形成への手続きの再構築

①は，高レベル放射性廃棄物の暫定保管（temporal safe storage）と総量管理の2つを柱に政策の枠組みを再構築することである．また，②は負担の公平性等に対する説得力ある政策評価基準を決定し，討論の場の設置による多段階合意形成の手続きを構築することである．端的に言えば，①は総論と各論への賛成を，②は各論への賛成を得るための方策となるだろう．

①では，超長期にわたる不確定なリスクを回避するために，比較的長期にわたる暫定保管という処分方法を有力な選択肢として挙げている．最終処分とは異なり高レベル放射性廃棄物の回収可能性があるため，将来の再選択が可能となることが現時点での社会的合意の可能性を高めると考えられている．また，

総量管理とは高レベル放射性廃棄物の総量に関心を向け，それを望ましい水準に保つように他の要素を操作することである．すなわち，「総量の上限の確定」と「総量の増分の抑制」の2つの方策があるが，いずれも高レベル放射性廃棄物の総量によって原子力発電の規模を定めるものである．総量が過剰になれば原子力発電所の運転抑制や廃炉などが求められることになる．これらは原子力政策全体に関わることであるから，総論への賛成を得ることが含まれるだろう．

次に，②は高レベル放射性廃棄物の最終処分地選定に向けた手続きについて社会的合意を得るための方法である．すなわち，各論賛成に重点が置かれている．提言では政策アジェンダ（議題）の設定と社会的合意に基づいた政策決定のための1つの方式として，3段階の手順が示された．

第1段階では問題解決に向けた共通基盤を確保して，原則的考え方についての合意形成を積み重ねていく．その際，優先度が高いのは高レベル放射性廃棄物の総量管理についての社会的認識の共有と重視するべき評価基準（安全性，生命・健康の価値，負担の公平，手続きの公正，将来世代の自己決定性，現在世代の責任，回収可能性，経済性など），科学的知見や技術についての適切な取り扱い，の3点である．続く第2段階では，処分すべき高レベル放射性廃棄物の総量の把握と管理，対処方式の大局的選択（暫定保管），処分のために必要な施設の規模と数の問題などの検討である．そして，第3段階では地点選定問題や立地点の地域住民の同意確認手続き，より長期的な対処方式の選択（暫定期間経過後の対応）などの問題に取り組むこととなる．

以上に示した方策は，原子力政策に関する総論賛成を基礎として高レベル放射性廃棄物の最終処分地選定という各論への賛成を導く手法と言える．原子力発電所の立地の場合は受け入れた地域と拒絶した地域，すなわち各論賛成と反対のいずれもあったのだが，総論賛成という社会的合意の基盤がなかったために各論の部分で極端な二項対立が顕在化したと考えられる．

原子力政策は国策であるから，社会的合意に基づいた核燃料サイクルを実現するためには国の取り組みを強化することが必要である．その方法にはさまざまなものが考えられる．例えば，西尾［2013］はきわめて強力な国の役割を求めている．すなわち，高レベル放射性廃棄物の最終処分地選定と同様の問題を抱えている東京電力福島第一原子力発電所の原子炉解体にともなう廃棄物の処分地の選定について，次のように述べている．

(引用者注：事故を起こした）原子炉を解体処分する過程で発生する大量の所謂「核廃棄物」の処分地をどうするかが，新たな課題として浮上してくるが，この核廃棄物処分地の選定は，いまなお紛糾し続けている沖縄の駐留米軍基地の移転候補地の選定より以上に，難航をきわめることになろう．
　この種の，住民・国民の大半が強烈に忌避する施設用地の選定は，自治体にはとうてい担いきれない．この種の事項の決定は，候補地の自治体及び住民がいかに強く反対し抵抗しようとも，国がその責任において決定しこれを断行する以外に，これを解決する手立てはない［西尾 2013：224-225］．

　住民・国民の大半が強烈に忌避する施設用地の選定では，仮に社会的合意が形成されても現実的には住民の強力な反対や抵抗が生じることは避けられないだろう．この場合，国には自治体や住民の強い反対・抵抗を押し切るほどの強力な役割が求められる．総論賛成であっても各論反対の状況は大なり小なり生じるのだから，国の取り組みを強化することには地域の反対や抵抗を抑えることも含まれるだろう．高レベル放射性廃棄物の最終処分地の選定でも，国が前面に立って強力に進めることが要請される．

　しかし，国の取り組み強化することは国だけの役割であるとは限らない．最終処分地の選定のような難しい問題だからこそ，関係主体の協力を国に結集することが欠かせない．そこに原子力発電所立地地域が寄与しうる余地もあるのではないだろうか．

(4) 自治の視点を核燃料サイクルの実現にどう活かすか

　核燃料サイクルに対する社会的合意を得て高レベル放射性廃棄物の最終処分地の選定に結びつけるためには，関係主体の総力を結集して国の強力な取り組みを進めなければならない．その際，自治の視点が1つの示唆を与えると考えられる．

　日本学術会議の提言では，社会的合意の形成に向けた第1段階として問題解決に向けた共通基盤を確保して原則的考え方についての合意形成を積み重ねることが必要とされた．その共通基盤の1つになるのが「自治の実践」ではないだろうか．

　本書では，国策としての原子力政策のなかでも原子力発電所立地地域では独自の原子力安全規制と原子力産業政策が行われてきたことを述べた．すなわち

第9章　原子力政策における「自治の実践」がエネルギー政策の課題に与える示唆　235

「自治の実践」の存在である．原子力発電は核燃料サイクルからみれば各論の一部であるが，その中心であるとともに「推進か反対か」の二項対立でも中心となってきた．しかし，このような対立のなかでも「反対」の側では国策への抵抗による「自治の実践」が存在したように，「推進」の側にも国策の補完・活用による「自治の実践」があった．二項対立のなかにも「自治の実践」という共通基盤が見出され，二項対立を乗り越えることにつながるのである．

　また，原子力発電所立地地域における「自治の実践」の経験は，高レベル放射性廃棄物の最終処分地の選定にも直接活かすことができると考えられる．最終処分地の選定については「知事及び市町村長の意見を聞き反対の場合は次の段階に進まない」[12]ことになっている．すなわち，自治体の意思決定が選定の条件なのである．そこで，最終処分地の受け入れを自治体が検討する場合は，国からの情報だけでなく実際に原子力政策と関わってきた原子力発電所立地自治体の経験も貴重な判断材料となりうる．

　本書の中心として取りあげた福井県の事例は，「国策への協力」だけでは済まされない状況から試行錯誤を重ねてきた「自治の実践」の進化の過程であった．また，現在では「国策への影響力」を強めるとともに「国策からの協力」を得るに至っている．端的に言えば，原子力発電所立地自治体は自らの立場で国策と主体的に関わってきたのである．原子力政策に関しては国策を拒絶することだけが「自治の実践」と一般的に認識されているが，国策を受け入れながら逆に自ら国策に関係することもまた1つの「自治の実践」の形と言えるだろう．このことは，高レベル放射性廃棄物の最終処分地の選定に際しても自治体の判断に活かされるのではないだろうか．

　原子力政策に対する社会的合意を形成するために国の取り組みを強化する際に，原子力発電所立地地域における「自治の実践」が問題解決のための基盤をより強固なものにし，さらに最終処分地の選定にも直接寄与するのであれば，国は自治体の経験を積極的に取り入れることが望ましいし，自治体も国に積極的に協力することが望ましい．合意形成のための手続きが複雑になるようにみえるが，むしろこれまで見過ごされてきた部分であるから，自治の視点は社会的合意の形成に向けた議論の新たな糸口になる可能性を秘めている．[13]

　バックエンドの停滞は核燃料サイクルのあり方に大きな転換を迫るほど喫緊の課題となっている．しかし，差し迫った課題で国民の大半が関係（当事者意識）を持たないものであっても，やはり社会的合意の形成という原点に立ち戻

って議論を始めることが重要であろう．この議論に「自治」の視点を加えることで問題解決のための共通基盤に少しでも厚みが加わることを期待して，本書を締め括ることにしたい．

注

1) これらもまた原子力産業政策における新たな「自治の実践」となるであろう．
2) 序章注3) 後段参照.
3) ただし電源ごとの特性がそれぞれ異なるので，対立の内容は多様であると考えられる.
4) 後に述べるように，エネルギー研究開発拠点化計画が原子力発電とさまざまな再生可能エネルギーとの共存を施策に組み込んでいる．また，第8章第4節で拠点化計画の課題として「住民の広い意味でのまちづくり活動を軸に加える」ことを指摘したのは，原子力発電所立地地域における多様な電源との共存も視野に入れているからである.
5) 地層処分のみならず，長期地上管理，核種分離・変換，海洋底下処分，宇宙処分等の多様な処分方法があるが，「現時点で最も有望な処分方法は地層処分である」というのが国際的共通認識になっているという．総合資源エネルギー調査会基本政策分科会第3回会合資料5参照.
6) 1984 (昭和59) 年8月に原子力委員会放射性廃棄物対策専門部会が提出した『放射性廃棄物処理処分方策について (中間報告)』によると，1990年代前半頃までに処分予定地を選定し，2000 (平成12) 年頃から処分を開始するという「今日からみるときわめて楽観的なシナリオ」[吉岡 2011：209] が示されていた．

また，序章注7) で述べたように，選定に向けた手続きが見直される可能性があるが，地域の対応が重要であることは変わらない.
7) 核燃料サイクルの片輪走行は国の二元的体制におけるそれぞれの対照的な状況となって表れている．吉岡 [2011] によると，日本の原子力開発利用体制の構造的特質は「二元体制的国策共同体」であるという．すなわち，商業段階の事業を担当する電力・通産連合 (経済産業省や電力会社，原子力産業メーカーなど) と，商業化途上段階の事業を担当する科学技術庁グループ (日本原子力研究開発機構など) である (p.19)．したがって，現在の状況は電力・通産連合と科学技術庁グループの対照的な状態とみることもできる．ただし，この二元体制は1970年代から80年代初頭にかけて電力・通産連合の軽水炉発電システム分野での科学技術庁からの独立という形に変容した．科学技術庁グループは主要プロジェクトの主役を電力・通産連合に譲り，みずからはそれらを技術的に補佐する脇役に回ることとなった [吉岡 2011：179-180]．また，2001 (平成13) 年の中央省庁改革以降は電力・通産連合が圧倒的に優位となり，「経済産業省を盟主とする国策共同体」となった [吉岡 2011：38].
8) 原子力発電所構内における使用済核燃料の貯蔵が飽和状態となるまで，最も短いのは東京電力福島第二の2.7年，次いで日本原電東海第二の3.1年，東京電力柏崎刈羽の3.5年である (2011 (平成23) 年9月末時点，総合資源エネルギー調査会基本問題委員会第33回資料4より．なお，東京電力福島第一は1.3年であるが，1‐4号機は廃炉が決まっている).
9) 青森県にも原子力発電所が立地しているが，全国の立地地域がそれぞれバックエンド

第9章　原子力政策における「自治の実践」がエネルギー政策の課題に与える示唆　　237

を担っているわけではない．
10) この指摘のなかで電源三法交付金制度をやめることを含め，立地選定手続きを再検討する必要がある，とも述べている．このことは立地選定の後にしかるべき補償措置が地域になされることを妨げるものではないが，電源三法の制度は多額の交付金をあらかじめ示して誘致を促すという「利益誘導」の外観を呈しているため，地域住民の反発をかえって増幅し，国民が議論のテーブルに就くことを妨げる結果につながっているという．
11) 総論への賛成を得るためには，これまでの原子力政策に対する理解を広げるか，あるいは賛成を得られる形に修正するか，いずれかが必要であろう．
12) この手続きが必要かどうかは別途議論しなければならない．
13) このことは，原子力発電所の立地という各論における「国策への協力」に「自治の実践」が加わったことにより，立地地域が総論に対しても「国策への協力」を行うことを意味する．第4章で述べた原子力安全規制における「自治の実践」が国策の根幹に活かされたことと同様の意義があると考えられる．

参 考 文 献

有馬哲夫 [2008]『原発・正力・CIA——機密文書で読む昭和裏面史——』新潮社〔新潮新書〕.
アンドリュー・サター [2012]『経済成長神話の終わり——減成長と日本の希望——』中村起子訳, 講談社〔講談社現代新書〕.
五十嵐敬喜・小川明雄 [2003]『都市再生を問う——建築無制限時代の到来——』岩波書店〔岩波新書〕.
茨城県 [2013]『平成24年度 茨城県の原子力安全行政』.
伊東維年 [1998]『テクノポリス政策の研究』日本評論社.
伊東光晴 [2011]「経済学からみた原子力発電」『世界』8月号.
稲澤俊一 [2001]『戦後の福井県行政』福井県立大学地域経済研究所.
井上武史 [2009]『地方港湾からの都市再生』晃洋書房.
———— [2010a]「原子力発電と地域経済の将来展望に関する研究について」『原子力 eye』第56巻第10号.
———— [2010b]「福井県における地場産業としての原子力発電・関連産業（序説）」『ふくい地域経済研究』第11号.
植田和弘・梶山恵司 [2011]『国民のためのエネルギー原論』日本経済新聞出版社.
植田和弘・神野直彦・西村幸夫・間宮陽介 [2005]『岩波講座 都市の再生を考える（全8巻）』岩波書店.
宇賀克也 [2007]『地方自治法概説 第2版』有斐閣.
エネルギー・環境会議 [2012]『エネルギー・環境に関する選択肢』(http://www.env.go.jp/council/06earth/y060-110/mat01_1.pdf).
大瀬貴光 [1957a]「やさしい原子力講座（第1回）」『福井経済調査月報』第5巻第1号.
———— [1957b]「やさしい原子力講座（第2回）」『福井経済調査月報』第5巻第2号.
———— [1957c]「やさしい原子力講座（第3回）」『福井経済調査月報』第5巻第3号.
———— [1957d]「やさしい原子力講座（第4回）」『福井経済調査月報』第5巻第4号.
———— [1957e]「やさしい原子力講座（第5回）」『福井経済調査月報』第5巻第5号.
大村稀一 [2013]『大飯原発1, 2号機——ドキュメント 誘致から営業運転まで——』アインズ.

岡田知弘・川瀬光義・鈴木誠・富樫幸一［2007］『国際化時代の地域経済学　第3版』有斐閣．

岡田知弘・川瀬光義・にいがた自治体研究所［2013］『原発に依存しない地域づくりへの展望──柏崎市の地域経済と自治体財政──』自治体研究社．

小野善康［2012］『成熟社会の経済学──長期不況をどう克服するか──』岩波書店〔岩波新書〕．

小浜市史編纂委員会［1998］『小浜市史　通史編　下巻』．

科学技術庁原子力局［1956］『原子力委員会月報』第1号．

金井利之［2012］『原発と自治体──「核害」とどう向き合うか──』岩波書店〔岩波ブックレット〕．

金谷貞夫［2000］『地場産業としての原子力発電　調査報告書』．

金子勝・高端正幸［2008］『地域切り捨て──生きていけない現実──』岩波書店．

金子勝［2011］『「脱原発」成長論　新しい産業革命へ』筑摩書房．

環境庁［1975］『昭和50年版　環境白書──昭和50年代の環境行政──』大蔵省印刷局．

関西電力［1978］『関西電力25年史』．

関西電力50年史編纂事務局［2002］『関西電力50年史』．

橘川武郎［2004］『日本電力業発展のダイナミズム』名古屋大学出版会．

─────［2011］『原子力発電をどうするか──日本のエネルギー政策の再生に向けて──』名古屋大学出版会．

─────［2013］「原発に依存しない嶺南の未来図」，玄田有史・東大社研編『希望学　あしたの向こうに──希望の福井，福井の希望──』東京大学出版会．

来馬克美［2010］『君は原子力を考えたことがあるか──福井県原子力行政40年私史──』ナショナルピーアール．

原子力委員会［1957］『原子力白書』通商産業研究社．

─────［1997］『原子力白書　平成8年版』大蔵省印刷局．

小泉秀樹［2005］「持続可能な都市再生」，矢作弘・小泉秀樹編『シリーズ都市再生2　持続可能性を求めて──海外都市に学ぶ──』日本経済評論社．

国土庁［2000］『平成12年度版　国土統計要覧　数字でみる"国土"』大成出版社．

国土庁大都市圏整備局・近畿開発促進協議会［1987］『新しい近畿の創生計画（すばるプラン）──双眼型国土構造の確立に向けて──』．

國分郁男・吉川秀夫［1999］『ドキュメント・東海村──火災爆発と臨界事故に遭遇した原子力村の試練──』ミオシン出版．

坂本光司・南保勝［2005］『地域産業発達史──歴史に学ぶ新産業起こし──』同友館．

佐藤栄佐久 [2011]『福島原発の真実』平凡社〔平凡社新書〕.
自治大学校 [1978]『全訂　自治用語辞典』ぎょうせい.
芝田英昭 [1986a]「原発立地の経済効果 ①　福井県美浜町から」『経済評論』第35巻第9号.
―――― [1986b]「原発立地の経済効果 ②　寄付金（協力金）の正体――福井県美浜町から――」『経済評論』第35巻第10号.
―――― [1986c]「原発立地の経済効果 完　原子力発電所誘致の後遺症――福井県美浜町から――」『経済評論』第35巻第11号.
―――― [1990]「原子力発電所立地と自治体」，日本科学者会議福井支部『地域を考える――住民の立場から福井論の科学的創造をめざして――』日本科学者会議福井支部.
清水修二 [1994]『差別としての原子力』リベルタ出版.
―――― [1999]『NIMBY シンドローム考――迷惑施設の政治と経済――』東京新聞出版局.
―――― [2011]『原発になお地域の未来を託せるか　福島原発事故――利益誘導システムの破綻と地域再生への道――』自治体研究社.
―――― [2012]『原発とは結局なんだったのか――いま福島で生きる意味――』東京新聞.
下河辺淳 [1994]『戦後国土計画への証言』日本経済評論社.
新近畿創生推進委員会（すばる推進委員会）[1987]『すばるプラン――新しい近畿の創生をめざして――』ぎょうせい.
菅原慎悦・稲村智昌・木村浩・斑目春樹 [2009]「安全協定にみる自治体と事業者との関係の変遷」『日本原子力学会和文誌』Vol.8, No.2.
菅原慎悦・田邉朋行・木村浩 [2011]「原子力安全協定をめぐる一考察――公害防止協定との比較を通じて――」『日本原子力学会和文誌』Vol.10, No.2.
菅原慎悦・城山英明・西脇由弘・諸葛宗男 [2012]「原子力安全規制の国と地方の役割分担に関する制度設計案の検討」『日本原子力学会和文誌』Vol.11, No.1.
鈴木茂 [2001]『ハイテク型開発政策の研究』ミネルヴァ書房.
川内郷土史編さん委員会 [1980]『川内市史　下巻』.
田中利彦 [1996]『テクノポリスと地域経済』晃洋書房.
田村明 [2006]『都市プランナー田村明の闘い――横浜〈市民の政府〉をめざして――』学芸出版社.
敦賀市議会史編さん委員会 [1982]『敦賀市議会史　第2巻』.
敦賀市史編さん委員会 [1988]『敦賀市史　通史編　下巻』.
内閣府政策統括官室（経済財政分析担当）[2011]『地域の経済2011――震災からの復興，地域の再生――』.

南保勝［2008］『地場産業と地域経済——地域産業再生のメカニズム——』晃洋書房．
―――［2013］『地方圏の時代——産業・企業・地域づくりの課題を問う——』晃洋書房．
新潟県自治研究センター［2009］「特集　30年後の柏崎を考える」『新潟自治』第38号．
西尾勝［2007］『地方分権改革　行政学叢書⑤』東京大学出版会．
―――［2013］『自治・分権再考——地方自治を志す人たちへ——』ぎょうせい．
日本原子力産業会議［1968］『原子力施設と地域社会——統計的調査——』．
―――［1970］『原子力発電所と地域社会——立地問題懇談会地域調査専門委員会報告書——』．
―――［1971］『日本の原子力——15年のあゆみ——』日本原子力産業会議．
―――［1984］『地域社会と原子力発電所——立地問題懇談会地域調査専門委員会報告書——』．
日本原子力発電30周年記念事業企画委員会［1989］『日本原子力発電30年史』．
福井県［各年度版］『福井県の工業』．
―――［1961］『福井県総合開発計画書　上巻』．
―――［1983］『21世紀をひらく第四次福井県長期構想——活力とうるおいのある文化のふるさとづくり——』．
―――［1989a］『福井県新長期構想——福井21世紀へのビジョン——』．
―――［1989b］『福井21世紀へのビジョン　中期事業実施計画（平成元年度-5年度）』．
―――［1992］『福井21世紀へのビジョン　第2次中期事業実施計画（平成4年度-8年度）』．
―――［1996a］『福井県史　通史編6　近現代二』．
―――［1996b］『福井21世紀へのビジョン　第3次中期事業実施計画（平成8年度-12年度）』．
―――［2005］『エネルギー研究開発拠点化計画』．
―――［2009］『福井県の原子力　別冊　改訂第13版』．
―――［2010］『平成17年　福井県産業連関表』．
―――［2013a］『福井県電源三法交付金制度等の手引き』．
―――［2013b］『市町財政要覧』．
福井県・敦賀市・美浜町・原子力発電所特別委員会連絡協議会［1970］『原子力施設の地域社会への影響調査』．
福井県議会史編さん委員会［1996］『福井県議会史　第7巻』．
福井県原子力センター・福井県原子力懇談会［1975］『福井県の原子力発電』．
福井県中小企業情報センター［1985］『福井県の経済——昭和60年代の飛躍的発展をめざして——』．

福井県立大学地域経済研究所［2010］『原子力発電と地域経済の将来展望に関する研究　その１――原子力発電所立地の経緯と地域経済の推移――』．
―――――［2011］『原子力発電と地域経済の将来展望に関する研究　その２――原子力発電所による経済活動の特性と規模――』．
―――――［2012］『原子力発電と地域経済の将来展望に関する研究　その３――エネルギー・原子力政策の転換と立地地域の将来展望――』．
―――――［2013］『原子力発電と地域経済の将来展望に関する研究　その４――原子力発電所立地地域からみた新しいエネルギーミックスと地域経済――』．
福井市［1970］『新修　福井市史』．
―――――［2004］『福井市史　通史編3　近現代』．
福井地方気象台・敦賀測候所　100年誌編集委員会［1997］『福井県の気象百年――福井地方気象台・敦賀測候所創立100周年記念――』創文堂．
福島民報編集局［2013］『福島と原発　誘致から大震災への50年』早稲田大学出版部．
福島県［2009］『原子力行政のあらまし』．
福島県エネルギー政策検討会［2002］『あなたはどう考えますか？　――日本のエネルギー政策――電源立地県　福島からの問いかけ（中間とりまとめ）』．
藤田武夫［1976］『現代日本地方財政史（上巻）――現代地方財政の基本構造の形成――』日本評論社．
―――――［1978］『現代日本地方財政史（中巻）――高度成長と地方財政の再編成――』日本評論社．
―――――［1987］『日本地方財政の歴史と課題』同文舘．
吉岡斉［2011］『新版　原子力の社会史――その日本的展開――』朝日新聞出版．
若狭湾エネルギー研究センター［2008］『若狭湾エネルギー研究センター10周年記念誌　研究成果報告集　第10巻』．

索　引

〈ア　行〉

IAEA　　21, 29, 181
新しい近畿の創生計画(すばるプラン)　　128, 129, 136
アトムズ・フォア・ピース　　21
アトムポリス構想　　13, 121, 122, 128-137, 157, 158
安全基準　　106-108
安全神話　　107, 108
安定期　　82
一過性　　12, 58, 68, 70, 73
居眠り自治体　　199
上乗せ条例　　113, 192
運転継続　　68
営業余剰　　76
エネルギー・環境会議　　83
エネルギー基本計画　　1, 16, 83, 223
エネルギー研究開発拠点化計画　　13, 158, 159, 172, 174, 178, 179, 181-184, 190, 193, 210, 212-216, 226, 236
エネルギーミックス　　1, 3, 83, 211, 223, 225
F研究　　20
大飯3・4号機(大飯発電所3・4号機)　　10, 106, 107, 119, 217
奥越電源開発　　35-37, 40

〈カ　行〉

科学技術庁　　22
革新自治体　　123
革新的エネルギー・環境戦略　　1, 83, 229
拡大期　　82
核燃料サイクル(核燃料リサイクル)　　1-3, 8, 16, 102, 221, 226, 232-234
課税最低限度　　74
過疎化　　35, 40, 41
環境庁　　13, 111, 192
環境モニタリング　　91

関西電力　　48, 61, 88, 100, 183
機関委任事務　　191, 196, 197
企業城下町　　186
企業誘致　　12, 25, 54, 147, 154
基数　　83, 214, 215
規制緩和　　165
基礎自治体　　208, 216, 220
逆ピラミッド型　　85, 158
拠点開発方式　　31, 33, 34, 38, 123
近畿リサーチ・コンプレックス構想　　128, 129
クライテリア　　119
グローバリゼーション　　14, 168, 169, 171, 172, 184, 186
経済計画　　12, 31, 32, 166
減価償却(減価償却費)　　59, 74
原子力安全委員会　　219
原子力安全規制　　ii, 12, 89-91, 109, 111-115, 190, 200-210
原子力安全協定　　12, 91-94, 109-116, 190, 200-210
原子力安全システム研究所　　183
原子力安全対策　　115
　——組織(原子力安全対策課)　　13, 93, 96, 108, 110, 116, 209, 219
原子力安全・保安院　　107, 219
原子力委員会　　24, 43, 102, 105
原子力規制委員会　　90, 114, 206, 207, 219
原子力規制庁　　114, 219
原子力合同委員会　　22
原子力懇談会　　11, 12, 26, 30, 43, 45, 54, 187
原子力産業政策　　ii, 13, 121, 136, 157-159, 172, 181, 193, 225
原子力三原則(原子力3原則)　　22, 29, 99
原子力三法　　22
原子力政策円卓会議　　102-105
原子力発電環境整備機構(NUMO)　　228, 230
原子力発電施設等立地地域長期発展対策交付金　　72, 73, 86

原子力平和利用　　11, 19-23, 25, 26, 28, 53
原子力平和利用懇談会　　22
原子力予算　　21, 22
原子力利用準備調査会　　22, 43
原子炉等規制法　　90, 116
県内総生産　　75-77
県民経済計算　　75-77
広域地方計画　　162
広域地方計画協議会　　162
広域ブロック　　162
公害国会　　111
公害防止協定　　13, 109, 110-114, 204
公害防止条例　　113, 204
工業社会（工業化社会）　　167-170
工業整備特別地域（工特）　　34, 38, 123, 133
高経年化　　80-83
後進県からの脱却　　35, 85
構造改革　　164
高速増殖炉　　2, 9, 227
交流ネットワーク構想　　160
高レベル放射性廃棄物　　iii, 2, 8, 227-235
講和条約　　21
コールダーホール改良型炉　　43-45
国際原子力開発　　171
国策からの協力　　211-216, 235
国策としての原子力政策　　5, 6, 103, 107, 190
国策への依存　　215, 216
国策への影響力　　109, 235
国策への協力　　i, ii, 6, 89, 109, 157, 172, 189, 211-216, 235
国土形成計画　　14, 160, 162, 163
国民経済計算　　87
国民国家　　168, 169
国民的議論　　1, 101, 118
国民的合意　　105
国家石油備蓄基地　　39, 56
固定資産税　　59, 61, 71, 73, 85-87
固定資本減耗　　76, 77
雇用者所得（雇用者報酬）　　76, 87

〈サ　行〉

サイクロトロン　　20, 29

再生可能エネルギー　　iii, 3, 185, 221-226, 236
サステイナブル・シティ（持続可能な都市）　　168
産業基盤　　12, 31, 54, 170
産業連関表　　149-151, 158
産地間競争　　144
暫定保管　　232
三八豪雪（38豪雪）　　40, 41
資源エネルギー庁　　115
市場原理主義　　164, 165
事前協議　　116
事前了解　　208
持続的発展　　165, 212, 213, 215, 219
自治事務　　197
自治の実践　　i, 5-15, 28, 51, 54, 84, 89, 109-111, 114, 121, 133, 136, 157-159, 165, 172, 178, 181, 189-195, 216, 221-223, 225, 226, 234, 235
市町村合併　　143, 147
市町村純生産　　77, 78
市内総生産　　87
地場産業　　14, 62, 77, 143, 172, 174-180
シビル・ミニマム　　164
市民所得　　87
社会的合意　　229-235
集権融合型　　196, 217
自由度拡充路線　　196, 197, 199, 217
住民自治　　11, 15, 195, 197, 199, 215-217
受益圏　　229-231
受苦圏　　229-231
縮小期　　82
準立地自治体　　208-210
蒸気発生器伝熱管（蒸気発生器）　　99, 100, 108
償却資産（大規模償却資産）　　61, 71, 73, 85, 87
使用済核燃料　　2, 227-229
正力・河野論争　　44
所掌事務拡張路線　　196, 197, 217
新円卓会議　　105
シンクロトロン　　132
人口指数　　68
新国土軸　　161
新国民生活指標　　182
新産業都市（新産）　　34, 38, 123, 133
紳士協定　　93, 113, 114

索　引　247

新全国総合開発計画(新全総)　122-124
ストレステスト　106
住みよさランキング　182
成熟社会　4, 14, 163-166, 168-172
成長神話　184
全国総合開発計画(全総)　12, 31-35, 122-124, 160, 166
戦後復興　32, 33
総合資源エネルギー調査会　1, 17, 223
総合的エネルギー拠点　7
総量管理　232, 233

〈タ　行〉

第一次地方分権改革(第一次分権改革)　11, 189, 193, 195-200
大規模改良工事　99
大規模プロジェクト構想　56, 123, 125
第三次全国総合開発計画(三全総)　122, 124, 126, 133
大都市圏整備計画　35
太平洋ベルト地帯　124
耐用年数　74, 85
第四次全国総合開発計画(四全総)　124, 160, 166
多極型国土構造　124
多極分散型国土　124, 160
多軸型国土　161
脱原発　i
脱工業社会(脱工業化社会)　167-170, 185
団体自治　11, 15, 195-197, 199, 200, 215, 217
地域開発　12-14, 31, 35, 49, 122, 160-163, 169, 212
地域(間)の均衡ある発展　34, 123, 124, 164
地域振興　59, 62, 104
地域総合政策　159, 181, 184, 194, 216
地域の依存　i, 6
地域力　162
地価高騰　160
知識産業　170
知識社会　168-170, 185
地方開発促進計画　35
地方自治　11, 28, 189-191, 194-201, 210, 211, 213-215
地方の時代　126
地方分権推進委員会　195, 196
直接処分　227, 229
通報基準　92, 116
通報連絡体制　92
敦賀市立看護大学　181, 183
定住圏構想(定住構想)　125, 126, 133
テクノポート福井　39, 133, 144
テクノポリス構想(テクノポリス)　13, 122, 126-128, 133-137
電源開発促進税　205, 207
電源三法交付金　59, 61, 71-73, 86, 87, 215, 220, 230, 237
電源立地促進対策交付金　72, 86
電源立地地域対策交付金　86, 87
電源立地特別交付金　72, 73, 86
東海村　23-25, 44, 45, 49, 52
動力炉・核燃料開発事業団　39, 56, 103
特定地域総合開発計画　32, 36
都市再生　165-172, 184, 185
都市データパック　182
都市のルネサンス　167, 168
取引構造　150, 151

〈ナ　行〉

内発的発展　212, 213, 215, 219
ナショナル・マキシマム　112-114, 192
ナショナル・ミニマム　112, 113, 192, 201
ニ号研究　20
二項対立　1-11, 16, 18, 222, 232, 233, 235
21世紀の国土のグランドデザイン　124, 161, 166
二重規制　113, 116
日本学術会議　21, 22, 229, 231, 232, 234
日本原子力研究開発機構　56, 183
日本原子力研究所(原研)　22-24, 44, 45, 52, 56
日本原子力産業会議(原産)　22, 25, 46, 58, 65
日本原子力発電(日本原電)　44-49, 51, 183
日本列島改造論　123
能登中核工業団地　154, 156

〈ハ　行〉

ハイテク産業（ハイテク型産業）　13, 134
廃炉　82, 220
バックエンド　2, 16, 102, 222, 229
発展途上社会　164
反対運動　5, 62, 88, 93, 96-98, 118
PFI　161, 184
東日本大震災　i, 1, 83, 106, 185, 228
ピラミッド型　85
福井県　8-14, 26, 35, 43, 45, 62, 75, 94, 99, 106, 128, 141, 172, 183, 202, 235
福井工業大学　182
福井大学　26, 182, 183
福井大学附属国際原子力工学研究所　182, 183
福井臨海工業地帯　35, 37, 38, 47, 54, 133
複合産地化　178-180
ふげん　9, 10, 183
プルサーマル　102
法定受託事務　197

〈マ　行〉

真名川総合開発　35, 36
マンハッタン計画　20

未完の分権改革　197
モニタリングポスト　108
ものづくり県　143
もんじゅ　9, 10, 102, 103, 118, 183, 227

〈ヤ　行〉

陽子線がん治療　174, 181, 187
横出し条例　113, 192
横浜方式　110, 111
40.9三大風水害　40, 41

〈ラ　行〉

ラジオアイソトープ　25-27, 187
陸の孤島　50, 64, 98
リコール運動　98
リゾートフィーバー　160
嶺南地域　9, 18, 128, 140-143, 149, 176, 186
嶺北地域　18, 141, 143, 144, 175
労働力需要　68-70
ローカリゼーション　14, 168-172, 184

〈ワ　行〉

若狭湾エネルギー研究センター　13, 131, 132, 157-159, 183, 213

《著者紹介》
井上 武史（いのうえ　たけし）
1971年　生まれ
1993年　横浜国立大学経営学部卒業
　　　　敦賀市役所（税務・財政・企画部門勤務）
2001年　福井県立大学大学院経済・経営学研究科後期博士課程修了
現　在　福井県立大学地域経済研究所　講師

主要業績
単著『地方港湾からの都市再生』晃洋書房，2009年．
共著『持続性あるまちづくり』創風社，2013年．

シリーズ 原子力発電と地域　第1巻
原子力発電と地域政策
──「国策への協力」と「自治の実践」の展開──

| 2014年3月15日　初版第1刷発行 | ＊定価はカバーに表示してあります |

著者の了解により検印省略	著　者　井　上　武　史ⓒ
	発行者　川　東　義　武
	印刷者　出　口　隆　弘

発行所　株式会社　晃　洋　書　房
〒615-0026 京都市右京区西院北矢掛町7番地
電話　075（312）0788番(代)
振替口座　01040-6-32280

ISBN978-4-7710-2518-9　　印刷・製本　㈱エクシート

JCOPY 〈(社)出版者著作権管理機構 委託出版物〉
本書の無断複写は著作権法上での例外を除き禁じられています．
複写される場合は，そのつど事前に，(社)出版者著作権管理機構
(電話 03-3513-6969，FAX 03-3513-6979，e-mail: info@jcopy.or.jp)
の許諾を得てください．